国家社科基金
GUOJIA SHEKE JIJIN HOUQI ZIZHU XIANGMU
后期资助项目

国外标准经济学
学术前沿理论与政策研究

杨丽娟　著

兰州大学出版社
LANZHOU UNIVERSITY PRESS

图书在版编目（CIP）数据

国外标准经济学学术前沿理论与政策研究 / 杨丽娟
著. -- 兰州 : 兰州大学出版社，2024. 7. -- ISBN 978-
7-311-06682-6

Ⅰ. G307

中国国家版本馆 CIP 数据核字第 2024XX7563 号

责任编辑　马继萌
封面设计　汪如祥

书　　名　国外标准经济学学术前沿理论与政策研究
作　　者　杨丽娟　著
出版发行　兰州大学出版社　（地址:兰州市天水南路222号　730000）
电　　话　0931-8912613(总编办公室)　0931-8617156(营销中心)
网　　址　http://press.lzu.edu.cn
电子信箱　press@lzu.edu.cn
印　　刷　甘肃发展印刷公司
开　　本　710 mm×1020 mm　1/16
印　　张　20.25
字　　数　386千
版　　次　2024年7月第1版
印　　次　2024年7月第1次印刷
书　　号　ISBN 978-7-311-06682-6
定　　价　96.00元

国家社科基金后期资助项目
出版说明

  后期资助项目是国家社科基金设立的一类重要项目，旨在鼓励广大社科研究者潜心治学，支持基础研究多出优秀成果。它是经过严格评审，从接近完成的科研成果中遴选立项的。为扩大后期资助项目的影响，更好地推动学术发展，促进成果转化，全国哲学社会科学工作办公室按照"统一设计、统一标识、统一版式、形成系列"的总体要求，组织出版国家社科基金后期资助项目成果。

全国哲学社会科学工作办公室

目　录

第一章 导论

一、问题提出与研究意义

（一）问题提出

标准是指按照规定程序，通过协商一致制定，通过标准化活动为各种活动或其结果提供指南、规则或特质，供有关方共同和重复使用的一类文件。标准具有权威性和现时最优性，是秩序的优化、约定的统一、知识的凝练和新成果的运用。标准是国家治理体系和治理能力的基础性制度，是经济发展和社会进步的技术支撑。标准是国际经贸往来与合作的通用技术语言和全球治理的重要规制手段。标准涉及领域广泛，标准经济学旨在理解和研究有关标准的各类经济问题。

近年来，关于标准经济学主题的文献成为经济学研究的热点领域，在经济学前沿文献中占据重要位置。原因主要有四个方面：一是异质性企业理论等主流经济学理论推进了标准经济学研究理论创新的前沿。二是标准的不断发展，对经济增长的贡献提高，在国际贸易、创新中地位的上升，提升了标准经济学研究的现实重要性和必要性。三是随着经济全球化、网络化和复杂化的趋势日益明显，全球价值链（Global Value Chain，GVC）和数字经济等新业态快速发展，为标准经济学研究开拓了新领域。四是进入21世纪以后，全球标准协调一致和标准治理成为重要议题。标准业已成为全球治理的重要规制手段和国际经贸往来与合作的基石。标准竞争日益激烈，标准经济学应运而生。

国际标准化组织（International Organization for Standardization，ISO）将标准定义为"描述做某事的最佳方式的公式"。ISO/IEC导则《标准化和相关活动的通用术语》将标准定义为"为了在既定范围内获得最佳秩序，促进共同效益"，"对现实或潜在问题确立共同和重复使用的条款"，以及"编制、发布和应用文件的活动"①。标准涵盖大量社会经济活动，可为产品制造、流程管理、服务提供等给出依据。标准是具体领域中专家的智慧结晶，这些专家拥有专业知识、代表不同组织的实际要求，如

---

① ISO，"ISO standards are internationally agreed by experts"，https：//www.iso.org/standards.html，2021-04-15.

制造商、销售商、买方、客户、行业协会、用户或者监管机构等。不同领域标准的目标指向有所不同。如质量管理标准旨在提高工作效率和减少产品故障；环境标准旨在减少环境影响、减少浪费和更具可持续性；健康和安全标准旨在降低工作场所的事故；能源管理标准旨在降低能源消耗；食品安全标准旨在防止食品受到污染；信息技术安全标准旨在确保敏感信息的安全。

标准在工业化过程中发挥着重要作用，斯旺（Swann，2000）认为标准是微观经济基础设施的重要组成部分。通常情况下，不论是国际标准还是国家标准，都具有自愿性质。标准实施在受到一国法律或条例的保障时，体现出约束力和强制性。一项具体的标准与标准化有所不同，遵循标准通常为自愿性，标准化在性质上则为强制性。因此，二者的区别在于合规性和对国际贸易的作用。如果某种进口商品不符合一国标准化的具体规定，则该商品不会被允许在该国销售。随着世界范围内生活水平的提高，消费者对更加安全、更高质量的产品、服务和环境的需求增加，各国所采用的标准数量明显增长。

首部《标准化经济学》报告完成于2000年，并提交英国标准和技术法规理事会（Standards and Technical Regulations Directorate，STRD）、英国贸易和工业部（Department of Trade and Industry，DTI）[①]。该报告参考了约500篇研究文献，主要围绕两个核心问题展开，即"标准化如何对经济产生益处"和"政府如何提高标准化带来的经济收益"。该报告共分为五个部分，包括：①文献回顾；②标准化经济效应的经典模型；③基于模型对政府在标准化过程中角色的讨论；④政府标准化活动的理想模型；⑤对英国贸易和工业部的标准活动进行评价。《标准化经济学》报告的更新版本完成于2010年，并提交英国商业、创新和技能部（UK Department of Business，Innovation and Skills，BIS）。由于2000年以来标准经济学领域的研究文献快速增长，更新版本的报告补充了自2000年以来（至2010年之前）出现的超过200篇重要文献，这些文献在一定程度上印证了2000年报告提出的研究结论和观点。2010年《标准化经济学》最新版本在核心内容和主体框架上与2000年报告相似，新增加了标准化良好实践的案例分析等内容[②]。最新版本的报告也在标准经济效应的理论模

---

① Swann，2000："The economics of standardization：Final report for standards and technical regulations directorate department of trade and industry"，ISO Research Library.

② Swann，2010："The economics of standardization：An update report for the UK department of business，innovation and skills"，ISO Research Library.

型、政府在标准化中可能扮演的主要角色、政府标准化行为的理想模型以及对相关标准化政策的评价等方面有所推进。

标准经济学领域的经典著作《标准经济学——理论、证据与政策》出版于2004年。作者布林德（Blind）受德国标准化学会（Deutsches Institut für Normung，DIN）、德国联邦经济事务部等机构的邀约，开展关于标准经济效应的研究项目[①]。该著作对布林德及其研究团队在标准经济学领域进行的实证研究进行概述和总结，阐释标准、标准化及其经济效应，尤其是标准化在制造业、服务业领域驱动力和经济影响的经验实证分析。布林德认为，从经济学角度对标准化问题进行建模和研究，最早始于20世纪70年代；标准领域的早期研究出现于20世纪80年代。关于标准问题的经济学研究文献主要包括两类：一类侧重于微观经济分析；另一类专门研究标准与国际贸易、标准在竞争中的作用等。在学者研究成果和标准化实践的推动下，标准经济学形成了核心研究问题和主要研究内容。《标准化经济学》（2010）报告主要对2010年之前的相关研究文献进行了梳理和分类。《标准经济学——理论、证据与政策》更多涵盖布林德所任职德国柏林工业大学研究团队的一系列研究成果，特别是实证领域的经验证据。该专著探讨标准经济学包括的研究框架，包括标准影响经济的机理、标准与技术变革的关系、标准对国际贸易和宏观经济的影响等。但正如斯旺（2010）在《标准化经济学》报告中所指出的，标准对经济的影响机理如同黑箱。尽管学者们能够从理论上去论述标准影响经济的可能渠道，实证结果依然体现出更多复杂性和多样性。

国内外学者在题目中明确提出"标准（化）经济学"的一些研究成果，如表1-1所示，国外相关研究主要包括专著和研究报告，国内相关研究主要为学术论文形式。从科学网（Web of Science）、斯高帕斯（Scopus）、杰斯特（JSTOR）、普罗克斯特（ProQuest）等全球学术信息数据库平台能够检索到的国外相关论文来看，有关标准经济学领域的研究文

[①] Blind K，2004：*The economics of standards: Theory, evidence, policy*, Edward Elgar Publishing Limited，3-11.

献自2000年尤其是2010年以来出现了明显的快速增长①。学者们围绕标准经济学相关问题进行了讨论，不论是在研究内容上还是在研究视角和研究方法上，都拓展了前期研究所初步定义的标准经济学框架。尽管如此，国内学者对近二十年尤其是近十年国外标准经济学学术前沿理论与政策进行梳理、归纳和分析的研究还较为有限，对国外标准经济学前沿的理论演化、方法创新、热点问题和政策实践等的掌握仍不充分②。

表1-1　国内外学者关于标准经济学的相关研究成果

	作者	成果名称[类型]	发表(出版)时间
国外	布林德 （Blind）	标准经济学——理论、证据与政策 （The Economics of Standards：Theory， Evidence，Policy）[M]	2004(2006年中国 标准出版社出版中 文译著)
	斯旺 （Swann）	标准化经济学(The Economics of Standardization： Final report for standards and technical regulations directorate department of trade and industry)[R]	2000
	斯旺 （Swann）	标准化经济学(The Economics of Standardization： An Update：Report for the UK Department of Business，Innovation and Skills)[R]	2010
国内	赵海军	标准经济学研究综述与理论建设问题[J]	2011
	戴家武等	非对称价格传递——标准经济学的 "漏网之鱼"[J]	2014

① 本研究包括作者对近二十年尤其是近十年国外标准经济学学术前沿的梳理和评论，资料主要从科学和社会科学引文索引数据库（Web of Science）、斯高帕斯（Scopus）、杰斯特（JSTOR）、普罗克斯特（ProQuest）等全球学术信息数据库平台查询获取。本研究主要参考在国外最具影响力的经济学期刊上发表的标准经济学领域论文及少量与本研究直接相关的最新高质量国际会议论文，并补充来自国际标准化组织、区域标准化组织和国家化标准组织等标准制定机构发布的研究动态。本研究的评介内容主要针对国外标准经济学领域的相关研究，鉴于研究主题纳入了中国学者的国外发文，本研究也参考了2010年以来国内标准经济学研究的相关文献。

② 国内学者针对"标准经济学"的研究成果多见于《中国标准化》《标准科学》《经济学动态》等标准化领域的权威期刊和相关经济学期刊，以《标准经济学》命名的著作、教材等亟待推出。目前中国标准经济学还没有公开出版发行的教材，对标准经济学的教学和研究急需系统化和结构化。中国标准经济学研究需要借鉴和吸收国外标准学学术前沿研究成果，并统一至规范的经济学理论框架内开展教学和科研。

作者	成果名称[类型]	发表(出版)时间
田为兴等	标准经济学理论研究前沿[J]	2015
胡黎明等	技术标准经济学30年:兴起、发展及新动态[J]	2016
陈淑梅	标准化与我国经济发展:中国特色的标准经济学学科从"潜"至"显"[J]	2021
杨丽娟	标准经济学:一个文献综述(The economics of standards:A literature review)[J]	2024

注：作者整理。本表不包括没有以"标准经济学"命名的其他与标准、标准化研究相关的成果。

现阶段中国特色社会主义建设已经转向高质量发展阶段，中国标准发展不充分、不平衡的问题依然存在。标准支撑经济社会发展的效能亟待提升，一些重点领域关键环节中的标准发展仍然有待推进，从标准大国迈向标准强国的任务任重而道远。为推进中国标准经济学教学以及研究，亟待汲取国外标准经济学学术前沿的优秀研究成果，为中国建设标准强国提供理论支撑。深入推进标准经济学相关研究，动员全社会力量积极参与标准化工作，能够为建设科学合理的国家标准体系、实现标准强国提供理论支撑和实践依据。

在此背景下，全面梳理、归纳和分析近年来标准经济学国外文献的研究前沿，对于掌握标准经济学研究的方向、结合中国国情借鉴国外标准经济学研究的理论和方法、推进标准经济学领域核心问题的解决、评估标准化政策实施效果等具有重要价值。从国外标准经济学发展阶段来看，标准经济学发展经历了2000年至2010年的创始期以及2010年以来的快速发展期。本研究旨在对近二十年尤其是近十年国外标准经济学文献进行梳理、归纳和评价，追踪国外标准经济学学术前沿，重点突出国外标准经济学学术研究的前沿理论、前沿方法、前沿问题和政策实践。

本研究包括380篇外文文献（见图1-1），除1985年和1998年各1篇论文外，其余文献均发表于2000年以后。2000—2022年共378篇，占总数的99.47%；其中，2010—2022年共308篇，占总数的81.05%；外文著作共13部，均为2004年以来出版。2020年外文论文数量最多，为49篇；2021年外文论文数量为28篇；2022年外文论文数量为10篇。外文论文集中发表的英文期刊主要包括：*World Trade Review*、*Journal of International Economics*、*Journal of Public Economic Theory*、*Economics Of Innovation and New Technology*、*World Development*、*Review of International Economics*、*World Bank Economic Review* 等。在 *American Economic Review*、*Nature* 等期刊上也有关于标准经济学领域的论文发表。

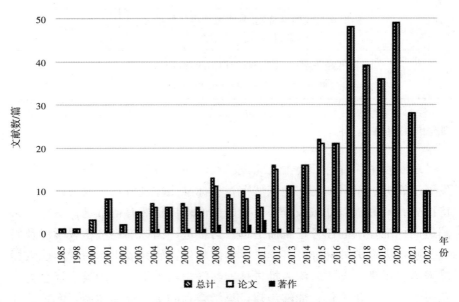

图 1-1 本研究纳入外文文献的计量分析

（二）研究意义

一是丰富和发展标准经济效应的机理研究。在前沿理论上，以标准分类理论作为切入点，从经济学逻辑讨论标准的供给和需求，重点分析标准的经济效应理论；在前沿方法上，区分理论实证方法和经验实证方法，归纳国外标准经济学研究的前沿方法。标准影响经济的机理分析与研究方法选择决定了标准经济学学术研究的深度和广度。多维度梳理国外标准经济学研究的理论和方法，对丰富和发展标准经济效应的机理研究具有独到的学术价值。

二是为深化标准经济学研究与实践提供支持。本研究集中分析了标准与经济增长问题研究、标准与贸易问题研究、标准与创新问题研究等国外标准经济学研究的三大前沿问题领域，并从标准化政策领域、标准化政策措施与实施效果评价、标准化政策议题与贸易议程分析等方面归纳国外标准经济学学术前沿的政策实践。对国外标准经济学前沿理论与政策的研究，可以为国内标准经济学研究提供参考和启示，对于掌握标准经济学研究方向、深化标准经济学研究和实践具有重要价值。

三是为推进国内标准经济学教学与研究提供参考。近二十年来国外标准经济学经历创始期和发展期，研究进程加快，新成果不断涌现。这一趋势既反映了国外标准经济学学术研究不断深入，也凸显了标准经济学教育的紧迫性和必要性，以及现代经济社会对标准经济学领域的专业人才需求。对这一阶段国外标准经济学研究前沿理论和政策实践进行研究，能够为完善中国标准经济学学科体系建设、培育具备经济学知识的国际标准化人才、深入推进中国标准经济学研究提供新思路和新方法。

二、研究的主要内容与方法

（一）研究的主要内容

标准经济学的研究内容较为广泛。《标准化经济学》（2000）报告主要将标准经济学研究文献归类为八个领域：（1）标准的类型、定义和质量；（2）创造事实标准的市场过程；（3）机构标准制定过程；（4）市场与制度的比较；（5）标准使用的吸收和传播；（6）标准化对宏观绩效的影响；（7）标准化对企业绩效的影响；（8）标准化对顾客的影响。更新后的《标准化经济学》（2010）报告则主要从四个领域进行研究，包括：（1）标准、增长和生产率；（2）标准和贸易；（3）标准和创新；（4）标准影响贸易的黑箱。在《标准经济学——理论、证据与政策》中，作者将标准经济学内容划分为四大领域，分别是：（1）标准经济影响的理论分析；（2）标准的定义、法律含义和制度框架；（3）标准制定组织对标准化的需求；（4）标准经济影响的经验证据。

本研究的整体思路为：导论（问题提出与研究意义、研究的主要内容与方法、研究的主要观点、研究的创新点）→国外标准经济学学术研究的前沿理论（标准的分类理论、标准的供求理论、标准的经济效应理论）→国外标准经济学学术研究的前沿方法（理论实证方法、经验实证方法）→国外标准经济学学术研究的前沿问题（标准与经济增长研究、标准与贸易研究、标准与创新研究）→国外标准经济学学术前沿的政策实践研究（标准化政策领域与经济学依据分析、标准化政策与实施效果评估分析、标准化政策议题与贸易议程分析）→结论（研究结论、未来的研究方向）。如图1-2所示。

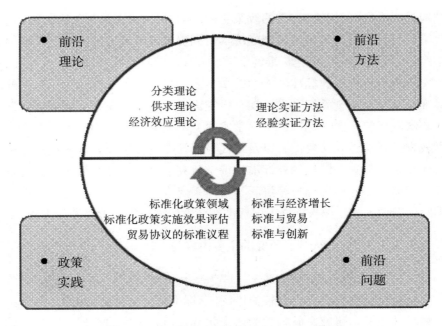

图1-2 国外标准经济学学术前沿理论与政策研究

根据以上研究思路，本研究的主要内容包括如下四个部分。

第一部分：归纳国外标准经济学研究的前沿理论。

对国外标准经济学理论发展的最新成果进行归纳，包括标准的分类理论、标准的供求理论、标准经济效应的相关理论等。

第二部分：归纳国外标准经济学研究的前沿方法。

对国外标准经济学学术前沿的研究方法进行归纳，包括宏观经济生产函数模型等理论实证方法和多区域能源市场模型等经验实证方法等。

第三部分：归纳国外标准经济学研究的前沿问题。

对国外标准经济学学术前沿关注的前沿热点问题进行归纳，包括标准与经济增长问题研究、标准与贸易问题研究、标准与创新问题研究等[①]。

_____

① 前沿问题的选择依据为研究问题的重要性和研究文献的理论创新与学术创见。经济增长问题是经济学研究的主要问题，标准是经济增长的重要驱动因素之一。贸易是全球化深入发展的基石和载体，与国家利益联系密切。国家政策的关注点日益向贸易问题集中，以标准为代表的技术性贸易措施的实施空间正在不断拓展。创新可以说明经济发展的动力、过程和目的，标准对创新的影响具有两面性。鉴于此，本研究从标准与经济增长、标准与贸易、标准与创新三个研究问题出发，对国外标准经济学前沿文献进行梳理。

第四部分：归纳国外标准经济学学术前沿相关政策实践。

对国外标准经济学学术前沿的政策实践进行归纳，结合国际标准化组织、主要发达国家和发展中国家的标准化政策的实施与评估，归纳国外标准经济学学术前沿的政策实践。

本研究共分为八个章节。第一章为导论，包括问题提出与研究意义、研究的主要内容与方法、研究的主要观点和研究的创新点。第二章和第三章分别为国外标准经济学学术研究的前沿理论和前沿方法，前沿理论包括标准的分类理论、标准的供求理论和标准的经济效应理论，前沿方法包括理论实证方法和经验实证方法。第四章至第六章为国外标准经济学学术研究的前沿问题，依次包括标准与经济增长问题研究、标准与贸易问题研究和标准与创新问题研究。第七章为国外标准经济学学术前沿的相关政策实践研究，包括标准化政策领域与经济学依据分析、标准化政策与实施效果评估分析、标准化政策议题与贸易议程分析。第八章对全书进行总结。

（二）研究方法

本研究选用如下具体研究方法：

第一，本研究的基础工作为研读文献，主要采用文献研究法。即通过研读文献来获得相关研究资料，从而全面、准确地掌握国外标准经济学理论研究、方法研究和政策实践前沿。

第二，采用主流经济学体系的构建思路和设计方法。在研读国外当代标准经济学前沿文献的基础上，本研究试图寻找与现代主流经济学相同的理论框架，基于标准经济学学术研究的前沿理论、前沿方法、前沿问题和政策实践等设定本研究的结构。

三、研究的主要观点

国外标准经济学学术研究的理论前沿主要集中在标准的分类理论、供求理论、标准经济效应的相关理论三方面，尤其是标准经济效应的理论研究。标准与经济增长研究、标准与贸易研究、标准与创新研究是国外标准经济学学术研究关注的主要前沿问题。比较而言，标准与贸易研究的文献最多，居于前沿主体地位。

国外标准经济学学术前沿的研究方法主要表现为理论实证方法和经验实证方法的拓展。在理论实证方法领域，重点是基于经济增长理论、技术经济理论和创新经济理论建立标准影响经济增长和创新的理论框架，基于异质性理论、南北模型等研究标准对贸易的影响。在经验实证方法上，主要结合标准总量数据和部门数据以及分类标准数据，基于结构引力模型、标准一致化模型等对标准经济效应及其异质性进行检验。

完善标准体系以发挥标准对经济的正面影响，是标准经济学学术前沿政策实践的出发点。标准对经济增长、贸易和创新的影响均具有双向性，最终影响取决于正负效应的相对大小。标准化政策以充分考虑消费者、企业、政府等标准利益相关者各方的动机和行为为重点，优化政策的实施方案和具体措施。

四、研究的创新点

第一，基于主流经济学研究框架，梳理和建构标准经济学研究框架。提出从前沿理论、前沿方法、前沿问题和政策实践等四个部分出发，对国外标准经济学学术前沿理论与政策进行研究的思路。本研究反映出标准经济学领域思想的多样性，理解标准经济学的发展脉络，启发新观点，以及标准作为经济政策依据的更广泛含义。本研究考察标准经济效应的内在运作机制，补充和推进标准经济学研究。鉴于国内相关领域的研究还不多，本研究具有一定的开拓性和创新性。

第二，提出对自2000年尤其是2010年以来国外标准经济学学术前沿理论与政策进行归纳的观点。提出国外标准经济学学术研究的前沿理论集中在标准分类理论、标准供求理论、标准经济效应理论等三个方面；前沿方法表现为理论实证方法和经验实证方法的拓展；前沿问题包括标准与经济增长问题研究、标准与贸易问题研究、标准与创新问题研究；政策实践以完善标准体系发挥标准对经济的正面影响为出发点和落脚点等观点。从深化国内标准研究、积极借鉴国际新成果的角度来看，本研究具有理论价值和实践意义。

第三，为国内标准经济学教学与研究提供参考借鉴。本研究不仅勾画出标准经济学在21世纪的发展轨迹，考察主流经济学思想如何影响标准经济学学术研究的范围和内容，而且探讨了标准经济学方法论领域的主要问题。本研究还考察了标准对经济政策的广泛理论含义，梳理了国外标准经济学的发展脉络和演进方向，有益于启发国内标准经济学教学与研究的思路与路径，构建中国特色标准经济学学术体系、学科体系和话语体系。

第二章 国外标准经济学学术研究的前沿理论

一、标准的分类理论

标准起源于经济活动的现实需要。布林德（2004）提出，最低限度质量标准和安全标准产生于抵御道德风险和逆向选择的市场解决方案。兼容性和接口标准则起源于铁路系统及此后信息技术和通信产业等首批网络产业的发展。兼容性和接口标准有益于获得物理网络的正网络外部性或网络效应以实现市场扩张，成为大型网络用户的消费者和生产者将从中受益。此后，学者分析认为，私有标准产生的动因主要来自标准发起人的市场竞争力和技术优势，其中不可避免地涉及知识产权的相关因素[①]。贸易领域的标准会对来自发展中国家的出口形成壁垒，制定标准的过程表现为博弈的过程。

正式标准或法律标准由标准制定机构通过遵循正式程序的审议而制定，由其成员投票决定标准[②]。标准制定机构的成员可以由国家政府、行业成员（如企业、高校、监管机构等）或个人代表组成。如欧洲电信标准协会（European Telecommunications Standards Institute，ETSI）为信息和通信技术制定全球适用的标准，涵盖固定、移动、无线电、融合、广播和互联网技术。除标准制定机构外，其他标准组织还包括促进特定标准使用的认证机构、游说团体或行业协会。事实标准通常起源于市场竞争、契约协调，或是由行业规范和非正式协议演变而成。

鉴于此，标准分类理论的产生和形成具有必然性和必要性。标准这一概念可用多种方式来解释，涉及自然、人文、艺术等广泛领域。标准可从不同视角、不同层级进行划分，如果同时结合多种分类方法，就会使不同类别的标准呈现出结构化的特征。斯旺（2000）基于对相关文献的评价发现，学者们通常基于标准制定路径进行分类，或是基于标准是否与产品、服务或过程相关等进行分类。国际标准化组织（ISO）则通常

[①] Andersson A，2019："The trade effect of private standards"，*European Review of Agricultural Economics*，46（2），267-290.

[②] Simcoe T，2012："Standard setting committees：Consensus governance for shared technology platforms"，*American Economic Review*，102（1），305-336.

依据标准化领域进行分类。不同类别标准经济效应的机理和影响具有异质性，用于对这些问题进行分析的经济模型存在差异。对标准进行明确分类是开展标准经济学理论研究的前提条件。

（一）基于标准经济影响的分类理论

基于经济影响，可将标准区分为兼容性与接口标准、最低限度质量和安全标准、品种简化标准、信息和测试标准等。这些标准对经济的影响有正负之分，如表2-1所示。从正向经济影响来看，兼容性标准有利于实现网络外部性；最低限度标准能够校正逆向选择；品种简化标准有利于形成规模经济；信息标准通过减低交易成本促进交易。从负向经济影响来看，兼容性标准会形成垄断；最低限度标准会提高竞争对手成本而形成管制俘获；品种简化标准会减少选择范围，形成市场集中；信息标准会形成管制俘获。尽管每项标准均为实现某一特定目标而设定，但一项标准通常兼具多种功能，涉及诸多经济领域。因此，将每一种标准排他性地、完全地归入某一单独类别进而开展经验实证研究，不论在理论上还是在实践中都面临挑战。

表2-1　基于经济影响的标准分类

标准类型	正向影响	负向影响
信息	促进交易；降低交易成本	管制俘获
品种简化	规模经济；形成聚点和临界容量	减少选择范围；市场集中
兼容性/接口	网络外部性；避免锁定；增加系统产品的种类	垄断
最低限度质量/安全	校正逆向选择；降低交易成本；校正负外部性	管制俘获；提高竞争对手成本

注：Blind，2004：*The Economics of Standards*：*Theory*，*Evidence*，*Policy*，Edward Elgar Published Limited，2004.布林德：《标准经济学：理论、证据与政策》，中国标准出版社，2006年，第23页。

（二）基于标准化领域的分类理论

ISO系列国际标准基于标准化领域进行分类，影响力较大的ISO国际标准包括ISO 9000系列质量管理标准、ISO 14000系列环境管理标准、ISO 45001系列职业健康与安全标准、ISO 50001能源管理标准、ISO 22000食品安全管理标准、ISO/IEC 27001信息安全标准等，分别针对质量管理领域、环境管理领域、职业健康与安全领域、能源管理领域、食品安全管理领域和信息安全管理领域等[1]。

ISO 9000系列质量管理标准。ISO 9000系列质量管理标准是世界上最著名的质量管理标准。无论规模大小和活动领域如何，任何组织均可使用ISO 9000系列质量标准。ISO 9001系列标准针对质量管理体系而设定，是该系列中唯一可认证的标准。截至2021年3月，已有来自170多个国家的超过100万个组织通过了ISO 9001质量管理认证。ISO 9001系列质量管理标准基于一系列质量管理原则制定，包括以顾客为中心、最高管理者的动机、过程方法和持续改进。采用ISO 9001质量管理标准有助于确保客户获得一致且高质量的产品和服务，从而为组织带来商业利益。

ISO 14000系列环境管理标准。对于承担环境责任且需要使用工具对其进行管理的组织，均可采用ISO 14000系列环境标准。《环境管理体系　要求和使用指南》（ISO 14001：2015）旨在改善环境绩效，该标准规定了组织可用于提高其环境绩效的环境管理体系的要求。ISO 14001系列环境管理标准寻求以系统方式管理组织的环境责任，以环境支持促进组织的可持续性。该系列标准对环境、组织本身和相关方具有价值，有助于组织实现其环境管理体系的预期效果。环境管理体系的预期效果包括：提高环境绩效、履行合规义务、实现环境目标等。ISO 14001系列标准适合于任何规模、类型和性质的组织，应用于组织活动、产品和服务的环境领域，并从生命周期角度确定其可控或影响的具体领域。ISO 14001系列标准并未规定具体的环境绩效标准，该系列标准可全部或部分用于系统地改进环境管理。组织的环境管理体系必须符合ISO 14001系列标准提出的各项要求才能被认定为合规。

ISO 45001系列职业健康与安全标准。ISO 45001标准面向致力于降低工作场所风险、创造多样性偏好和更安全工作环境的组织。根据国际劳动组织统计，每日约有7600多人死于与工作有关的事故或疾病。因此，由职业健康与安全专家组成的国际标准化组织委员会致力于制定该项国际标准，每年挽救近300万人的生命[2]。ISO 45001系列标准与其他ISO管理体系标准的结构类似。ISO 14001或ISO 9001等系列国际标准的用户具有使用ISO 45001系列国际标准的便利。ISO 45001系列国际标准建立在职业健康与安全领域的早期成功国际标准的基础之上，包括职业

---

[1]　ISO，"Popular Standards"，https：//www.iso.org/home.html，2021-03-17.

[2]　ISO，"Popular Standards"，https：//www.iso.org/home.html，2021-03-17.

健康安全管理体系标准（OHSAS 18001）、国际劳工组织职业安全健康管理体系指南（ILO-OSH）及其国际劳工标准和公约、各国相关国家标准等。

ISO 50001 能源管理标准。国际标准化组织开发了 ISO 50001 系列国际标准，面向致力于通过有效的能源管理解决其环境影响、节约资源和提高安全底线的组织。该系列标准为提高能源利用率提供切实可行的方法，支持各组织部门开发能源管理体系（Energy Management System，EnMS）。更新的 ISO 50001 能源管理体系标准可通过当前做出的积极改变以帮助保护未来。ISO 50001 标准与 ISO 9001、ISO 14001 等系列国际标准保持一致，建立基于持续改进的管理体系模式。相关组织能够便利地将能源管理纳入整体工作中，从而改进质量和环境管理。ISO 50001 标准同时为组织提供规则框架：制定能够更有效利用能源的政策；确定目的和目标以满足政策要求；利用数据更好地了解和做出有关能源使用的决策；评估效果和相关政策的运作情况；持续改进能源管理。ISO 50001 系列国际标准认证并非强制性。组织可为获得该系列标准认证的收益或者出于向外界展示组织自身已经实施了能源管理体系之目的而采用该项标准。

ISO 22000 食品安全管理标准。国际标准化组织认为，不安全食品可能导致严重后果。因此，无论其规模或产品如何，所有的食品生产商都应对产品安全和消费者福祉负责。ISO 22000 食品安全管理标准可帮助组织识别和控制食品安全危害，并与 ISO 9001 质量管理标准等其他 ISO 管理标准协同工作。ISO 22000 食品安全管理标准适用于所有类型的生产商，在全球食品供应链中提供证据，支持符合标准的产品跨越国界，为消费者带来可信任的食品。ISO 22000 食品安全管理标准有利于生产者和制造商、监管者和零售商的利益，尤其是消费者。《食品安全管理体系审核与认证机构要求》（ISO/TS 22003：2013）明确了食品安全管理体系，提供了食品安全管理体系审核和认证机构的要求[1]。这一食品安全管理标准定义了适用于符合 ISO 22000 标准（或其他规定的食品安全管理体系要求）要求的食品安全管理体系（Food Safety Management System，FSMS）审核和认证的规则。该标准还向客户提供有关其供应商获得认证方式的必要信息。

ISO/IEC 27001 信息安全管理标准。ISO/IEC 27001 信息安全管理标准适用于任何规模的组织，为任何类型的数字信息提供安全性。组织可

---

① ISO 22000 食品安全管理标准的最后一次审查和确认在 2016 年，因此 2013 年版本依然为最新版本。

借助 ISO/IEC 27001 系列标准以保证信息资产安全。该系列标准为信息安全管理系统（Information Security Management System，ISMS）提供了规则。通过使用相关标准，任何类型的组织可实现资产管理的安全，如知识产权、财务信息、员工详细信息或第三方委托的信息等。信息安全管理标准（ISO/IEC 27001：2022）规定了在组织范围内建立、实施、维护和持续改进信息安全管理体系的要求。该系列标准规定的要求具有通用性，适用于所有组织，无论其类型、规模或性质如何；同时还包括根据本组织的需要对信息安全风险进行评估和处理的特殊要求。

国际标准分类法（International Classification for Standard，ICS）根据标准化领域对标准进行分类，通常涵盖《商品名称及编码协调制度的国际公约》（*International Convention for Harmonized Commodity Description and Coding System*，*HS*）术语中的多个产品组。ICS 国际标准分类法体系由国际标准化组织于 1991 年组织编制，是首部国际标准化领域的专业分类工具。ICS 国际标准分类法旨在对国际标准、区域标准进行分类编目，并促进各国通过 ICS 国际标准分类法进行数据交换与检索。

国际标准分类法为等级分类法，包含三个级别。第一级包含 40 个标准化专业领域，如道路车辆工程、农业及冶金等。各个专业拥有一个双位数类号，如 ICS 43 道路车辆工程。ICS 67 食品技术则涵盖与食品技术有关的标准，不仅包括与特定食品类型有关的标准，还包括食品工业中使用的设备标准。专业领域又细分为 392 个二级类。二级类是以实原点相隔的三位数类号，如 43.040 道路车辆装置。392 个二级类中的 144 个又被进一步细分为 909 个三级类。三级类是以实圆点相隔的双位数类号，如 43.040.20 照明、信号和警告设备。更为重要的是，世界贸易组织委托国际标准化组织负责《WTO 技术性贸易壁垒协定》（*WTO Agreement on Technical Barriers to Trade*，*TBT Agreement*）中有关标准通报事宜，规定标准化机构在通报标准化工作规划时需使用 ICS 分类法。随后各国逐步在所发布的标准上标注 ICS 分类号。作为国际性、区域性和国家标准以及其他标准文献的目录，国际标准分类法是国际、区域和国家标准相关长期订单系统的基础，用于数据库和图书馆中标准及标准文献的分类。

（三）基于标准形成过程的分类理论

基于标准形成过程，可将标准划分为公共标准和私有标准。公共标准和私有标准在农产品、食品等贸易领域的重要性正在迅速增长。世界贸易组织关于《WTO 技术性贸易壁垒协定》和《实施卫生与植物卫生措施协定》（*Agreement on the Application of Sanitary and Phytosanitary Mea-*

sures，SPS）的规则适用于公共标准，但不适用于私有标准。如果私有标准适用于绝大多数进口货物，从出口商的角度看，私有标准可能成为事实上的强制性标准[1]。学者们针对公共标准的研究表明，公共强制性产品标准会减少发展中国家的出口[2]。如何在国际经济贸易框架内应对私有标准成为学者日益关注的领域，也为贸易政策带来新议题。实践中公共标准和私有标准之间的区别并不像通常建议的那样明确，许多实际标准在设计或实施过程中同时包含公共和私有元素。这反过来又对世界贸易组织如何根据规则处理这些问题产生潜在的重要影响。因此，经济现实中具有矛盾性的表现是，尽管世界贸易组织SPS委员会围绕私有标准问题的争论最多，但这一问题仍未得到正式处理。

私有标准也称为私有自愿标准（Private Voluntary Standards，PVS），如私有食品标准或私有食品计划[3]，是私营组织为规范国际产品质量、满足组织质量要求而制定的自愿标准、认证和相关措施。在众多标准化活动中产生了大量的私有标准，标准私有化成为标准发展的基本趋势。私有标准的推动者是市场的主要参与者，包括制造商、零售商等。安德森（Andersson，2019）表示，私有标准的范围广泛，不仅涵盖技术兼容，还包括产品质量安全、环境保护和劳动保护，甚至涉及银行、保险、证券等金融服务领域的标准规定。与法律规范相比，制定过程中的私有标准可能缺乏相应的民主协商程序和公开透明的规则，有的甚至具有封闭性，即仅针对特定内部人开放。私有标准产生的动因源自标准发起人的市场竞争力和技术优势，如知识产权等相关因素。私有标准已经影响了相关市场，甚至成为事实上的强制性标准。

私有标准有助于减少贸易伙伴之间的信息不对称，从而降低交易成本、促进贸易便利化。这一益处对于向工业化国家出口的发展中国家而言尤为重要。哈莫迪等（Hammoudi et al，2015）分析认为，工业化国家和发展中国家之间存在信息不对称的可能性更大。由于私有标准对出口的显著影响，私有标准也会影响许多行业的生产过程，并最终阻碍生产者进入某些外国市场，因为要满足这些行业的特殊要求需要付出技术、行政和财力成本。更为重要的是，某些国内行业可能会不公平地设计私

---

① Heckelei T，Swinnen J，2012："Introduction to the special issue of the World Trade Review on standards and non-tariff barriers in trade"，*World Trade Review*，11（3），353–355.

② Disdier A C，Mimouni L F，2008："The impact of regulations on agricultural trade：Evidence from the SPS and TBT agreements"，*American Journal of Agricultural Economics*，90（2），336–350.

③ 主要针对食品领域而言。

有标准却未给出明确的安全或质量理由，其唯一目的是阻止外国竞争对手进入其市场。因此，马尔滕斯和斯威能（Maertens and Swinnen，2009）表示，私有标准会显示出与非关税贸易壁垒类似的效果，主要表现为过度保护当地产业而对外国商品产生声誉成本。

从私有标准的分类来看，主要包括信息和通信技术部门（联合会和论坛）的私有标准、零售和农产品领域的私有标准、社会和环境领域的私有标准等。食品部门销售的产品必须符合一定的质量要求，以确保不会对人们的健康构成威胁。因此，质量控制具有必要性，但须面对高昂成本和诸多困境。为了应对有效质量控制的需要，食品安全私有标准应运而生。这些标准为自愿性，由食品领域的私营部门制定，其要求往往比强制性规定更进一步。通过使用私有标准认证，供应商能够更好地控制供应链，购买者则降低购买低质量产品的风险。因此，安德森（Andersson，2019）认为，私有标准发挥了风险管理工具的作用。

私有标准一般被理解为非国家自愿规则，用于管理生产、供应、包装和运输货物与服务的手段和过程，以及与地方、区域和全球生产链有关的其他领域①。唐和利马（Tang and Lima，2019）认为，私有标准是非国家形式的贸易管制如何与基于国家的决策形式交织的实例。虽然私有标准并非强制性，但在生产商和出口商中具有较强的影响力和可执行性。遵守根据行业和消费者协会等战略行为者认可的私有标准，能向消费者表明其产品符合可接受的安全和质量水平。因此，私有标准最常涉及特定国家本地市场中的具体技术、公共卫生和植物卫生要求，即使这些要求由非国家实体制定且没有法律上的约束力，也成为同一市场中大多数竞争者必须遵守的事实规则。

（四）基于标准实施效力的分类理论

根据实施效力的不同，标准可分为强制性标准和自愿性标准。强制性标准接近于法规，自愿性标准更符合标准的特点。学者们发现，强制性公共产品标准会减少发展中国家出口②。也有研究认为，不论是强制性标准还是自愿性标准，标准对国际贸易而言均为强制性③。不论是事前还

---

① Marx A，2018："Integrating voluntary sustainability standards in trade policy：The case of the European Union's GSP scheme"，*Sustainability*，10（12），4364.

② Disdier A C，Mimouni L F.，2008："The impact of regulations on agricultural trade：Evidence from the SPS and TBT agreements"，*American Journal of Agricultural Economics*，90（2），336-350.

③ Vieira L M，2006："The role of food standards in international trade：assessing the Brazilian beef chain"，*Brazilian Administration Review*，3（1），17-30.

是事后，强制性标准和自愿性标准都会改变贸易商的生产成本。因此，两类标准对于世界贸易而言均具有意义[①]。

标准和技术条例是非关税壁垒的组成部分，通常被视为影响贸易流动的日益重要的决定因素。但这些标准和技术条例也可用于减轻健康和环境风险、防止欺骗行为和降低商业交易成本。在生产过程日益分散、标准规模和多样性不断增长的过程中，标准的重要性更加突出。《WTO技术性贸易壁垒协定》将标准定义为非强制性的产品或生产过程规范，而技术法规则必须强制性遵守。法律法规中引用的公共标准具有强制性技术法规的属性并直接决定市场准入，其他公共标准为自愿遵循。

根据ISO（2021）定义，标准是提供有关生产过程、材料和产品的要求、规范或指南的规则，遵守某些产品或生产标准对企业的市场准入至关重要。这些标准可以是公共标准，或是私有标准。公共标准由政府制定，私有标准由价值链内的企业制定。私有标准本质上自愿遵守，但在市场准入方面正成为事实上的强制性标准。美国消费品安全委员会（Consumer Product Safety Committee，CPSC）经常会被问到如下问题：为什么美国消费品安全委员会强调不符合自愿性标准的产品不让进入美国市场；在不存在特别法规的情况下自愿性标准是否真的为"自愿"。美国消费品安全委员会认为，如果联邦政府没有特殊要求，则自愿性标准事实上为自愿。但为了进行有效监管，美国消费品安全委员会工作人员经常会采用这样的说法，即符合一项相关的并被普遍认可的自愿性标准，可作为某一产品因符合标准而使得产品不存在安全危害的标志。从功能性上讲，相关的自愿性标准被工业界和美国消费品安全委员会视为有用的工具[②]。事实上，美国法规依赖于自愿一致性标准。

欧盟的产品标准制定也是具有复杂竞争性的领域。学者们分析认为，每一个成员国可设定国家层面的自愿性标准和强制性标准，集中的欧盟标准机构也有权制定跨国应用的标准[③]。欧洲标准化委员会（European Committee for Standardization，CEN）是由欧洲各国标准机构于1961年成立的跨国协会。所有欧盟国家必须采用欧洲标准化委员会标准，并且欧

---

① Shepherd B，2017："Product standards and export diversification"，*Journal of Economic Integration*，30（2），300–333.

② 相关访谈资料来源于中国标准化协会2021年度"国际标准制定系列课程"之"参与国际标准研制工作关键点及典型案例""ISO技术管理工作程序及国际标准提案审查要点"内部交流资料，获得资料提供者许可。

③ Shepherd B，Wilson N L W，2013："Product standards and developing country agricultural exports：The case of the European Union"，*Food Policy*，42（2），1–10.

洲标准化委员会标准高于任何存在冲突或不一致的国家标准。除补充欧盟协调指令的工作外，欧洲标准化委员会还积极与行业和国家机构协商以独立制定标准。欧洲标准化委员会制定了约12400项标准和批准文件，还有超过3500项在编制中。相比之下，欧盟委员会在其"新方法"协议下发布的协调指令不到20项。学者们研究了自愿性国家标准、强制性标准对贸易的影响[1]；跨国自愿性标准发挥的作用[2]，如欧洲标准化委员会制定的标准。谢泼德（Shepherd，2015）研究了自愿性标准对纺织品、服装和鞋类部门贸易的影响，结果发现：与国际标准一致的标准可减轻出口企业面临的固定成本负担，鼓励更大的市场准入且带来进口产品种类的增加。出口国收入水平（作为其适应国外标准能力的代理变量）对标准的贸易效应会产生重要影响。对平均低收入国家而言，欧盟标准量减少1%，其出口多样性增长约0.6%；与国际标准一致的欧盟标准增加1%，其出口多样性增长约0.8%。标准对出口多样性的促进效应对高收入国家更弱，甚至相反。

除按标准经济影响、标准化领域、标准形成过程、标准实施效力的分类以外，仍有其他分类方法。如基于产品、服务或者生产过程对标准经济分类，可将标准分为产品标准、服务标准和过程标准。尽管布林德（2019）认为，服务标准的相关议题仍然是一个新兴的领域。基于标准层次进行分类，可将标准划分为国际标准、国家标准、地方标准、行业标准、团体标准、企业标准等[3]。基于标准一致性可将标准划分为一国特有标准、与贸易伙伴国标准一致的标准、与国际标准一致的标准等。随着世界范围内各领域各类标准的快速增长及其与经济活动联系的不断密切，标准分类理论呈现精细化和多元化发展特征。

二、标准的供求理论

标准的供给和需求是标准经济学中的两类重要问题。标准的供给理论研究标准由何方提供，以何种方式提供，谁有动力来参与标准的制定和供给。标准的供给方包括政府、标准化组织、行业协会、企业和消费者等。标准的需求理论则从相反的视角切入，研究标准产生的需求条件，

---

① Chen M X，Mattoo A，2008："Regionalism in standards：Good or bad for trade?"，*Canadian Journal of Economics/Revue Canadienne Déconomique*，41（3），838-863.

② Czubala W，Shepherd B，Wilson J S，2009："Help or hindrance? The impact of harmonized standards on African exports"，*Journal of African Economies*，18，711-744.

③ 《中华人民共和国标准化法》，自2018年1月1日起施行。

标准化的动因是什么。标准的供给理论和需求理论相辅相成，为解释标准的供需和变迁、研究标准经济学相关问题提供了理论依据。

（一）标准的供给理论

1.市场失灵理论

哈德森和琼斯（Hudson and Jones，2003）认为，柠檬市场效应可以为标准的供给提供解释，基于柠檬市场理论可对标准的供给进行讨论。产品质量信息不完整和不对称导致市场失灵（Market Failure）、产品平均质量下降。严格标准有助于克服柠檬问题，这是严格标准存在的益处。标准在国际贸易中能够作为重要的质量信号，促进符合严格标准的国家在世界贸易市场上的竞争力。斯旺（2010）发现，国家标准的影响甚至超过了国际标准对贸易的影响。当存在市场失灵时，政策干预具有合理性。但当不存在市场失灵时，这种干预为不合理或非必要。市场失灵理论解释了严格标准作为政策干预的依据，为标准供给提供了支撑。这也是新古典经济学关于产业或创新政策的传统理论基础。

针对美国食品质量标准供给是否能改善市场失灵的研究认为，基于市场失灵理论，美国食品标准主要有四个利益来源[①]，分别是：①降低消费者获取产品质量信息的成本；②保护消费者不受欺诈销售劣质商品的影响；③通过统一对产品内容和标签的监管要求来降低销售者的成本；④为高质量产品的销售者带来收益。食品标准产生的成本包括：①压制廉价产品[②]；②阻碍食品营销创新和改变食品成分的灵活性；③提高销售商的产品测试和标签成本；④政府颁布和实施法规的成本；⑤在强制性最低质量标准的情况下，通过消除竞争对手和影响标准制定以有利于生产商和销售商，为其创造市场力量（监管俘获）。由于通过产品品牌、销售商、与食品有关的出版物和私营评估服务机构等获得专门信息的来源并不普遍，食品掺假是更严重的问题。联邦机构是标准制定的主要权威机构，美国食品和药品管理局（Food and Drug Administration，FDA）的收益来自经济、政治两方面，分别包括：①联邦法规通过统一全国标准，为买卖双方带来相对于替代品较低的生产和交易成本。标准预先要求生产方适合于当地市场的标签和规范进行生产，最大限度降低生产成本。标准比其他替代方案需要更少的信息收集和对消费者技能的要求，从而将交易成本降至最低。标准推广后消费者对产品掺假和欺诈包装的担忧有所减少。②美国农业部在生产者和消费者利益群体中赢得信誉。如果

---

① 除食品安全利益以外。

② 对那些有意愿购买和出售的人群而言。

没有现行法规，各州的政治进程会各自独立行事，并且在联邦法规出台之前也是如此。食品质量监管成为解决政治经济问题的有效方法。

学者关注会计标准（准则）与标准经济学，借鉴标准经济学为关于国际会计准则的辩论提供支撑①。标准的益处包括其对分工、创新、信任等的贡献；标准造成的成本主要包括进入壁垒和合规成本。该研究采用两种方法来分析会计监管是通过世界上单一的一套标准，还是通过相互竞争的体系来实现的。第一种方法侧重于对经济学的贡献，包括标准竞赛和最佳多样性理论。在这些分析中，只有在特殊情况下才出现单一标准作为更好的结果。第二种方法结合来自会计和金融的证据，这些证据涉及全球化金融市场的翻译问题，以及多个标准制定者或单一全球方案的相对成本和收益。标准协调最明显的净效益来自从特殊标准向国际标准转变的小型经济体。有学者基于信号理论研究了旅游质量标准对酒店绩效的影响②。研究采用案例分析法，将研究期内从没有标准认证到通过某种形式的质量标准认证（包括国际、国家和地区层面）的酒店作为观察对象。研究结果证明，质量标准认证可以向市场发出积极信号，对提高酒店的销售额、市场份额、入住率和平均房价等均有效果，并且有助于提高酒店每间客房的获利能力和酒店的整体利润。

2. 系统失灵理论

标准供给在一定程度上类似于公共品供给，可依据系统失灵理论对标准的供给进行分析。产业政策或创新政策的系统失灵（System Failure）方法，源于对国家创新体系的研究。可将国家创新体系视为理论上的分析概念，政府也将其作为一种发展工具，基于系统方法的创新政策措施较为有力③。系统失灵理论旨在识别特定创新系统中的失效或弱点，并通过政策干预加以纠正。系统失灵理论的影响范围比市场失灵理论的影响范围更广。

产业和创新政策的系统失灵分析源于与新古典经济学不同的创新过程模型。对这种差异的解释包括：①新古典主义创新经济学建立在最基本的创新线性模型的基础上，这意味着从研究、发明、创新至财富创造

---

① Geoff M, G M P Swann, 2009: "Accounting standards and the economics of standards", *Accounting and Business Research*, 39 (3), 191-210.

② Javier Ballina F, Valdes L, Del Valle E, 2020: "The signaling theory: The key role of quality standards in the hotel's performance", *Journal of Quality Assurance in Hospitality and Tourism*, 21 (2), 190-208.

③ Swann, 2010: "The economics of standardization: An update report for the UK department of business, innovation and skills", ISO Research Library.

的价值流沿着单一路径和方向流动和运作。②创新系统分析基于更丰富的包括从发明到创造财富的路径和反馈路径的互动模型，各种组织、行动者和中介在其中扮演重要角色。

关于系统失灵的文献包括：①基础设施失灵。这些问题涉及物理基础设施和科学技术基础设施的失灵。前者如公路、铁路、机场、电信等，后者如高校、研究实验室、国家机构等。基础设施的投资规模大、投资回报时间长，且不可分割，这些特点导致资金筹措面临困境，出现系统失灵。②物理基础设施和科学技术基础设施类别中的不同项目。物理基础设施包括公路、铁路、机场、能源供应、电信、高速信息和通信技术基础设施、宽带等。科学技术基础设施则包括高校、研究实验室、图书馆、国家资产、科学家（和设计师）、应用知识和技能、测试设施、知识转让的可能性、专利、培训和教育等。系统失灵理论认为，基础设施是公共利益，如果纯粹由私人出资，这种公益得到足够支持的可能性较小。

3.制度失灵理论

制度失灵（Institutional Failure）通常包括硬制度失灵、软制度失灵等两种类型[①]。硬制度失灵指那些限制创新活动的正规机构的失灵，如法律体系等。正规机构指专门和有目的地创建和设计制度体系的机构。硬制度失灵的例子如知识产权保护不力或合同执行中的问题，有些还包括限制创新的法规。软制度失灵是指非正式制度的失灵，如政治、社会文化和价值观等。软制度并非专门和有目的地创建和设计的，软制度比硬制度更具自发性。软制度对创新而言至关重要，因为软制度有助于培养合作、承担风险、对变化持开放态度和对创业持支持态度的氛围。标准可被视为应对制度失灵的体制保障，标准的有效供给能够在一定程度上应对制度失灵。

学者基于新制度经济学（New Institutional Economics，NIE）视阈对标准制定活动进行研究[②]。从新制度经济学的角度来看，标准定义了交换的内容，降低了交易和计量成本，在建立有效的市场基础设施方面发挥着核心作用。一些国家的相关机构也通常将标准制定活动视为协调和治理问题。该研究将经典的威廉姆森分析框架（Williamsonian Analytical Framework）应用于标准制定机构的治理问题，并基于农业部门和全球私

---

① Swann，2010："The economics of standardization：An update report for the UK department of business，innovation and skills"，ISO Research Library.

② Maze A，2017："Standard-setting activities and new institutional economics"，*Journal of Institutional Economics*，13（3），599-621.

营部门标准经验数据的实证证据提供支持。研究结论强调标准选择的重要性和当前标准协调的局限性。由于国际层面在制度上未能明确替代的多边治理机制，制度失灵依然存在。

（二）标准的需求理论

国家竞争优势理论认为，需求条件是世界范围内高质量标准产生的原因[①]。德国的专业客户和普通消费者对于质量具有较高的要求。来自内行的挑剔和对产品的不满意评价，使得德国的产品标准极为严格。德国的产业标准被认为是世界上最为严格的一系列标准，德国的《机械劳动保护法》以及安全标准也较高。同时，德国较早制定了环境法律保障和相应的标准，德国产业在环保领域的产出也在欧洲居于前列。从国际标准来看，虽然美国的客户通常会率先接受新型产品或新式服务，但美国消费者对产品的要求并不像德国客户那样高，因此美国的产品标准并没有德国标准严格。

其他反映需求条件的具体例子还包括：囿于地形独特，瑞士列车执行居于世界前列的严格质量标准。虽然没有专门的标准机构制定本国国家标准，但瑞士采用德国的技术标准和环境保护标准，进而提升了瑞士相关产业的标准需求压力。本国消费者、化工和食品领域专家与从业人员的高标准需求，加速了瑞士在芳香剂和调味品领域的标准研发进程。在这些例子中，政府制定相关产品标准，对消费者的需求产生影响。与此同时，政府也是一国市场的主要客户之一。这使得政府可以在制定标准促进产业发展的过程中扮演多种角色，可能成为发展的助力也有可能形成障碍。通常情况下，如果国内市场对某类产品具有强烈需求，就会促使政府提前对产品的相关标准进行规范化操作，产品的标准规范又会影响其需求程度。

以教育为例，竞争优势理论认为教育应具有高标准。设立教育领域的高标准是政府的责任，如果没有中央政府和地方政府主动加入教育标准的制定工作，高标准的教育系统就很难发展起来。政府可以通过对产品和制造标准进行规范从而影响需求条件，包括产品安全性及其他性能、产品对环境的影响（如噪声、污染、视觉、回收等）。对这类产品制定标准是中央政府的重要职责，国家级或区域级产品标准制定组织所制定的

[①] Porter M E, 1998: "Clusters and new economics of competition", *Harvard business review*, 76（4），77-90.

标准规范会成为法律的组成部分①。国家竞争优势理论认为，产品安全性、其他产品性能、环境影响等严格标准能够促使企业改善产品质量、提升技术水平、创新产品设计，进而通过满足社会经济需求，最终创造和提升国际市场竞争优势。

德国标准学会制定的标准严格且全面，有时甚至引起国外企业和竞争者的争议，但严格的德国标准规范了市场，有力促进了德国工业的发展。历史上，德国索林根市（Solingen）是重要的餐具业中心，产品质量良莠不齐破坏了当地的产业形象。1938年，德国通过了规范严格标准的《索林根法》。这项工业标准法案缓解了标准促进经济发展的压力，是保障德国产品多样性和优良品质的重要工具。同一时期的日本政府也对出口商品制定严格标准，促使日本贸易企业提升产品质量。波特（Porter，1998）提出，一些企业可能会产生不正确的想法，认为严格标准会增加成本，那些不受严格标准限制的外国竞争者会占据成本优势。然而，成本增加只是短期表现，严格标准与创新带来的长期利益才是一国创造和维持竞争优势的根本源泉。如果一国严格的产品标准能跨越国界进入国际市场成为国际标准，这一产品标准就具有另一层意义。严格产品标准会触发产品和服务创新，成为国际标准的本国产品标准有利于本国企业率先开发新产品和新服务，并借助国际标准扩散到世界市场。

标准的执行过程与标准的制定过程同样重要。政府在标准制定和执行过程中缺乏持续性，会浪费时间和资源，阻碍标准效力的发挥并影响创新。参与市场竞争就必须对标准的制定、执行、产品的批准历程等做出全面考虑，并审视司法监督裁判环节。如果整个过程明确规范，并将标准活动中相关的法律议题放在立法过程中解决，对国家产品竞争力会产生正面而显著的影响。在美国的相关法律中，技术标准的制定、实施、监督审查等各环节存在不同的法律法规上的考虑。一国制定能够在基础技术上提升竞争优势并且超越地域分歧的标准，将加速产品的开发、改善、创新和发展，有利于本国产品进入国外市场。

学者们从标准化与真实性（Authenticity）的矛盾出发，研究正宗餐厅制定共同标准的需求②。研究考察构成餐厅真实性的特征，并确定这些特征是否可在顶级餐厅联盟内进行标准化，从而在餐厅的共性特征中获

---

① 如德国标准化学会、美国保险商实验室（Underwriter Laboratories Inc.，UL）、日本工业标准协会（Japanese Industrial Standards Committee，JISC）等。

② de Vries H J，Go F M，2017："Developing a common standard for authentic restaurants"，*Service Industries Journal*，37（15-16），1008-1028.

益。通过文献分析、对联盟餐厅的董事和经理的访谈、对消费者的调查等手段，该研究发现，结合以上三个主要的信息来源，可区分餐厅真实性的基本特征和外围特征。这一区分规定了真实性基本特征的最低水平，有助于确定餐厅真实性的标准。同样在农食产品领域，美国番茄行业的主要成员回应了美国食品和药品管理局对该行业长期以来食品安全效果不佳的压力，在番茄供应链各环节采用了一套与食品安全相关的生产实践标准。根据适用于佛罗里达州的联邦销售令，所有番茄的生产必须遵守这些标准。加利福尼亚州番茄农民合作社的成员生产加州种植的绝大多数番茄，该合作社要求其成员采用这些标准。番茄的集体食品安全标准与美国《食品安全现代化法案》（Food Safety Modernization Act，FSMA）生产安全规则的要求相似，这些标准的集体采用为考察美国《食品安全现代化法案》实施对需求的可能影响提供了研究案例。学者对食品安全集体标准需求的研究发现，相对于其他地区的番茄需求，并没有证据显示佛罗里达州和加利福尼亚州的番茄需求在这些州的种植者采用食品安全标准后会有所增加[①]。

现代畜牧业日益受到消费者的指责，但目前仍缺乏针对消费者对动物友好型畜牧业明确要求的研究。尽管权衡要求优先考虑公众的需求，但公众在面临权衡时会做出何种反应并不清晰。学者们研究了消费者对更好的动物福利标准的需求[②]。该研究通过与德国四个不同城市的消费者进行四次焦点小组讨论获取相关信息，如农场层面信息等，要求参与者讨论相关的权衡问题并制定可能的解决方案。结果显示，参与者更倾向于接近自然的生产标准，但并没有将对动物福利产品的偏好转化为购买行为。参与者表示消费者应当对这一状况负责。这种行为差距的出现归因于经济因素以及产品方面的不透明。研究建议，农业综合企业和食品工业部门应通过改善与公众的沟通以提高透明度，并推行旨在提高农场动物福利的改革进程。

可再生能源组合标准明确了可再生能源发电的目标，要求电力企业从再生能源中获得最低比例的电力。学者从可再生能源融资的需求因素，对可再生能源组合标准（Renewable Portfolio Standards，RPS）进行分

① Bovay J, 2017: "Demand for collective food-safety standards", *Agricultural Economics*, 48 (6), 793-803.

② Sonntag W I, Purwins N, Risius A, et al, 2017: "Consumers require higher animal welfare standards – are they willing to pay for them? Key for the marketing of higher animal welfare meat products", *Fleischwirtschaft*, 97 (10), 102-105.

析①。学者应用综合控制模型的研究发现，与具有类似经济、政治和可再生自然资源特征的未采用这一标准的国家相比，采用该标准的国家历经电价上涨和电力需求下降。尽管研究期内可再生能源发电量在南太平洋岛屿国家和非南太平洋岛屿国家都有所增加，但研究没有发现南太平洋岛屿国家可再生能源发电量相对于非南太平洋岛屿国家有所增加的证据，排放量减少的证据也较弱。此外，学者研究了交叉所有权下的税收与标准②，提出对竞争对手的被动投资会影响政府制定统一税收和统一排放标准。当企业处于平等地位且没有交叉所有权时，标准和税收是平等的，并产生相同的社会福利。但在交叉所有权下，这种结果并不成立，因为交叉所有权减少了市场竞争进而对税收和标准产生了差异化的影响。研究发现，当交叉所有权与低社会福利相联系时税收更优，当交叉所有权与高社会福利相联系时标准更优。

针对企业对最低质量标准（Minimum Quality Standards，MQS）的需求，学者分析了遵循最低质量标准对两国企业市场进入决策的影响③。研究基于多阶段博弈模型，考察质量标准对企业进入国外市场战略选择的影响。假设当每家企业只在国内市场销售其产品时产品质量没有任何限制，在选择进入国外市场时质量要求不低于规定的最低质量标准。分析表明，战略选择导致出现异质均衡。在均衡中如果最低质量标准处于中间区间，则两家企业做出不同的进入决策，生产具有不同质量的产品。如果最低质量标准相对较低，两家企业都愿意进入彼此的国外市场以便在每个市场上共存。相对较高的最低质量标准会促使每家企业仅留在国内市场。与具有社会效率的配置相比，企业不会有更大的动力去开拓新的国外市场。与强竞争情形相比，弱竞争情形导致企业私下的均衡行为偏离社会有效配置。

三、标准的经济效应理论

（一）黑箱理论

斯旺（2010）认为，标准对经济的影响路径如同复杂的黑箱。①制定标准、实施标准化的目的包括品种简化、质量和性能、计量、编码知

① Upton G B, Snyder B F, 2017: "Funding renewable energy: An analysis of renewable portfolio standards", *Energy Economics*, 66 (3), 205–216.

② Carlos Barcena-Ruiz J, Luz Campo M, 2017: "Taxes versus standards under cross-ownership", *Resource and Energy Economics*, 50, 36–50.

③ Zhang Y F, 2019: "To enter or not to enter? A comparative analysis with minimum quality standards", *Mathematics and Computers in Simulation*, 166 (2), 508–527.

识、兼容性和互操作性、远景、健康和安全、环境。②标准化可通过影响规模经济、分工、能力、进入壁垒、网络效应、交易成本、精确度、信任和风险等中间变量产生中间效应，表现为标准规模经济、有效分工、减少进入壁垒、建立网络效应、降低交易成本、增加贸易伙伴之间的信任等。③通过影响价格、生产率、进入壁垒、竞争、创新、贸易、外包、市场失灵等变量产生最终效应，获得政策收益。标准影响经济的作用机理多样，并存在交叉和反馈。

标准经济效应的黑箱理论表明，标准产生经济影响具有多种路径，净效应取决于占主导地位效应的作用机理和影响力度。因此，标准最终的经济效应并不确定。主要原因包括：①黑箱经济模型中标准的影响只能通过不确定性因素来估计，这取决于所涉及的路径和作用机理。②该模型意味着对标准经济效应的估计仍需超越总体宏观经济（黑箱）模型，并考虑黑箱模型丰富的内部结构。③模型强调的基本事实在于，标准的若干经济效应同时存在。因此，任何能够提高劳动分工有效利用率的标准均能引起生产率、创新、外包和贸易的提高和增长，这些最终影响彼此关联。如图2-1所示。

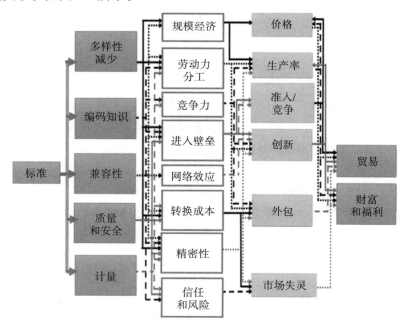

图2-1 标准影响贸易、财富和福利的作用机理

注：Swann，2010："The Economics of standardization：An update report for the UK department of business，innovation and skills"，ISO Research Libray. 作者根据相关内容翻译绘制而成。

（二）国际 ISO 标准的贸易效应

标准化通过各种渠道影响国际贸易流动。为了对标准化的净效应进行分解，克卢格蒂和格拉杰克（Clougherty and Grajek，2014）将标准对贸易的影响集中于三个特定路径，即本国标准化带来增强的国际竞争力效应；贸易伙伴国标准化带来的信息效应和遵循成本效应；本国与贸易伙伴国标准化相互作用所产生的共同语言效应。

1. 标准的竞争力效应

本国环境中推广标准可为本国带来竞争优势，从而扩大出口。这种竞争力的增强源于采用标准的企业内部效率的提高和质量的提高。获得 ISO 系列国际标准认证有利于企业提高内部收益，这些内部收益会增加总体竞争力进而促进贸易流动。通常情况下，企业的外部收益会超过内部收益，因此，哈德森和琼斯（Hudson and Jones，2003）提出获取外部收益成为通过标准化提高出口竞争力的主要动力。标准在贸易中发出重要信号，有助于促进那些符合严格标准的国家的竞争力。此外，发展中国家缺乏监测质量评估的既定制度框架，ISO 9000 系列国际标准可为其提供低成本信号，表明发展中国家企业对质量的承诺，并减轻信息不对称和交易成本。ISO 国际标准认证由此促进了发展中国家的国际贸易。

甘斯兰特和马库森（Ganslandt and Markusen，2001）认为，标准扩散可以发出质量和安全信号，提升出口产品的竞争力，从而有利于出口额的增长。ISO 9000 系列国际标准提供了最低质量标准，能够显著降低交易和搜索成本。布林德（2004）分析认为，国际标准认证不仅显示提供的产品是否符合国际规范，而且还能够表明除产品质量以外未被观察到的其他优越特质。当买家面对多个供应商而其产品属性具有无形特征的情况下，ISO 系列国际标准认证可提高交易双方交往的便利程度[①]。在本国环境中推广标准可为企业带来竞争优势，从而扩大出口。这种竞争力的增强可能是由于采用标准的企业内部效率和产品质量的提高。标准在本国广泛推广时有利于增加出口[②]。

[①] Terlaak A，King A A，2006："The effect of certification with the ISO 9000 quality management standard: A signaling approach"，*Journal of Economic Behavior and Organization*，60 (11)，12–31.

[②] Clougherty J A，Grajek M，2008："The impact of ISO 9000 diffusion on trade and FDI: A new institutional analysis"，*Journal of International Business Studies*，39 (4)，613–633.

2.标准的信息效应与遵循成本效应

莫尼乌斯和特林达德（Moenius and Trindade，2008）提出，标准在贸易伙伴国的扩散可能涉及两种相互抗衡的效应——信息效应和遵循成本效应。标准的存在促进贸易，因为标准向意图进入本国市场的外国出口商提供了关键信息，有助于外国出口商对产品进行修改、调整和适应。从信息效应来看，一国采用一项标准代表了一种机制，能够提供在该国市场销售的所必须规范的关键信息。本地知识通过这种机制得以传播，外国出口商更容易获得这类知识。由于透明度和清晰度得到提高，获取贸易伙伴国环境信息的成本降低，这一动态过程为外国出口商创造了明显的出口机会。与每个客户都规定独特的质量控制要求的情况相比，在目标环境中大规模采用ISO 9000系列国际标准对出口商而言是一种有效改进。

ISO国际标准认证也涉及实施成本——估计在5万美元至25万美元之间。即使是已具有良好现代质量体系的企业，也会发现采用ISO 9000系列国际标准认证需要准备审核所需的繁重文件，面临额外成本的增加和进程延误等风险。如果标准在贸易伙伴国环境中的扩散导致外国生产商付出巨大的遵循成本，贸易会受到阻碍。特尔佐夫斯基等（Terziovski et al，2014）认为，为了获得国际标准认证，外国生产商必须调整制造设计、重组生产系统，并遵守多种认证和测试程序。这些遵循成本对于中小型企业和来自发展中国家的企业来说不容忽视。遵循成本对于那些对标准化进程没有影响的企业而言尤为高昂。本国标准可能被作为贸易保护主义所使用以提高国外竞争者的成本。当外国企业面临较高的适应成本时，这一保护主义的元素会格外强烈，部分原因在于外国企业对本国标准化过程能够实施的影响较为有限。因此，在贸易伙伴国环境中实施一项标准会对外国生产者产生不利影响，增加遵循成本；并在这些遵循成本相当大时阻碍贸易。总之，在贸易伙伴国环境中采用ISO 9000系列国际标准涉及两种相互抵消的效应，即正向的信息效应和负向的遵循成本效应。净效应是否为正取决于标准对贸易的促进效应是否超过标准对贸易的阻碍作用。

3.标准的共同语言效应

标准具有促进贸易伙伴之间交流的共同语言特性。标准包含共同语言的元素，潜在地为来自不同国家的贸易交换提供便利。贸易伙伴双方相应的技术知识对于提高交流效率和促进跨境贸易至关重要，本国和贸易伙伴国可以通过采用相关标准以建立共同语言。ISO 9000系列国际标准可看作是一种使用的通用技术语言或代码。在获得国际ISO标准认证的企业内部，标准化的文件流程和组织程序可减轻企业之间的信息不对称，进而降低垂直关系中的交易和搜索成本。但要充分实现ISO 9000系列国际标准的收益，合同双方首先应该采用（即学习）ISO 9000系列国际标准，这也是将国际标准类比为共同语言的适切性所在。ISO 9000系列国际标准的共同语言特性可通过允许内部生产系统的即时交流沟通，减少来自不同国家企业间特有的贸易摩擦[1]。

这种共同语言的动态效应与探讨网络在降低与国际贸易相关的信息成本方面的作用的相关研究一致。突出国际标准的共同语言特性与考虑到网络在降低与国际贸易有关信息成本方面的文献包含相同的元素。如通过在特征空间中匹配买家和卖家，网络可能会对贸易流产生相当大的影响，因为有关机会的信息不足是非正式的国际贸易壁垒之一。ISO 9000系列国际标准在一定程度上以较低的内部信息和搜索成本促进区域贸易交流，这类作用类似于华人网络[2]和互联网中的华人社区[3]。学者们认为，ISO 9000系列国际标准涉及这些属性，因为ISO 9000系列国际标准认证可建立一种向买方传达内部生产系统性质的手段，并为交易提供跨组织的程序化语言[4]。采用ISO 9000系列国际标准的通用技术语言可被视为建立基于长期互动和信任声誉纵向关系的替代方法。标准影响国际贸易网络和搜寻成本的观点，为深入研究联系和关系在决定经济活动地理分布上发挥作用拓展了空间[5]。

（三）标准的制度效应

制度可以打破贸易壁垒，良好制度能够促进贸易。一些研究从理论上探讨制度在促进贸易方面的作用。伯科维茨等（Berkowitz et al，2006）研究了出口国的良好制度如何促进国际贸易。理论上这一促进效应与复

① Benezech D，Lambert G，Lanoux B，et al，2001："Completion of knowledge codification：an illustration through the ISO 9000 standards implementation process"，*Research Policy*，30（9），1395–1407.

② Rauch J E，Trindade V，2002："Ethnic Chinese networks in international trade"，*Review of Economics and Statistics*，84（1），116–130.

③ Freund C L，Weinhold D，2004："The effect of the Internet on international trade"，*Journal of International Economics*，62（1），171–189.

④ Clougherty J A，Grajek M，2008："The impact of ISO 9000 diffusion on trade and FDI：A new institutional analysis"，*Journal of International Business Studies*，39（4），613–633.

⑤ 国内学者孙莹和张旭昆（2011）的相关研究也发现，ISO 9000系列国际标准的扩散会推动贸易伙伴国的出口贸易增长，特别有益于促进发展中国家向发达国家的出口贸易。

杂产品贸易密切相关，因为对于复杂产品而言很难编写一份涵盖产品所有相关特征的完整合同。拥有良好制度的国家倾向于出口更复杂的产品而进口更简单的产品。良好制度有助于通过降低交易成本进而促进国际贸易。伊斯兰和雷舍夫（Islam and Reshef，2006）基于双边贸易引力模型的实证结果发现，良好制度的贸易促进效应大于法律制度差异所产生的贸易抑制效应。同时，ISO 9000系列国际标准的扩散程度可体现一国与国际标准一致化的能力，而信息能力和一致化能力是测度制度能力的两个关键领域①。以国际标准扩散程度为指标衡量的制度能力，对发展中国家出口具有显著而重要的影响。如果发展中国家能够拥有较强的制度能力，就能够更好地应对农产品和食品方面的严格标准。

（四）标准的品种减少效应

品种减少标准是通常的标准类型之一。品种减少并非标准的最终目标，而是标准产生的净效应。这类标准旨在减少品种多样性以利用规模经济②。品种减少也会带来交易成本的降低。以托盘尺寸为例，托盘尺寸不同（标准的多样性）增加了潜在出口企业的交易成本。当存在这种多样性时，出口企业必须将交易项目从一种尺寸的托盘转运到另一种与目的地国家托盘尺寸标准兼容的托盘上。贸易商必须携带不同尺寸的托盘，这对最不发达国家而言是特殊的难题；因为这些国家既没有托盘租赁市场，也没有托盘交换市场。对于最不发达国家的出口而言，通常每吨或单位体积的价值较低，这意味着最不发达国家的出口企业对托盘的成本更为敏感。另一个例子是集装箱尺寸的标准化。拉巴兰和卡罗尔（Raballand and Carroll，2007）认为，这一标准化明显降低了交易成本和托运人的运输成本，并从根本上改变了全球运输基础设施。就集装箱而言，网络外部性在集装箱尺寸标准的使用中发挥重要作用。

管制保护主义有可能通过增加为进入国外市场而必须付出的固定产品适应成本来影响贸易，在较高的固定成本情形下阻碍了出口市场准入，并减少出口产品的品种范围。这种影响在欠发达国家尤为明显，因为欠发达国家的信息、技术、管理能力、测试和认证服务以及融资渠道相对不完善，企业缺乏快速、充分地适应生产流程以满足富国市场产品标准

---

① Sung J，Kim，Reinert K A，2008："Standards and institutional capacity：An examination of trade in food and agricultural products"，*The International Trade Journal*，23（1），27–50.

② Swann，2010："The economics of standardization：An update report for the UK department of business，innovation and skills"，ISO Research Library.

的能力。对向欧盟出口的发展中国家而言，随着欧盟农业领域标准规模扩大趋势增强而产生的成本效应不容忽视。

（五）标准一致化的贸易效应

标准在国际上的差异会增加成本进而限制贸易，但这一差异也可能是对于不同国情和偏好的合理反应。标准一致化是消除国际标准差异的方法之一。一些情况下统一标准不仅有益于一致化区域内的出口企业，也有益于其他地区的出口企业。然而，如果标准一致化可能导致过于昂贵的代价，则标准一致化并非始终有益。确保区域标准一致化的方法之一是使区域标准与ISO等国际标准保持一致。与ISO系列国际标准保持一致的欧盟标准被认为比与ISO不一致的标准对贸易的限制要少。由于发展中国家的竞争力可能受到出口能力的严重阻碍，标准一致化的作用对发展中国家尤其重要。除了通过影响集约边际（Intensive Margin）促进贸易外，标准一致化还可在适当的情况下以更广泛的方式促进贸易。国家标准的协调统一，特别是与ISO系列国际标准保持一致，有助于发展中国家实现出口多样化。

谢泼德（2015）基于异质性企业贸易理论，标准一致化会对贸易的广延边际（Extensive Margin）产生影响。企业能够在遵循单一标准且仅支付一项标准遵循成本的情况下进入多个市场，此时规模效应会对贸易的广延边际产生积极影响。标准一致化通常会导致至少一国采用遵循成本更高的标准，这一成本效应会起相反的作用。如果标准一致化所涉及的成本较低，则规模效应通常占主导地位。异质性企业贸易理论框架中标准对贸易的影响很重要，主要原因有二。第一，异质性企业贸易理论提供了重新审视如产品标准等固定成本变量影响贸易、影响企业的进出市场决策等问题的分析框架。第二，不同的发展中国家以差异化的方式对更严格的国外标准做出反应。通过这种机制，生产率相对较低的企业面临较高的标准遵循成本会逐步收缩规模甚至退出市场，而生产率较高的企业则继续生产。在国外，企业采用更严格的标准后，也有证据表明某些国家随着时间的推移在全行业范围内取得了技术进步。两种动力与部门内部的重新分配效应相一致，后者则是异质性企业贸易理论经典模型（Chaney，2008；Melitz，2003）的核心内容。标准一致化的理论预期如表2-2所示。

表2-2　标准一致化效应的理论预期

初始条件	Harmonization Across	Harmonization Up
内部生产率临界值	规模效应<0	规模效应<0
	成本效应<0	成本效应<0
	远隔效应>0	远隔效应>0
外部生产率临界值	规模效应<0	规模效应<0
	成本效应=0	成本效应>0
	远隔效应>0	远隔效应<>0

注：Shepherd B，2015，"Product standards and export diversification"，*Journal of Economic Integration*，30（2），300-333.

（六）标准的竞争优势效应

国家竞争优势理论认为，创新并非取决于技术突破，而是依赖于经验的积淀[①]。在国际竞争中，创新必须同时考虑来自国外市场和国内市场的双重需求。以日本为例，日本制造业企业敏锐地发现国际市场上适用于一般用途的轻型叉车较为缺乏，于是转变产品生产方向并加强自动化流程和标准化设计，专门化生产这类车型并获得收益。同时，来自政府对法律规章的修改完善，对生产标准、进口限制、环境监控或是贸易壁垒等相关规定的调整，也会激发产业创新，带来新的竞争优势。生产标准化有益于统筹资源，由此节约的成本有益于将富余资金投向产品、服务的设计领域，最终满足世界各国市场对产品创新的多样化需求。如日本、韩国等都曾选择生产标准化产品以降低成本，提高国际市场竞争力。

伴随全球化的兴起，企业越来越多地实施国际标准化组织（ISO）制定的管理标准，以确保其能够满足客户的期望。ISO管理标准降低了全球供应商表现的不确定性，促进了全球贸易。但ISO系列国际标准也促进了供应商之间的某种程度的共通性或同构性。如果标准概念具有一定的共同性，那么如何通过实施ISO系列国际标准来实现竞争优势成为关键。学者们对ISO管理标准实施时机的竞争优势进行了考察[②]。基于竞争动力学理论的研究认为，相对于竞争对手而言，企业实施ISO系列国际标准的时机具有战略收益。企业在实施ISO 14001系列国际标准时可获得

[①] Porter M E，1998："Clusters and new economics of competition"，*Harvard Business Review*，76（4），77-90.

[②] Su H，Dhanorkar S，Linderman K，2015："A competitive advantage from the implementation timing of ISO management standards"，*Journal of Operations Management*，37（4），31-44.

先发优势。先发优势进一步取决于企业适应标准的能力（如在适应 ISO 9001 系列国际标准方面的经验）及其行业的竞争强度。学者们利用在不同时间点开始实施 ISO 14001 系列国际标准的企业的纵向数据对先发优势收益的分析表明，实施新管理标准具有最佳时机，并影响企业标准化活动的收益。

旅游业属于持续增长的行业，企业必须关注所提供服务的质量进而在行业中保持竞争优势。旅游产品与大量的服务联系在一起，产品性质较为复杂。开发优质旅游产品的重要性已得到公共和私营旅游部门的认可。针对政府在不同层次上采取的旨在提高旅游业质量的举措，普尔潘诺娃（Pulpanova，2009）研究了标准对旅游服务质量、竞争优势的影响。研究针对旅游服务质量监管和标准化，并从世界旅游组织的国际化视角提出建议。欧盟旅游服务质量资料主要来自欧盟委员会指令及其发表的研究报告。捷克旅游局在国家级层面提供代表各区域旅游业当局的合作信息。研究认为，瑞士旅游质量计划已被其他欧洲国家接受，是旅游服务有效质量体系的典范。国家质量保证和具体领域中需要启动适用于旅游业企业的综合质量认证方案，通过认证获得的质量标签可作为企业具有特色的差异化营销手段。

纳韦（Naveh，2005）研究了实施 ISO 9000 系列国际标准对企业竞争优势和经营绩效的影响。基于文献和案例，研究确定了 ISO 9000 系列国际标准实施的部署和使用阶段。其中，部署阶段包括外部协调和集成两个维度；使用阶段包括日常实践和催生变革两个维度。研究数据源于对近 1000 家企业中 1150 名质量管理人员的调查回收问卷，其中约三分之一的企业提供了基于 COMPUSTAT 数据库的有关企业业务和经营业绩的纵向信息。同时，假设 ISO 9000 系列国际标准的部署与 ISO 9000 系列国际标准的使用正相关，ISO 9000 系列国际标准的使用与企业的经营绩效正相关。研究使用分层线性模型（Hierarchical Liner Modeling，HLM）来检验假设，并通过比较 ISO 9000 认证企业的纵向绩效与四个未通过 ISO 9000 认证企业的匹配样本来验证结果。分析表明，虽然部署阶段对于成功实施 ISO 9000 而言具有必要性，但当企业在日常实践中使用 ISO 9000 系列国际标准并将其作为变革的催化剂时才能从标准中获得明显的经营优势。实施 ISO 9000 标准并不一定会自动产生更好的经营业绩。

此外，学者们基于审计竞争优势的资源基础理论分析国际财务报告标准①，研究旨在分析国际财务报告标准的实施对马来西亚等新兴经济体中不同规模审计企业竞争优势的影响，并对该环境中秉承资源企业观的八家审计企业进行审查，评估这些审计企业审计遵循《国际财务报告标准》的能力。该研究采用内容分析和半结构式访谈收集数据。研究表明，为应对国际财务报告标准，不同规模的会计师事务所以不同的方式利用资源以便在利基市场（Niche Market）立足，从而保持竞争优势。

（七）标准的福利效应

巴塔查里亚（Bhattacharya，2017）基于自愿遵守绿色电力市场、消费者偏好差异、电力供应商不完全竞争等条件，研究美国电力市场可再生能源组合标准的市场和福利效应并提供经验证据。可再生能源标准具有供给效应和需求效应，即成本增加和与常规电力相比更高的消费者价值。研究发现，引入可再生能源组合标准后常规电价通常上升。可再生能源组合标准对绿色电力的均衡价格、常规和绿色电力的数量、消费者福利和供应商利润的影响更为具体，并取决于成本和效用效应的相对大小、消费者对绿色电力偏好的强弱、供应商在零售价格前的成本、零售价格对绿色电力成本的影响、供应商之间的竞争程度等因素。尽管可再生能源计划的推出旨在增加电力生产中绿色能源的使用，但分析表明该政策的出台最终会减少绿色能源的总使用量。政策实施带来的这种不利效果发生在看似拥有最佳条件的绿色电力部门②。该研究认为，政策设计在决定可再生能源组合标准的发生率方面起着关键作用，需要考虑不同利益群体在政策谈判中所持立场的差异。

莫斯基尼等（Moschini et al，2017）研究了竞争均衡下可再生燃料标准（Renewable Fuel Standards，RFS）的市场与福利效应。研究构建多市场均衡模型以评估替代性生物燃料政策的实施效果。该模型结合美国农业部门与能源部门，明确考虑美国乙醇和生物柴油的生产，刻画可再生能源政策的结构特征，并利用可再生能源标识价格核心价值的套利条件来确定竞争均衡条件。研究结果发现，可再生燃料标准主要通过有利的贸易条件效应对农业部门产生积极效应，但也影响了美国的整体福利收益。预期任务的执行将需要进一步扩大生物柴油生产，这将导致相对于

---

① Lian K P, Adeline H, Patel C, 2011: "Competitive advantages of audit firms in the era of international financial reporting standards: An analysis using the resource-based view of the firm", *International Conference on E-business*, *Management and Economics*, Hong Kong, IACSIT Press, 308.

② 绿色能源的高消费价值和绿色能源与传统能源之间的低成本差异。

2015年的任务水平而言相当大的福利损失。受限的最优或次优指令将要求比当前指令生产更多的玉米乙醇和更少的生物柴油。

四、小结

国外标准经济学学术研究的前沿理论主要集中在标准的分类理论、供求理论、标准经济效应理论等三个方面，尤其是标准经济效应的理论研究。本章以标准分类理论作为切入点，从经济学逻辑讨论标准的缘起和分类、标准的供给和需求，重点分析标准的经济效应理论。

标准为了满足经济社会活动的现实需要应运而生。从经济学视角来看，标准分类理论的产生和形成具有必然性和必要性。标准涉及的领域广泛，不同类别标准产生经济效应的机理和影响存在差异。如果不对标准进行分类，关于标准供求和标准经济效应的研究就会缺乏依据和针对性。标准的分类主要包括基于经济影响的分类、基于标准化领域的分类、基于标准形成过程的分类，以及基于标准实施效力的分类。其中，ISO系列国际标准通常基于标准化领域进行分类，因此，相关学术研究也主要集中在考虑质量管理、环境管理等不同领域中ISO系列国际标准对经济产生的影响。与此同时，对特定标准的研究则主要依据标准经济影响的分类、公共标准和私有标准的分类、强制性或自愿性标准分类来开展。随着世界范围内各领域各类标准的快速增长，标准分类理论也呈现出精细化和多元化的发展特征。

标准的供给理论主要包括市场失灵理论、信号理论等。标准的需求理论主要包括国家竞争优势理论和竞争理论等。从供给侧来看，市场失灵理论、系统失灵理论、制度失灵理论、信号理论等均得出了有关严格标准作为政策干预的必要性，为标准供给提供了依据。从需求侧来看，国家竞争优势理论等提出了标准的需求条件。在全球经济联系日益紧密的进程中，标准的需求不仅来自本国市场，而且同国外市场结合在一起。因此，标准的供求理论具有本地化和国际化的双重特征，并随着各级各类标准制定组织的发展而不断充实丰富。同时，标准的供求理论也为评估标准化政策的实施效果提供了方向。

标准的经济效应理论极大拓展了国外标准经济学学术研究的前沿理论。黑箱理论刻画出标准影响经济作用机理的交叉性、复杂性和反馈性。不同类别的标准经由错综复杂的路径，经历中间效应和最终效应，对经济现实产生影响。随着世界范围内标准规模的不断增长，对标准影响经济机理的识别和论证，成为标准经济学理论研究最活跃的领域。其中，标准带来的竞争优势效应始终吸引学者的关注，而标准一致化的经济效应在近十年的国外研究文献中占据主流。除 ISO 系列国际标准具有国际属性外，不论是国家标准、产业标准、企业标准或私有标准，为了发挥标准作为技术规范和共同语言的积极效应，都须考虑不同标准之间的协调和一致化。反映在理论研究的相关文献中，体现为学者在理论实证和经验实证上均会强调对标准差距的分析、对标准协调与标准一致化的刻画、对标准不一致影响经济机理异质性的研究。异质性企业贸易理论等主流经济学前沿理论的出现，也推进了标准影响贸易的机理和异质性效应研究。标准一致化会影响贸易的集约边际和广延边际。标准的福利效应研究主要集中在能源标准领域，如可再生能源组合标准、可再生燃料标准等。政策设计对标准的福利效应具有关键影响，对特定部门和整体福利的影响存在差异。

第三章　国外标准经济学学术研究的 前沿方法

一、理论实证方法

（一）将标准引入宏观经济生产函数的实证方法

布林德（2004）基于经典柯布–道格拉斯（Cobb-Douglas）生产函数构建模型，为标准对生产力和经济增长的影响提供了研究框架。

其中，经典 Cobb-Douglas 生产函数表示为：

$$Y_t = A \cdot K_t^{\alpha} \cdot L_t^{\beta} \cdot e^{\theta \cdot t} \tag{3-1}$$

式中，Y_t 代表 t 年产出，K_t、L_t 分别代表当年产出所使用的资本量和劳动量。A 为将技术进步纳入经典 Cobb-Douglas 生产函数的效率参数，$A(t) = A \cdot e^{\theta \cdot t}$。$K_t$、$L_t$ 的指数 α 和 β 分别代表资本要素弹性和劳动要素弹性，α 和 β 之和为 Cobb-Douglas 生产函数的规模弹性。该生产函数的对数形式可写为[①]：

$$y_t = a + \alpha \cdot k_t + \beta \cdot l_t + \theta \cdot t \tag{3-2}$$

学者认为技术标准是除专利以外能够描述研发结果的合适指标。标准按照现时技术水平制定，反映现时最新科技成果的运用。最低限度质量标准和安全标准规定产品生产质量的特定水平以减少风险并获得市场认可。品种简化标准缩小产品种类和产品范围以获得规模效应。兼容性标准保障不同产品和产品零部件协同工作以获得网络效应。各类标准在促进技术创新和扩散领域发挥重要作用，是测度经济体技术能力的适宜指标。因此，学者从专利和标准出发区分技术进步的来源。该研究选取专利机构当年的平均专利存量作为描述研发结果的存量指标，当年末的专利存量 $patent_t^{en}$ 定义如下：

$$patent_t^{en} = patent_{t-1}^{en} + patent(basic)_t^g + patent(add)_t^g - patent_t^c - patent_t^l \tag{3-3}$$

式中，$patent(basic)_t^g$ 表示 t 年已经通过许可的专利量，$patent(add)_t^g$ 代

[①] 以小写字母表示取对数以后的变量。

表t年新增的专利量，$patent_t^c$代表t年被取消的专利量，$patent_t^l$表示t年已到期的专利量。

t年末技术标准存量定义如下：

$$standard_t^{en} = standard_{t-1}^{en} + standard_t^p - standard_t^w \qquad (3\text{-}4)$$

式中，$standard_t^p$、$standard_t^w$分别表示t年发布的新技术标准量、t年到期的技术标准量。$standard_{t-1}^{en}$、$standard_t^{en}$分别表示上年末标准量[1]和当年末标准量。

加入专利和标准元素后，扩展的Cobb-Douglas生产函数[2]如下所示：

$$y_t = a + \alpha \cdot k_t + \beta \cdot l_t + \gamma \cdot patent_{t-3} + \delta \cdot lex_t + \varepsilon \cdot standard_t + u_t \qquad (3\text{-}5)$$

式中，u_t为误差项。该生产函数应用于除农林渔以外的商业部门，被解释变量为该部门当年真实增加值，部门资本量用年均固定资产总额表示，劳动量用该部门劳动力就业人数表示。专利量和标准量没有部门层面的时序数据，学者假设这一可能的扭曲是可接受的。

（二）将标准引入南北模型的实证方法

《WTO技术性贸易壁垒协定》提出，应确保标准和技术法规不会对国际贸易造成不必要的阻碍，包括包装、标记和标签要求等。一方面，标准会构成反竞争或贸易保护主义措施[3]。标准被描述为通过提高外国供应商的成本来限制当地经济竞争的贸易壁垒。另一方面，标准也能带来贸易收益，对国内消费者以及外国供应商而言均是如此。如果标准是为了证明产品符合安全、健康、电源兼容性等方面的规范和特性，则符合标准的相关认证，能够提高一国消费者对进口商品的需求。尽管这一影响建立在一定的标准遵循成本基础之上，但通常可带来国际贸易利润的增长。

针对南北标准的差异，甘斯兰特和马库森（2001）应用理论实证方法把国家标准对国际贸易的影响进行建模。规范进口货物进入一个经济体的标准，提高了出口企业进入新市场的成本，可能对发展中国家寻求

---

[1] 学者认为标准历经开始阶段、征求意见的预备性公布阶段到标准文件的正式公布阶段，整个过程需要较长时间。通常企业在知晓标准和执行标准之间不存在时滞，因此相关变量没有考虑时滞。

[2] 变量依然为对数形式。

[3] 该领域的一些研究，通常把标准（Standard）和法规（Regulation）结合起来进行数据的搜集和分析，研究结论通常发现技术法规表现出贸易抑制作用，而标准的效应则不能一概而论。

出口的企业产生影响。但标准也可能有积极的一面，如为消费者证明产品质量和安全。因此，以发达国家和发展中国家的消费者为研究对象，能够分析在一国或两国对可贸易产品实施标准的成本和收益的不同假设下可能存在的利益冲突。学者采用两种方式对国际市场上的国家标准进行建模。首先，在模型中国家标准被视为真实贸易成本，为可变成本抑或是固定成本。如测试程序和边境管制属于这一类。其次，国家标准被建模为市场分割手段，表现为套利成本，如对平行贸易的正式限制。具体建模思路如下：

第一，标准作为真实贸易成本。两国拥有各自的标准，存在简单差异但没有优劣之分。这些标准提高了不完全竞争部门的贸易成本，但商品质量并不受不同标准的影响。该假设意味着国家标准的不同之处在于强化对本国公共产品提供的影响。

第二，建立纯成本增长的标准模型。该标准不会带来任何有益的影响，一国实施标准有利于生产者利益但以牺牲消费者利益为代价。发展中国家能否在标准摩擦中获胜会改变分析结果。标准摩擦类似于传统贸易理论中的关税摩擦。两国都对进口产品实施会引起成本增加的标准。如果发展中国家不能取胜，则该发展中国家的生产者和消费者均可能蒙受损失。因此，限制使用纯粹干扰性的国家标准（如多重检查要求等）会有助于发展中国家[①]，甚至可能赢得发展中国家国内与进口商品竞争的生产者支持。

第三，将标准视为一种市场分割手段，以防止在不完全竞争的市场中进行套利和平行交易。如汽车行业的特定国家排放标准和安全标准可阻止消费者在不同市场上进行套利交易。在一些情况下这并非发展中国家的典型问题，但限制套利行为有益于发展中国家。如果不完全竞争市场中的最优定价要求发展中国家的价格低于一体化的世界市场价格，则发展中国家可从不同国家标准的差异中获益。

第四，假设该标准给发展中国家企业带来固定成本。如可能需要更新设计，但在新设计实现后边际生产成本不再发生变化。这种情况下如果存在多个企业，则可能产生多重均衡。受企业间标准协调问题或搭便车问题影响，可能出现没有出口的均衡和有大量出口的均衡。这类标准对非标准制定国的政府角色提出考验，非标准制定国政府需要在反对该标准实施抑或承担合规成本推进标准一致化之间做出权衡。

---

① 作者原文中区分了两类国家，即发展中国家（或小国）、发达国家（或大国）。

第五，分析市场分割标准与公共物品供给之间的相互作用。如果各市场的优惠或收入变化较大，这一点尤为相关。当私人商品的供应不能从小国输出到大国时，垄断者会发现与私人联合提供公共物品更具营利性。这种情况下可使用不同的国家标准防止发达国家和发展中国家出于维护本国消费者利益的套利行为，并对私人提供公共物品提供便利。

基于南北模型的实证分析显示出与国际贸易标准和技术法规有关的潜在利益冲突。分析表明，在几乎所有国家标准存在纵向或横向差异的情况下，发达国家企业通常成为主要赢家。该结果得到经济现实的合理解释，广泛观察到的现象是发达国家企业会游说政府引进和维持发达国家的标准。但不论是发达国家还是发展中国家的消费者，如果没有足够的收益以抵消消极的成本效应，往往都会受到国家标准提高产生的负面影响。与发达国家相比，发展中小国受标准差异的负面影响更大。此外，发展中国家较难在标准摩擦中赢得胜利。相反，限制纯成本增长标准的协议对发展中国家的益处最大，尽管其也有助于发达国家消费者。例外的情况是，纯粹的市场细分标准可能有利于发展中国家的消费者。如果发达国家企业可以在发展中国家以折扣价提供产品而不必考虑退回套利贸易商品的风险，则对于发展中国家的消费者而言有标准的情形要好于没有标准。

世界贸易组织《与贸易有关的知识产权协定》（*Agreement on Trade-related Aspects of Intellectual Property Rights*，*TRIPS*）旨在保护发达国家知识产权，如果与防止国际套利的协定相结合，将对发展中国家更有利。这一问题对于药品等产品同样具有重要意义。要求发展中国家企业向发达国家企业出口产品而承担共同固定成本的标准可能会产生多重均衡，特别是出口完全受阻或出口量接近自由贸易的均衡。发展中国家的消费者会严格地倾向于出口均衡。因此，实现出口均衡需要发展中国家政府采取行动避免陷入威慑均衡。此外，市场分割标准可产生额外影响并对福利产生积极作用。加强提供公共物品的标准有利于扩大发达国家和发展中国家的私人商品市场并能使消费者和企业受益。

二、经验实证方法

（一）可再生能源组合标准与基于多区域能源市场模型的实证方法

学者们以国家能源局公布的可再生能源组合标准目标为例，对2020年前中国电力市场进行案例研究，考察可再生能源组合标准与可再生能源证书交易对上网电价的替代效应[1]。该研究考虑包括天然气、大型水力、核能、煤炭、光伏和风能等来自不同资源的发电，其中光伏和风能发电是被认为符合可再生能源组合标准要求的能源来源。模型将中国电力部门划分为10个区域[2]以反映当前中国区域高压输电网络的物理结构。

根据国家能源局发布的文件，可再生能源组合标准考虑每个区域的目标，这些目标随着可再生能源潜力的变化而变化。由于各个地区均需实现这一目标，各个地区可通过从当地项目发电或从外部购买可再生能源证书（Renewable Energy Certificate，REC）来达成，而相应的可再生能源不必与可再生能源证书一起交付。具有可交易可再生能源证书的一般可再生能源发电不能获得相应的上网电价补贴，这可被视为可再生能源证书的成本。每个地区都有一个代表当地电力部门（Local Power Sector，LPS）的代理人，即当地发电商和零售商的整合。代理人有义务满足区域可再生能源组合标准目标，并通过决定电力扩张路径和运营模式，以及在区域间电力市场和可再生能源证书市场进行交易，努力实现自身贴现利润的最大化。代理人通过影响区域间电价和可再生能源证书价格相互作用。

1.确定目标函数

终端用户的电力零售价格是固定且受到管制的，因此假设区域电力需求为外生。对不同资源发电的基准电价进行调整后，利润最大化的目标表示为式（3-6）。利润来自区域间电力交易收入（$\theta_{eletrade}$）、区域间可再生能源交易收入（$\theta_{rectrade}$）和基准电价收入（θ_{elegen}），减去新增装机容量的资本成本（$Cost_{fix}$）、不可再生和可再生发电厂的运行维护成本（$Cost_{om}$）及可再生能源交易成本（$Cost_{rec}$），如式（3-6）至（3-12）所示。

$$最大化\, profit_r = Cost_{om} - Cost_{rec} \tag{3-6}$$

① Zhang Q，Wang G，Li Y，et al，2018："Substitution effect of renewable portfolio standards and renewable energy certificate trading for feed-in tariff"，*Applied Energy*，227（SI），426-435.

② 包括东北（黑龙江、吉林、辽宁）、北部（北京、天津、河北、山西、内蒙古）、山东、东部（上海、江苏、浙江、安徽）、福建、南部（广东、云南、贵州、广西）、川渝（四川、重庆）、中部（江西、湖北、河南）、西北（陕西、甘肃、宁夏、青海）和新疆。研究区未包括海南、西藏、香港、澳门和台湾等，因为这些地区有独立的电网或较小的区域电力需求。

$$\theta_{eletrade} = \sum_{d,h,r,r'} [\ pst_{d,h,r,r'} \times powpri_{d,h,r,r'} - ppf_{d,h,r,r'} \times (poepri_{d,h,r',r} + tvc_{r',r}] \times$$

$$days_d \times dr \qquad\qquad (3-7)$$

$$\theta_{rectrade} = \sum_{rg,r'} (recst_{rg,r,r'} \times recpri_{rg,r,r'} - recpf_{rg,r,r'} \times recpri_{rg,r,r'} \times recpi_{rg,r',r}) \times dr$$

$$(3-8)$$

$$\theta_{elegen} = \sum_{d,h} \left[\sum_{ng} \left(ngbrp_{ng} - ngvc_{ng} \right) \times ngpp_{d,h,r,ng} + \sum_{rg} rgfit_{rg} \times rgpp_{d,h,r,ng} \right] \times$$

$$days_d + dr \qquad\qquad (3-9)$$

$$Cost_{FIX} = \left(\sum_{ng} ngfc_{ng} \times newng_{r,ng} + \sum_{ng} rgfc_{rg} \times newrg_{y,r,rg} \right) \times dr \qquad (3-10)$$

$$Cost_{OM} = \left[\sum_{ng} ngmc_{ng} \times (ining_{r,ng} + newng_{r,ng}) + \right.$$

$$\left. \sum_{rg} rgmc_{rg} \times (inirg_{r,rg} + newrg_{r,rg}) \right] \times dr$$

$$(3-11)$$

$$Cost_{rec} = \sum_{rg} (rgfit_{rg} - ngbpp_{coal}) \times \sum_{r'} recst_{rg,r,r'} \times dr \qquad (3-12)$$

2.主要约束条件

如式（3-13）所示，一个地区的电力需求由电力部门代理人提供电力来满足，该电力需求等于该地区内不可再生和可再生发电量的总和，以及相应的进出该地区的电力和输电损耗。技术和基础设施对区域间传输的限制通过设置传输容量来考虑，如式（3-14）所示。

$$\sum_{ng} ngpp_{d,h,r,ng} + \sum_{rg} rgpp_{d,h,r,rg} + \sum_{r'} (ppf_{d,h,r,r'} \times tef_{r',r} - pst_{d,h,r,r'}) = dem_{d,h,r}$$

$$(3-13)$$

$$ppf_{y,r,r'} \leqslant trc_{r',r} \qquad\qquad (3-14)$$

发电厂在资源、技术和政策约束下扩建和运营，这可通过小时容量因素的限制来表示。不可再生能源和可再生能源发电厂的容量因素限制如式（3-15）和（3-17）所示。可再生能源发电厂的容量因子约束源于天气条件。不可再生发电机组最小年容量系数的政策规制如式（3-16）

所示。

$$(ining_{r,ng} + newng_{r,ng}) \times nglo_{ng} \leqslant ngpp_{d,h,r,ng} \leqslant (ining_{r,ng} + newng_{r,ng}) \times ngup_{ng}$$
$$(3-15)$$

$$(ining_{r,ng} + newng_{r,ng}) \times nglocf_{ng} \times 8760 \leqslant$$

$$\sum_{d,h} ngpp_{d,h,r,ng} \times days_d \leqslant (ining_{r,ng} + newng_{r,ng}) \times ngupcf_{ng} \times 8760 \quad (3-16)$$

$$rgpp_{d,h,r,rg} \leqslant (inirg_{r,rg} + newrg_{r,rg}) \times rgcf_{d,h,r,rg} \qquad (3-17)$$

由于水力、核能和可再生能源资源有限，每种资源发电的总装机容
量均有上限，这可用式（3-18）和（3-19）来描述。

$$ining_{r,ng} + newng_{r,ng} \leqslant ngt_r \qquad (3-18)$$

$$ining_{r,ng} + newng_{r,ng} \leqslant rgt_r \qquad (3-19)$$

可再生能源组合标准的目标是可再生能源发电量占总发电量的最小
比例。如式（3-20）所示，每个有限合伙人的目标可通过本地发电或从
外部购买可再生能源来实现。剩余产生的可再生电力可作为可再生能源
出售给其他地方电力企业。

$$\sum_{d,h,rg} rgpp_{d,h,r,rg} \times Days_d + \sum_{rg,r'} (recpf_{rg,r,r'} - recst_{rg,r,r'}) \leqslant$$

$$\left[\sum_{d,h} \left(\sum_{ng} ngpp_{d,h,r,ng} + \sum_{rg} rgpp_{d,h,r,rg} \right) \times days_d \right] \times rps_r \qquad (3-20)$$

为防止可再生能源证书倒卖中的套利行为（国家发改委的官方通知
中明确禁止这种行为），在式（3-21）中增加对可再生能源证书交易的限
制，其中电力部门代理人只能出售自创的可再生能源证书。

$$\sum_{r'} recst_{rg,r,r'} \leqslant \sum_{d,h} rgpp_{d,h,r,rg} \times days_d \qquad (3-21)$$

另一方面，式（3-22）中考虑了不可再生发电机组运行中的每小时
爬坡和爬坡限制。

$$\left(ining_{r,ng} + newng_{r,ng} \right) \times rampdn_{ng} \leqslant ngpp_{d,h+1,r,ng} - ngpp_{d,h,r,ng} \leqslant (ining_{r,ng} + newng_{r,ng}) \times rampup_{ng} \qquad (3-22)$$

3.区域间电力市场与可再生能源证书市场

除了每个电力部门代理人的优化目标外,电力市场和可再生能源证书市场的供需平衡还需要市场出清条件,如式(3-23)和(3-24)所示。电力价格(*powpri*)和可再生能源证书价格(*recpri*)是市场平衡方程中使用的对偶变量。电力市场实时结算,可再生能源证书市场按年度结算。

$$pst_{d,h,r,r'} = ppf_{d,h,r',r} \tag{3-23}$$

$$recst_{rg,r,r'} = recprif_{rg,r',r} \tag{3-24}$$

4.互补模型

该研究提出,多区域电力市场模型可作为一个混合互补问题来求解。由于目标函数是二次函数,所有约束条件均为线性。依据混合互补问题(Mixed Complementarity Problems,MCP)的最优化条件卡鲁什-库恩-塔克条件(Karush-Kuhn-Tucker,KKT)对目标函数进行优化。混合互补问题的解存在唯一性,解决这一问题需在通用代数建模系统(The General Algebraic Modeling System,GAMS)中编程,并使用路径求解器进行求解。

(二)农食标准与基于结构引力模型的实证方法

针对标准效应的研究通常利用经典的引力模型[1]进行分析。贸易弹性相对于贸易成本而言为恒定是这类模型强调的限制性假设条件。引力模型的这一特征意味着,无论事先的贸易水平如何,食品标准对贸易的作用弹性均为相同。如迪斯迪尔和米莫尼(Disdier and Mimouni,2008)估计这一弹性约为-0.15%,即在相关研究中无论产品的原产地具有何种特征,经济合作与发展组织(简称经合组织,Organization for Economic Cooperation and Development,OECD)国家引入一项新标准都会减少约14%来自其他国家的进口。但出口国收入状况如何,会对贸易产生何种影响,仍未有明确的分析。

因此,菲安科尔等(Fiankor et al,2021)基于结构引力模型研究了农食标准在整体水平上对农产品贸易的异质性影响。该研究首次在农产品贸易领域中使用国家层面的反对数引力(Translog-Gravity)模型以检验基于异质性企业文献提出的理论假说。实证模型设定如下:

在一般均衡模型框架中,多国拥有任意数量的差别化商品。根据市

---

[1] Anderson J E, van Wincoop E, 2003: "Gravity with gravitas: A solution to the border puzzle", *American Economic Review*, 93(1), 170-192.

场出清条件并求解一般均衡，假设有贸易伙伴a国和b国。结构化反对数引力模型如下：

$$\frac{x_{ab}}{y_b} = \frac{y_a}{y^w} + \theta n_a \ln\left(T_b\right) - \theta n_a \ln\left(\tau_{ab}\right) + \theta n_a \sum_{s=1}^{B} \frac{y_s}{y^w} \ln\left(\frac{\tau_{as}}{T_s}\right) \qquad (3-25)$$

式中，x_{ab}表示从出口国a到进口国b的双边贸易流量，y_b是b国的年进口总额。这两个变量的比值作为因变量，反映a在b总进口中的进口份额，该份额首先取决于出口国y_a的总产量，并由全球产量y^w进行标准化处理。进口份额进一步与进口多边阻力项$\ln\left(T_b\right)$相联系，$\ln\left(T_b\right)$表示对数贸易成本对进口国b的加权平均数。a国生产和出口的货物数量n_a是反映贸易广延边际的衡量标准，θ表示反对数模型参数。双边贸易成本在τ_{ab}中体现。

式（3-25）有别于经典恒定弹性替代（Constant Elasticity of Substitution，CES）引力模型，因为被解释变量以水平进口份额而非贸易对数来衡量。贸易成本中的反对数引力关系并非对数线性，这意味着可变的贸易成本弹性。式（3-25）同经典恒定弹性替代引力方程一样，将双边贸易与双边贸易成本和其他特定国家的变量联系起来。由于式（3-25）右侧的第一项和最后一项对于进口伙伴国b而言为固定不变，因此可由出口企业的固定效应δ_a进行描述。进口多边阻力对于出口伙伴国a而言不发生变化，因此可由进口企业的固定效应λ_b进行描述。重新计算式（3-25）并将两侧除以n_a得到如下等式：

$$\frac{x_{ab}/y_b}{n_a} = -\theta \ln\left(\tau_{ab}\right) + \delta_a + \eta_b + e_{ab} \qquad (3-26)$$

$$\frac{x_{abt}/y_{bt}}{n_{at}} = -\theta \beta' w_{abt} + \delta_{at} + \eta_{bt} + \alpha_{ab} + e_{abt} \qquad (3-27)$$

式中，被解释变量为进口份额。如果在各自的目的地和特定年份没有报告进口，则将其设置为零。将广延贸易边际n_{at}定义为农产品类别（即HS01至HS24）内出口的HS两位数商品种类的时变（随时间变化）计数。将外贸交易成本$\ln\left(\tau_{abt}\right) = \beta' w_{abt}$定义为以下函数：

$$\ln\left(\tau_{abt}\right) = \beta_1 SPS_{abt} + \beta_2 \ln tariff_{abt} + \beta_3 RTA_{abt} \qquad (3-28)$$

式中，变量SPS_{abt}为刻画农食领域标准的虚拟变量。如果出口国a针对进口国b在t年实施的SPS措施提出或支持某一特定贸易议题，则其值为1；否则为0。$tariff_{abt}$关税为双边关税，RTA_{abt}区域贸易协定为区域贸易协定的虚拟变量。为控制一系列可能忽略的影响双边贸易的变量，式

（3-27）中包含了特定国家的时变固定效应 θ_{at} 和 λ_{bt}，控制供给和需求冲击（即 a 国的农业总产量和 b 国在外国商品上的总支出）和其他针对具体国家（或联合国等国际组织）的可观察指标（如制度质量、农业比较优势和其他单边贸易政策措施）。同时，引力模型的控制变量须考虑多边阻力项。

面板数据结构允许通过包含国家对（Country Pair）的变量 α_{ab} 来控制式（3-27）中不随时间变化的固定效应。式（3-27）为包含双边距离、是否接壤及拥有共同语言等传统引力变量的引力模型。国家对固定效应是衡量双边贸易成本的更好方法，而不是双边不同引力变量的标准变量集合。进口国实施的公共产品标准可能是双边贸易量的内生因素，但由于在分析中考虑了固定效应，内生性在很大程度上被消除。α_{ab} 意味着利用控制变量充分描述贸易国国内变化特征。e_{abt} 为随机误差项，在国家对水平上对其进行聚类以说明异方差性。该研究使用普通最小二乘法（Ordinary Least Squares，OLS）对式（3-27）进行估计。由于因变量以水平市场份额来衡量，普通最小二乘法反对数引力模型可处理零贸易观测值。反对数引力模型中的弹性在国家对之间并非恒定。可变贸易成本弹性通过推导与核心变量相关的式（3-27）而得：

$$\varepsilon_{abt} \approx \frac{\mathrm{d}\ln\frac{\frac{x}{y_{bt}}}{n_{at}}}{\mathrm{d}SPS_{abt}} = -\frac{\theta\beta_1}{\frac{x/y_{bt}}{n_{at}}} \qquad (3-29)$$

因为式（3-28）中的 $\beta_1 > 0$，由于严格标准的贸易成本增加效应，预计式（3-27）中的 SPS_{abt} 会对双边贸易产生总体负面影响。从式（3-29）中可看出，对于出口国在目的地市场只占很小市场份额的贸易关系而言，理论上食品标准对贸易流量的负面影响强度更大。

该研究在实证方法上推进了现有的标准和贸易关系研究。第一，对利用引力模型考察标准贸易效应的实证方法进行拓展。基于需求理论的引力模型通常将恒定弹性替代支出函数的替代弹性假设为固定不变，即这类模型限定了贸易对标准的弹性也保持不变。恒定弹性替代引力模型的另一层含义是，无论售价多高，都会有一部分产品被消费者购买。因此，除非假设供给方出口的成本固定，否则该模型较难解释零贸易观测值。通过使用更灵活的反对数引力模型，可以克服这些局限性。反对数引力模型解决了零贸易观测值的问题，同时也考虑了可变贸易成本弹性。采用这一模型对建模方法进行扩展，能够分析一国引入SPS措施等更严格的食品安全标准对其国际贸易的特殊影响。

第二，拓展了宏观层面对不同生产单位对贸易的异质性影响研究。有学者利用法国出口企业的数据表明，进口国的限制性SPS措施会降低贸易的广延边际和集约边际，但这些负面影响对于较大的企业而言会有所缓解。也有研究表明，与大型出口企业相比，出口目的地相对严格的标准对较小出口企业的市场进入和退出决策的影响更大[1]。有学者利用秘鲁企业的数据表明，规模较大的企业受到的负面影响较小[2]。但在宏观层面上，较少有研究考虑标准对出口量的异质性影响。学者发现无论出口国经济发展状况如何，主要的海产品出口企业普遍经历了实施危害分析与关键点控制标准（Hazard Analysis Critical Control Point，HACCP）的正面影响，而大多数其他较小的贸易伙伴则承受了负面影响。在引力框架内应用分位数回归的结果表明，最大残留限量标准阻碍了贸易量相对较低的国家对之间特定农产品的双边贸易[3]，但在90%分位数水平上具有正向的贸易效应。

相对于以上研究，菲安科尔等（2021）从以下方面对标准贸易影响的经验实证方法进行拓展：①考虑贸易国的整个农业部门。②将贸易规模定义为出口国在进口国的特定市场份额，这一点与已有侧重于考察出口国目的地绝对贸易量的文献不同。在农产品贸易领域文献中，有研究标准与质量提升之间关系的论文认为，目标国标准价格调整后相关贸易伙伴国的市场份额会出现倒退。在该理论框架中一般均衡条件的需求方由反对数函数来进行表示。因此，标准贸易效应的异质性是研究采用的反对数引力模型的基本条件。③基于恒定弹性替代引力模型重新考察国家一级标准对农食贸易流动影响的异质性，其研究结论与该研究采用反对数引力框架的最终预测保持一致。

第三，拓展了通过评估出口国发展状况并考虑标准贸易影响异质性的研究。已有研究通常认为，发展中国家与发达国家相比贸易减少效应会更大，如考虑到标准对经合组织国家来自发展中国家进口的影响。基于反对数引力模型的研究表明，经合组织国家的出口企业并未受到标准的显著影响，发展中国家的出口则受SPS措施的限制。

① Fernandes A M, Ferro E, Wilson J S, 2019: "Product standards and firms' export decisions", *World Bank Economic Review*, 33（2），353-374.

② Curzi D, Schuster M, Maertens M, et al, 2020: "Standards, trade margins and product quality: Firm-level evidence from Peru", *Food Policy*, 91, 17-33.

③ Ehrich M, Mangelsdorf A, 2018: "The role of private standards for manufactured food exports from developing countries", *World Development*, 101, 16-27.

（三）食品标准与基于多案例研究的实证方法

案例研究是社会学、管理学和商学等应用社会科学中流行的研究方法。进行案例研究时首先需要定义事件并进行客观描述，如涉及价格和收入弹性的事件。其次考察在不断发展的食品市场中组织形式的变化，如联盟和契约。案例研究可说明一个行业中使用的各种组织形式和战略，而不必计算其发生率。在应用多案例方法进行分析时，案例可以依据顺序进行分析。每个案例都独立于其他案例，体现其独特性以最大化理论的适用性。指导性的理论概念可以随分析逐步深入，并根据研究结果进行评估。数据可反驳或揭示指导研究的理论概念中之前未曾发现的不足，进而为重新评估或拒绝相关结论提供依据。多案例研究的数据分析可迫使研究者重新提出假设，为系统的理论论证提供更多细节。多案例研究的优势在于，对多个具体案例进行交替分析而避免对泛化结论产生怀疑。多案例研究也能提供多个背景的不同现象观察，了解单个案例产生的背景、过程和结果，进而启发更精确的描述和更有说服力的解释。

维埃拉（Vieira，2006）应用多案例研究方法研究食品标准在国际贸易中的作用。研究分三步进行。第一步，利用专家访谈和支撑数据，确定行业参与者和现有的纵向或横向关系以建立行业结构概况。研究人员首先通过广泛收集二手数据（报纸、技术杂志、学术研究）和近20次半结构化访谈，对关键信息提供者（协会、学者和农业部成员）进行评估，以掌握更多信息。第二步，确定和描述选定出口企业内的现有标准（2001—2002年期间执行）。由于出口市场多样化和份额增加，在评估后选定6个出口国；4个欧洲进口企业也接受了采访。这一阶段的研究主要通过重点访谈和现场访问等直接观察开展分析，主要分析惯例守则、技术期刊和报纸等二手数据以及所访问企业提供的宣传手册。重点访谈针对一系列问题进行回答，时长约两小时。采访在访谈者允许的情况下进行录音。重点访谈特别关注以下问题：①企业开展的活动；②与供应商、客户等在其他环节的互动程度；③投入产出特性；④如何收集这些信息；⑤如何确定价格；⑥参与性投入产出特征；⑦参与旨在控制口蹄疫（Foot and Mouth Disease，FMD）的计划方案；⑧危害分析与关键点控制的实施；⑨建立认证和可追溯性；⑩品牌建设等。第三步，明确概念结构并使用多种指标提供数据可靠性，与学者、专家和关键人员深入访谈。最后将分析结论透露给关键人员和案例研究受访者，以确认收集到的信息的有效性。研究综合使用深入访谈、年度报告、二次数据和直接观察等多种来源以提高研究的构念效度（Construct Validity）。

（四）国际标准与基于标准一致化模型的实证方法

1.关于标准一致化方案的实证方法

该领域研究关注的问题是分析影响企业对标准一致化方案选择偏好的因素，这些因素影响了企业是选择制定和实施共同标准还是在《跨大西洋贸易与投资伙伴关系协定》（*Transatlantic Trade and Investment Partnership*，*TTIP*）框架内相互承认现有标准。卢茨和佩齐诺（Lutz and Pezzino，2012）分析了政府在何种条件下选择实行质量标准的全面一致化或是相互认可质量标准。

布林德等（2019）认为，在德国从事标准化活动的企业中，相互认可和采用国际标准是较为普遍的两种选择。依据是否存在国家层面的解决方案，学者们对两种情况所达成的均衡结果进行比较。具体模型考虑了两个区域，即核心区和外围区[①]，并区分通过国际标准全面一致化、通过双边标准全面一致化的两种标准化方案。学者们分析标准一致化备选方案（Blind et al，2019）的模型如下。式中，$n = 1, \cdots, N(i.e.N = 3)$：

$$y_n^* = x_n' \beta_n + \varepsilon_n \tag{3-30}$$

式中，y_n 表示选项偏好的虚拟值，x_n' 是协变量向量，β_n 表示三维系数向量，ε_n 为相应的误差项。若 $y_n^* > 0$，则 $y_n = 1$；若 $y_n^* < 0$，则 $y_n = 0$。同时假设误差项满足如下基本属性：

$$E[\varepsilon_n] \tag{3-31}$$

$$Var[\varepsilon_n | x_1, x_2, x_3] = 1 \tag{3-32}$$

$$Cov[\varepsilon_b, \varepsilon_n] \tag{3-33}$$

$$(\varepsilon_1, \varepsilon_2, \varepsilon_3) \sim N_3[0, R] \tag{3-34}$$

误差项之间的潜在相关性则由 $\rho_{bn} \neq 0$ 表示。三元正态概率由以下公式给出：

$$Prob\left(Y_1 = y_{a1}, Y_2 = y_{a2}, Y_3 = y_{a3} | x_1, x_2, x_3\right) = L_a = \varphi_3\left(q_{a1} z_{a1}, q_{a2} z_{a2}, q_{a3} z_{a3}, R^*\right) \tag{3-35}$$

[①] 学者认为由于核心—外围假设并不能完全适用于德国和美国的情形。但理论模型的预测有助于理解当国家和标准特点存在异质性的条件下，不同标准制定安排如何影响企业标准化战略和利润。

$$z_{an} = x'_{an}\beta_n \tag{3-36}$$

$$q_{an} = 2y_{an} - 1 \tag{3-37}$$

因此，若 $y_{an} = 1$，则 $q_{an} = 1$；若 $y_{an} = 0$，则 $q_{an} = -1$。

误差项的协方差矩阵具有元素：

$$R^*_{bn} = q_{ab}q_{an}\rho_{bn} \tag{3-38}$$

N 个独立观测的联合似然函数为：

$$L = \prod_{i=1}^{N} \varphi_3(q_{a1}z_{a1}, q_{a2}z_{a2}, q_{a3}z_{a3}, R^*) \tag{3-39}$$

系数通过最大化观测值给定数据集的可能性来确定。最大似然估计涉及多元分布函数的评价。将盖韦克-哈吉瓦西利昂-基恩（Geweke-Hajivassilion-Keane，GHK）方法应用于实际中，有助于得到准确、高效的结果。学者们建议选择随机抽取的数量 R（至少与观测数的平方根一样，其中 N=211，$draws$=15）。正态变量从截断标准正态分布随机抽取，概率根据截断的单变量标准正态变量定义。在虚拟变量捕捉的《跨大西洋贸易与投资伙伴关系协定》框架下探讨影响选择赞成还是反对不同标准协调方案的因素，需要选择相应的估计技术并说明预测值必须取 0 到 1 之间的值。虽然相关变量在观察中相互关联的可能性较小，但每个企业的偏好可能潜在地存在这种关系。除可观察的因素之外，某些不可观测因素会同时决定企业的标准化方案选择，即误差项可能与标准一致化方案相关。如根据对标准一致化相关经验的不同理解，受访者对一种选择与替代方案相比的优缺点有不同感知。此外，考虑残差相互依存的线性模型（Seemingly Unrelated Regressions，SUR）的估计结果更有效。综上，学者们选择了适用于两个以上二元响应变量的多元回归方法。

该研究的主要目的是探讨在共同标准以及在《跨大西洋贸易与投资伙伴关系协定》框架内对现有标准的相互认可实施过程中影响企业优先选择的因素。调查结果反映了在从事标准化工作的德国企业中相互承认和采用国际标准的普及程度，并将结果与没有监管和国家解决方案的均衡进行比较。该模型考虑两个区域，区分通过国际标准和通过双边标准进行的全面协调。研究认为影响德国企业对不同标准协调方案偏好的因素包括以下六个方面：

第一，标准一致化的收益和成本。贸易国之间采用统一标准有益于实现产品的技术互操作性和兼容性，推动相互市场准入，促进货物和服务贸易。欧洲标准化委员会和欧洲电工技术标准化委员会（CENELEC）认为，由于欧美标准化体系存在差异，相互承认标准仅会促进美国企业在德国的市场准入。虽然欧洲标准化组织接受的标准适用于所有欧盟成员国，但美国仍可对单一国家的产品和服务提出个别要求。由于技术互操作性并非通过相互承认即可实现，因此相互认可标准带来的贸易增长往往低于广泛应用一致标准的情况。

将不同利益相关者纳入正式标准化过程，有助于促进相关方接受标准。这增强了标准的大规模实施，会增加学习曲线效应的规模经济①。通过降低投入价格和降低管理成本，可进一步降低成本。随着所涉及国家的数目不断增加，拥有较多贸易伙伴和内部贸易的公司从国际一致标准中获益。如果国家法律中提及正式标准，遵守这些标准有助于提高本国和外国的法律安全。如果市场交易以协商一致的文件（如一致标准）为基础并明确规定要求和责任，那么商业伙伴之间的不确定性及交易成本就会降低。卢茨和佩齐诺（2012）认为，如果政府同意实施统一标准，会对那些仅采用较低标准的公司产生约束力。这些公司将承担与实施内部流程修改和员工培训相关标准的费用。由此造成的损失越高，各国之间的成本差异也就越大。瑞士洛桑国际管理发展学院（International Institute for Management Development，IMD）2014年世界竞争力排名显示，美国和德国之间的竞争力差异较低，表明这些损失较小。但如果标准得到广泛实施和持久化，实施成本仅会发生一次且被统一标准的优势所抵消。

如果现有欧洲标准已经实施，相互承认标准可避免调整或实施成本，但会造成法律不确定性和高信息、交易和合规成本。这与普遍的看法相反，即相互承认标准的成本较低且实施便利，因为无须起草和执行新的标准。佩尔克曼斯（Pelkmans，2012）研究发现，企业对其产品是否符合欧洲和国家法规的判断并非日益清晰，这造成较高的信息成本。如果各国的偏好和目标不同，特别是国家标准存在较大差距，则相互承认标准的可行性较低。此外，率先评估标准是否对等以适用相互承认标准的方案通常复杂且耗时。由于不同的法律和制度环境，很难实现监管要求的一致性。布林德等（2019）研究认为，综合考虑广泛采用国际标准的净效益高于双边标准，根据谈判是在双边还是多边一级进行，预期收益

---

① Schroder H Z, 2011: "Harmonization, equivalence and mutual recognition of standards: An analysis from a trade law perspective", *Harmonization, equivalence and mutual recognition of standards in WTO law*.

将有所不同。企业在维持现有标准时，可实现规模经济，而不需要开发和执行成本。但预期成本节约必须与潜在的高增长信息、交易和合规成本相平衡，并且进入美国市场的可能性仍然有限。研究预计相互承认标准的净收益将小于统一标准（标准一致化）的净收益。

第二，全球竞争力。共同标准有益于创造公平的竞争环境，使最初竞争力较弱的公司能够留在甚至进入国外市场。当新参与者进入市场，现有在位企业的利润率会下降，且很难利用国家或欧盟标准产生的竞争优势。只有各国制定要求更高质量的正式标准并得到消费者的充分认可和接受（因为有可能要求更高的价格），企业才能从标准协调中获益。制定高质量正式标准在小规模谈判中的可能性较大。国际标准的决策过程需要来自不同国家的政府、行业和消费者的有关代表举行多次会议，通常耗时较多。当国际标准被引入市场时，国家间的差异（如语言、文化、立法和公民偏好）明显，尤其在涉及标准技术水平和内容时彼此差异可能会更大。尽管对各方开放有助于确保标准的公平性、可接受性和持久性，但其也会降低在正式决策过程中标准对具体能力和复杂利益的考虑[1]。此外，少数利益群体对开发和制定标准进程的参与和影响并非总能得到保证，政治影响在此过程中也不容忽视。与国家标准的解决方案相比，这些缺点可能会降低有关国际标准的质量。

相比之下，国家标准可以区分产品并可能向消费者传递质量信号。与国际标准相比，国家标准开发时间更短，因此标准的技术水平和内容之间的差异更小，标准的质量也更高。卢茨和佩齐诺（2012）从理论上证明，相互认可提高了纵向一体化的程度，对高度竞争的企业尤其有利。瑞士洛桑国际管理发展学院 2014 年世界竞争力排名显示，德国企业是全球最具竞争力的企业之一。国家标准的相互承认为德国公司提供了利用其海外竞争优势的机会，而具有不同偏好的消费者可从更多种类的产品中受益。如果在美国销售欧盟产品受到限制，积极影响将被部分抵消。根据欧洲标准化委员会和欧洲电工技术标准化委员会的规定，相互承认可能会在市场准入方面创造不平等的竞争条件。如果标准存在根本差异而并非互惠，企业将无法从国家标准中获得竞争优势[2]。在保持实施各种

---

① Schroder H Z, 2011: "Harmonization, equivalence and mutual recognition of standards: An analysis from a trade law perspective", *Harmonization, equivalence and mutual recognition of standards in WTO law*.

② Kerber W, van den Bergh R, 2007: "Unmasking mutual recognition: current inconsistencies and future chances", *Marburg Economic Contributions*.

企业战略可能性的同时，如果仅要求国内企业必须遵守本国规定以达到国家标准，一国政府的监管自主权就会引入不公平竞争。此外，来自美国企业的竞争加剧可能会迫使竞争力较弱的德国企业退出市场。由于后者是世界上最具竞争力的国家之一，与受认可的欧洲标准所带来的好处相比，劣势可忽略。

第三，参加国际标准化委员会。参与制定正式标准是一项战略决策。积极参与标准化委员会的公司可通过影响标准制定过程，融合自身利益并将新技术引入市场[①]。国际标准化进程的参与者希望制定具有广泛适用范围的共同标准，而不是实施区域标准。他们提议赞成采用现有的国际标准以及制定新的共同标准来体现其所做的贡献。企业希望在开发过程中有更大的影响力，因此参与的利益相关者越少，双边谈判就越有吸引力。制定正式标准有关的费用也随着参加谈判的国家数目的增加而增加，国际标准决策过程也较为耗时。制定国际标准的费用包括合格工作人员参加各机构和委员会的人事费、差旅费，以及时间费等；而双边谈判规模较小时则相关成本较低。从国际标准化参与者的角度来看，双边标准的制定节省的净成本最高。现有标准的积极影响可能被国际标准昂贵的谈判费用所产生的消极影响所抵消。

第四，企业规模。企业规模与不同类型共同标准偏好之间的相关性、协调收益和谈判成本之间的关系等有关。两者均受到贸易伙伴数量的影响。尤其是拥有许多贸易伙伴的大企业，由于多样化成本的大幅降低，因此从国际标准中受益更多。相反，双边谈判的成本随着企业规模的扩大而显著增加。规模较小的企业通常拥有较少的贸易伙伴，而多元化成本降低带来的相对收益也较小。对于与贸易伙伴国的每一项相互承认标准协定，对标准是否等同的评估等都伴随着高昂成本，并随贸易伙伴数目的增加而上升。对于规模较小的企业而言，相互承认标准所需谈判的成本很可能低于制定双边标准，因为前一种方案不需要制定标准。

第五，具体产业。选择公开、广泛接受标准的能力有助于证明特定产业符合法规，如关于健康、安全或质量的法规。同时，标准也为客户创造了透明度，这在服务贸易领域尤其重要。服务的无形性使得客户很难评估产品的质量。通过定义服务设计的要求和可能发生在不同地点的业务流程的各个阶段，统一的服务标准可用来证明服务质量、评估服务绩效或规范跨国界的服务保障条件，向接受者提供信息从而提高客户满

① Blind K, Mangelsdorf, et al, 2016："Motives to standardize：Empirical evidence from Germany", *Technovation*, 48, 13-24.

意度和业务性能。这一目标并非仅能通过相互承认标准来实现，因为消费者可能不熟悉不同标准的应用，并不清楚市场上的各类新产品。标准合格证书或标准认可等服务标准有益于确保服务的自由流动。但这需要教育标准的同等性，否则国内服务提供商必须达到更高标准以面对来自外国公司的不公平竞争。由于服务的无形性，维持现有标准的相关成本很可能更高①。跨境服务标准化仍处于起步阶段，欧洲服务标准相互认可的可能性最终可能会受到限制。相比之下，制造业存在许多欧洲标准和国际标准，尤其是欧洲电工技术标准化委员会和国际电工委员会发布的电气工程标准以及欧洲电信标准协会和国际电信联盟发布的电信标准。在这些高科技领域运营并依赖这些标准的公司将受益于维持现有的欧洲和国际标准。在技术发展迅速、产品生命周期短的行业中，长期制定或实施并非最先进的国际标准具有劣势②。结合案例资料显示，中高技术（High and Medium-Technology，HMT）公司是主张还是拒绝采用国际标准并不清晰。

第六，非正式联盟标准（Informal Consortia Standards）。通过相互承认标准可以迅速获得市场准入，代价是标准体系更加复杂化。对于那些受正式标准影响不大的企业来说，这一成本较低。这些公司将更倾向于支持相互承认标准。尤其是那些在快速发展的市场上运营的企业，以及已建立的长期标准并不适合与时俱进、急需迅速做出决定、解决具体问题的领域。出于这些目的，公司更倾向于以所谓的联合体形式组织起来。按照经合组织的观点，财团被定义为具有明确、短期目标的特别团体，通常位于快速发展的技术领域。联合体标准的制定是非正式过程。在此过程中，一个较小的利益集团致力于解决具体问题而提出制定标准。参与者数量较少且通常具有相似兴趣，因此标准决策过程较快。具体而言，一项欧盟—美国标准可基于关注特定问题和行业的文件而制定。如德国标准化协会为其成员提供在规范框架内制定标准的机会。该过程由德国标准化协会组织和支持，同时可以由德国经济实体发起。该种情形下，标准在小型工作组中得以制定而并非通过全部达成共识而制定，从而有助于加快标准的制定和出版速度（DIN，2015）。因此，更具

---

① Kerber W，van den Bergh R，2007："Unmasking mutual recognition：current inconsistencies and future chances"，*Marburg Economic Contributions*.

② Schroder H Z，2011："Harmonization，equivalence and mutual recognition of standards：An analysis from a trade law perspective"，*Harmonization，equivalence and mutual recognition of standards in WTO law*.

体的双边谈判能够结合正式标准化进程的优势和非正式群体快速决策的益处，快速协调和一致化也可通过相互承认标准来实现。

基于以上分析，该研究依次提出六个研究假设。假设一：如果在国际层面建立标准，企业期望在市场准入、技术互操作性和成本降低方面的综合收益最高，在相互认可标准时则最低。假设二：与美国合作制定共同高质量标准以及美国对具有影响力的欧洲标准的认可，可以为企业带来相对于全球竞争对手的竞争优势。假设三：活跃于国际标准化委员会的企业从制定共同标准中获益，特别是双边制定的标准。假设四：规模较大的企业更倾向于国际标准，而非相互承认具体的欧盟标准或美国标准。假设五：服务贸易领域的服务提供者倾向于支持共同标准。存在较多欧洲标准的中高技术产业则倾向于支持相互承认标准。假设六：认可非正式联盟标准重要性的企业更倾向于通过相互承认标准或双边标准实现标准的快速协调，而不是制定国际标准。

2.关于标准一致化影响贸易边际的实证方法

学者们推进了针对欧盟标准一致化与贸易边际的分析。为考察标准的国际一致化对贸易广延边际的影响，谢泼德（2015）构建了覆盖200多个国家的出口多样性测度指标。该指标基于多样性测度方法[①]建立，具体衡量标准如下：

$$variety_{ast} = \frac{\sum_{l \in V_{s,t}^a} \overline{p_l^w}\, \overline{q_l^w}}{\sum_{l \in V_s^w} \overline{p_l^w}\, \overline{q_l^w}} \qquad (3\text{–}40)$$

式中，分母是特定部门的世界出口总值，是该部门内所有产品品种的总和。综合考虑所有出口国和所有时间段，V_s^w 是 s 部门向世界出口的所有产品品种，通过历年按产品种类划分的平均世界贸易值（$\overline{p_l^w}\,\overline{q_l^w}$）构建。分子由出口企业 a 在 t 年出口各种产品的世界平均贸易值之和组成。其中，分母不随时间变化，分子随时间可变。世界平均贸易值的使用保证了分子的变化以及由于出口企业 a 品种集变化引起的企业 a 自身的变化。这一做法的优势在于允许跨年份和跨国家对产品品种进行一致的比较。

---

① Feenstra R，Kee H L，2008："Export variety and country productivity：Estimating the monopolistic competition model with endogenous productivity"，*Journal of International Economics*，74（2），500–518.

实证结合使用 1995—2003 年欧盟八位数的进口数据，计算三个部门的标准量，即纺织品、服装和鞋类[①]。将欧盟 15 国视为一个单独的实体，计算样本期内进口价值的平均值，得到世界平均贸易值 $\overline{p_l^w}\,\overline{q_l^w}$。各类产品品种指标的中位数范围较宽，从 0 到 0.8 或 0.9。其中，服装和鞋类行业品种指标的中位数（$variety_m = 0.2 \sim 0.3$）明显高于纺织品（$variety_m \leqslant 0.1$）。这类产品品种指标中位数较低的事实说明，大多数国家在这三个部门的出口品种范围相对较小，而少数国家的出口品种范围较为广泛。

结果显示，各国按出口品种的排序符合经济现实，如中国、土耳其、印度以及中欧和东欧国家在服装和鞋类领域的排名靠前，瑞士、美国等高度工业化国家在更加资本密集的纺织行业处于领先地位。瑞士和美国在服装和鞋类领域也位于前列，表明欧盟统计局的贸易数据在一定程度上反映了再出口或加工贸易，但并不影响研究的主要结论。学者进一步对三个假说进行了检验：①欧盟标准量（作为外国出口企业所面临的总遵循成本的代理变量）与欧盟以外国家向欧盟出口产品的种类负相关。②与 ISO 系列国际标准一致的欧盟标准所占比例（作为国际标准一致化的代理变量）与欧盟以外国家向欧盟出口的产品品种正相关。③出口种类对欧盟标准量的弹性随出口国收入水平的提高而增加，出口种类对一致标准所占比例的弹性随出口国收入水平的提高而减少。研究考虑了规模效应、成本效应和远隔效应，认为在不同情形下占主导地位的效应不同。假说③反映了发展中国家为达到某一标准的遵循成本高于发达国家的可能性。已有依据企业层面的研究也表明，各国的标准遵循成本存在较大差异[②]。检验以上假说的实证方程如下：

$$\ln\left(variety_{ast}\right) = \theta_1 \ln\left(std_{st}\right) + \theta_2 \frac{iso_{st}}{stds_{st}}$$

$$+ \theta_5 \ln\left(imp_{st}^{EU}\right) + \theta_6 atc2_{st} + \theta_7 atc3_{st} + \delta_{as} + \delta_{at} + \varepsilon_{ast} \qquad (3\text{-}41)$$

[①] Shepherd B, 2015: "Product standards and export diversification", *Journal of Economic Integration*, 30 (2), 300-333.

[②] Maskus K E, Otsuki T, Wilson J S, 2005: "The cost of compliance with product standards for firms in developing countries: an econometric study", *Social Science Electronic Publishing*, 46 (7), 62-81.

$$\ln\left(variety_{ast}\right) = \theta_1\ln\left(std_{st}\right) + \theta_2\frac{iso_{st}}{std_{st}} + \theta_3\ln\left(std_{st}\right)*\ln\left(gdppc_{at}\right)$$

$$+\theta_4\frac{iso_{st}}{std_{st}}*\ln\left(gdppc_{at}\right)$$

$$+\theta_5\ln\left(imp_{st}^{EU}\right) + \theta_6atc2_{st} + \theta_7atc3_{st} + \delta_{as} + \delta_{at} + \varepsilon_{ast}$$

（3-42）

式（3-41）、式（3-42）将贸易伙伴国的出口种类表示为欧盟标准总量、标准一致化程度以及其他控制变量的函数。使用各部门欧盟进口总额（imp_{st}）作为部门支出的代理变量。《纺织品和服装协定》（*Agreement on Textiles and Clothing*，*ACT*）在第二阶段和第三阶段执行的变化由两个虚拟变量 *act*2 和 *act*3 进行描述。研究结合面板数据，并使用固定效应，同时控制其他因素。出口国—部门固定效应控制在研究期内不随时间变化的因素，如三个部门的比较优势、通过合同安排或外国直接投资（Foreign Direct Investment，FDI）与欧盟进口企业建立的长期贸易联系，以及具体部门相关技术参数。出口国—年份固定效应控制产业或制度发展水平的变化、具体国家的宏观经济或政策冲击以及影响所有三个部门的技术变化，这些变化可能由于各部门之间存在的相互联系所造成。为确保基准回归结果的稳健性，研究在三个维度进行了稳健性研究：①考虑产品标准的潜在内生性；②控制与纺织品、服装和鞋类贸易政策有关的其他因素；③比较基于不同国家子样本的回归结果。

研究对内生性进行了处理。受到政治经济进程的影响，产品标准可能是贸易的内生因素。在关税受到世界贸易组织制度约束的环境中，当地生产者可能会使用成本过高的标准来提高竞争对手的成本。[1]学者认为总贸易流量中存在这种动态联系的可能性较小。同时，滞后一期和两期的标准变量对于当前的出口品种而言为外生，可用相关变量对基准模型进行估计。结果显示，加入人均收入交互项的回归优于没有加入交互项的回归。在引入滞后一期标准变量的模型中，$stds_{st}$、$\frac{iso_{st}}{stds_{st}}$ 与两个交互项的系数与基准回归的符号相同且显著性为1%。所有系数在绝对值项下均明显增加，说明使用滞后一期的变量带来了统计和经济意义都更强的结

---

① Ganslandt M，Markusen J R，2001："National standards and international trade"，The Research Institute of Industrial Economics Working Paper，NO. 547.

果。在引入之后两期标准变量的模型中，结果仍与基准结果保持一致但影响变弱。$stds_{st}$ 系数为负，相互作用项 $\frac{iso_{st}}{stds_{st}}$ 为正，且仅在标准系数为常规水平（1%）时具有统计学意义。整体上，使用滞后标准变量的回归结果与基准模型回归结果一致。学者认为内生性在这种情况下并非主要问题。这一结果与学者使用滞后五年标准变量、采用部门标准一致化作为标准一致化工具变量的实证结果一致[①]。滞后的标准变量也强调了标准随出口国经济发展水平而产生不同影响的重要性。

进一步考虑贸易政策的影响，基准模型包含描述纺织品和服装自由化第二阶段和第三阶段的虚拟变量，这些虚拟变量发生在模型分析的样本期内，说明了欧盟政策的潜在影响。加入数据库关于双边应用关税的数据后，实证结果与基准模型接近，但在一些回归中有关结果的统计显著性有所下降。在无交互项的模型中，$\frac{iso_{st}}{stds_{st}}$ 不显著；$\frac{iso_{st}}{stds_{st}}$ 均具有显著性，分别为包含交互项模型中的 10% 和基准模型的 5%。在所有回归中关税变量的系数均不显著，且只有在第一列中出现预期的负号（不含交互项）。这与其他有关出口品种影响的研究形成对比，因为后者认为关税对出口品种存在重要的负面影响[②]。造成这一差异的原因可能有二：一是对于样本期内受到较大影响的部门，其主要扭曲来自非关税壁垒特别是配额。二是研究只覆盖了部分优惠税率，而区域协定及与发展有关的贸易优惠安排对相关部门均有影响。

同时，研究结合实行配额的国家样本进行回归。这些国家的企业对欧盟标准量和类型变化的反应会受这些配额的限制，其作用机制有可能对基准模型的回归结果产生影响。回归结果仍与基准模型一致，表明并不存在明显的影响。但在无《纺织品和服装协定》配额国家的模型中，$\frac{iso_{st}}{stds_{st}}$ 及其交互项的系数从基准模型在 5% 统计水平上的显著性变为在 10% 统计水平上的显著性。所有系数的绝对值略大于基准模型的回归值，表明配额的存在确实在一定程度上限制了欧盟一些贸易伙伴对出口品种的反应。该研究替换国家样本进行进一步的稳健性检验。使用这种方法

① Chen M X, Mattoo A, 2008: "Regionalism in standards: Good or bad for trade?", *Canadian Journal of Economics/Revue Canadienne Déconomique*, 41 (3), 838–863.

② Feenstra R, Kee H L, 2008: "Export variety and country productivity: Estimating the monopolistic competition model with endogenous productivity", *Journal of International Economics*, 74 (2), 500–518.

可以排除区域或优惠贸易协定通过关税以外的其他路径影响出口品种的可能性。如有利的原产地规则可能是影响这一部门贸易增长的另一个因素。因此，逐步排除与欧盟签署区域贸易协定（Regional Trade Agreement，RTA）的国家以及非洲加勒比太平洋集团国家。回归结果显示，排除欧盟的区域贸易协定合作伙伴国对结果的影响很小：标准变量的系数、标准一致化水平的系数和交互项系数均具有相同的符号，系数值接近并在10%或更高的水平上保持统计上的显著性。将非洲、加勒比和太平洋国家集团（以下简称非加太国家）排除在外后，标准量系数和标准一致化系数分别在15%和25%的水平上变得显著，符号仍然符合预期，作用力度也与基准模型相似。最后，将非加太国家排除在带有交互项的模型之外，会导致与基准模型相比的所有系数的统计显著性损失。产生这些结果的可能原因是非加太国家涵盖了大多数较贫困的发展中国家。不含非加太国家子样本的人均GDP方差远小于全样本方差。

该研究提供了有关标准与出口种类的直接证据，表明虽然产品标准对贸易伙伴国出口品种的总体影响为负，但与国际标准保持一致可作为重要的缓解因素之一。研究结果还表明标准对出口种类的作用力度在很大程度上取决于出口国的发展水平。对于低收入国家，出口品种对欧盟标准总量的弹性为-0.6，而对于高收入国家，这一弹性则为-0.09。与国际标准一致的欧盟标准比例提高一个百分点，低收入国家的出口品种增加0.8%，而高收入国家的出口品种减少了0.7%。使用滞后的标准量数据作为内生性偏误的检验、纳入额外的贸易政策变量以及使用子样本进行估计，研究结果稳健[①]。

3.关于转基因标准测度的实证方法

维加尼等（Vigani et al，2012）针对转基因生物（Genetically Modified Organisms，GMO）标准进行研究。该研究建立了转基因监管的综合指数，并利用引力模型表明转基因监管的双边差异会对贸易流量产生负面影响。这种负面影响尤其受到标签、批准流程和可追溯性等因素的驱动。研究处理了转基因标准对贸易可能存在的内生性问题，回归结果保持稳健。

该研究在其他贸易成本向量中引入变量以衡量双边差异的转基因监管指数 Z_{ab}，扩充了基本的引力模型。同时，计算两个不同的变量。第一

---

① 子样本包括受《纺织品和服装协议》（Agreement on Textiles and Clothing，ATC）配额约束的国家，与欧盟以及非洲、加勒比和太平洋集团国家签署了区域贸易协定（RTA）的国家等。

个变量通过国家对转基因监管指数的绝对偏差获得，即 $gmo_{ab} = |gmo_a - gmo_b|$。除了简单性和透明度等优势外，该类双边措施的突出优点在于较易计算每项监管的组成部分。gmo_{ab} 双边指数描述了国家对转基因法规不同程度（或距离）的增加，即代表转基因法规协调的反向指数。第二个变量定义如下：

$$gmow_{ab} = \frac{\sum_{n=1}^{N} f_{an} f_{jn}}{(\sum_{n=1}^{N} f_{in}^2)^{1/2} (\sum_{n=1}^{N} f_{in}^2)^{1/2}} \tag{3-43}$$

学者们研究发现，在转基因法规方面存在巨大差异的国家间，双边贸易额明显减少。因此，国家间转基因标准的一致化程度对于促进贸易流动而言具有重要意义。这一结论也与其他行业证据一致[1]。该研究的主要政策含义在于，转基因标准的全球协调进程将产生明显的贸易促进效应[2]。

（五）劳工标准与基于底线竞争模型的实证方法

由于各国制度力量存在异质性，关于贸易和劳工标准之间关系的实证研究也得出了差异化的结论。如有研究发现劳工标准与出口绩效之间存在正相关或负相关关系抑或混合相关关系[3]。有学者基于垄断模型建立向底线竞争（Race to the Bottom）模型研究劳工标准与贸易的联系[4]。基准模型建立在古诺国际双头垄断的布兰德-斯宾塞（Brander-Spencer）模型基础上。假设有两家企业，一家位于本国而另一家位于外国。两家企业生产同质商品，并出口到国际市场（第三国）。经典模型证明，在这一环境下本国和外国政府都可通过提供出口补贴来降低其国内企业的生产成本。降低劳工标准将减少企业的劳动成本，因此该模型描述了一种情景，在该情景中隐含着最有利于向底线竞争的劳工标准，即贸易可能导致发展中国家之间的劳工标准向底线竞争。

贸易协定中使用的社会条款日益增多，一国从廉价劳动力中获得的竞争优势在道德上被认为是非法的，因此是不公平的。战略性贸易理论

① Czubala W，Shepherd B，Wilson J S，2009："Help or hindrance? The impact of harmonized standards on African exports"，*Journal of African Economies*，18，101-120.

② Vigani M，Raimondi V，Olper A，2012："International trade and endogenous standards：the case of GMO regulations"，*World Trade Review*，11（3），415-437.

③ Bonnal M，2010："Export performance，labor standards and institutions：Evidence from a dynamic panel data model"，*Journal of Labor Research*，31（1），53-66.

④ Chen Z，Dar-Brodeur A，2020："Trade and labor standards：Will there be a race to the bottom?"，*Canadian Journal of Economics/Revue Canadienne Déconomique*，53（3），916-948.

框架认为，从建立劳工标准以解决劳动力市场上垄断权力的前提出发，这实际上可能导致各国制定更高的劳工标准。布兰德-斯宾塞模型的政策含义是，相关国家争夺出口市场份额的国际竞争并不一定会导致劳工标准向底线竞争。这种结果来自单一劳动力市场，该市场中使福利最大化的政府有提高劳工标准以增加就业和产出的动机。尽管劳工标准的最低要求产生了争议，但该问题并非由产品市场的国际竞争所引起的。

研究提出了待检验的假说，即一国的出口补贴与出口绩效、劳工标准强度之间存在正相关关系。一国补贴其出口，预计将拥有更大的出口量和更强的劳工标准。能够支持这一假说的事实包括：中国积极促进出口，以最低工资衡量的中国劳工标准随着多年来出口的增长而大幅提高。服装是孟加拉国的主要出口产品，该国的服装制造商多年获得出口补贴。这些事实与理论相符，但理论模型本身仍需经验检验。研究认为，如果政府的目标是使国家福利最大化，那么出口市场份额的战略竞争不会导致劳工标准的降低。现实中一国政府追求的目标可能与国内福利最大化不同，也会因为制度薄弱而无法实现国内福利最大化。尽管许多发展中国家存在劳工标准政策，但这些政策可能执行不力或偶尔执行。一些事实证据也表明，发展中国家存在不遵守最低工资标准的情况。

三、小结

国外标准经济学学术前沿的研究方法主要表现为理论实证方法和经验实证方法的拓展。在理论实证领域，重点是基于经济增长理论、技术经济理论和创新经济理论建立标准影响经济增长和创新的理论框架；基于异质性企业贸易理论、南北模型研究标准对贸易的影响。在经验实证方法上，重点是结合经济总量和部门数据以及分类标准数据，对标准经济效应的异质性进行检验。主要包括可再生能源组合标准与基于多区域能源市场模型的实证方法、农食标准与基于结构引力模型的实证方法、食品标准与基于多案例研究的实证方法、国际标准与基于标准一致化模型的实证方法、劳工标准与基于底线竞争模型的实证方法等。

国外标准经济学学术前沿的研究方法表现出多元化特征。在理论实证方面，标准常作为可能引起成本增加的变量或是引起市场分割的变量引入模型。如果进一步将标准区分为品种简化标准、最低限度质量标准或是兼容性标准等，则分别从规模效应、风险效应、网络效应来建立基本的理论框架。理论实证领域的经典模型包括基于宏观经济生产函数的模型，南北模型主要是沿着标准差距的思路研究标准一致化的机理和影响。理论实证表明，标准可能引起各方利益冲突，标准带来的收益在市场各方、贸易各方之间并非均衡。利益相关者出于自身考虑，会对标准的制定、采用或是实施方案等做出不同反应。存在标准的市场通常优于标准缺失的情景，而标准的严格程度、标准制定者或实施者的逐利行为等，会影响标准经济收益的大小和范围。

　　经验实证方法呈现出更加多样化的趋势。除了经典的引力模型、需求模型以外，结构化引力模型、能源市场模型、竞争模型等也更多出现在标准经济学研究领域中。结合调查问卷、访谈资料的多案例研究，应用民族学田野研究方法的成果不断增加。标准提供了基本经济行为所应遵循的准则和规范，是微观经济建设的基础设施。作为经济行为最基本的参与单位，企业参与标准活动的动因如何、企业面临不同标准化方案的选择等，成为当前企业标准化快速发展的阶段必须应对的现实考虑，并推动了标准经济学经验实证研究的理论前沿。

第四章 国外标准经济学学术研究的前沿问题之一:标准与经济增长研究

一、标准与经济产出分析

(一)标准的经济收益分析

国际标准化组织的系列持续研究表明,标准有助于经济增长。国际标准化组织及其研究团队在宏观、微观经济层面均展开研究,同时结合对相关企业进行的超过40个案例分析,研究结果明确并量化了标准对经济收益的贡献①。英国和北欧国家等国际标准化组织成员发表的研究报告显示,标准所促进的GDP增长额占GDP总增长额的28%。针对北欧经济体(包括瑞典、丹麦、挪威、芬兰和冰岛)的研究发现,标准有助于提高北欧国家的劳动生产率和GDP增长。针对近1200家企业的商业调查显示,遵循和应用标准是北欧企业商业计划的重要组成部分,也为北欧企业发展提供了强有力的支持。标准对北欧国家的未来经济发展具有重要意义。

在法国进行的另一项研究发现,超过66%的受调查企业(包括中小企业)表示标准有益于提高利润,约有69%的企业认为标准对其业务及公司价值有积极影响。针对1790家不同规模、不同活动部门的企业或组织进行调查,研究发现自愿性标准活动也有益于企业发展,自愿性标准有助于提升企业价值。61.6%的受访对象表示,在标准化领域投资是企业在欧洲和国际层面促进其利益的有效策略。标准不仅能够促进创新,而且可以避免泄露企业的制造或技术秘密,提升消费者对产品的兴趣。标准确立游戏规则,淘汰不遵守规则的相关参与方。就出口而言,标准是通行证,是质量的保证②。

上述研究报告均来自国际标准化组织图书馆中展示国际标准价值的众多出版物。国际标准化组织图书馆收集了国际标准化组织成员的相关研究、学术论文、国际组织出版物以及一系列其他来源的出版物。国际标准化组织秘书长塞尔吉奥·穆希卡(Sergio Mujica)认为,建立标准和

---

① ISO,"Popular Standards",https://www.iso.org/home.html,2021-03-17.

② ISO,"ISO Announcements",https://www.iso.org/news/ref2633.html,2021-03-17.

标准化研究的数据库对于证明标准经济社会效益相关研究的工作价值至关重要。希望随着国际标准化组织图书馆的不断发展，人们对于国际标准的益处及其在全球治理中发挥重要作用的理解也会不断提高①。

（二）标准对经济增长的贡献分析

国际标准化组织认为标准具有如下优点：重复问题的最优解；沟通和信息交流；互换性和互操作性；品种减少；传播创新和更可持续的技术；便利市场准入和贸易；保证和验证质量索赔的依据；技术转让和知识共享；提供市场透明度，减少信息不对称；安全、健康、生命和环境保护；支持网络效应和互联设备的价值；为法规和合同提供依据。标准可供私营和公共组织使用。在健康、安全和环境领域，政府可利用通过管制或非管制支持公共政策目标的标准措施。私营组织可在其经济贸易活动中使用标准并在合同中引用标准。

将生产分割成越来越复杂的供应链是全球化的关键特征之一，而交易成本的稳步降低是其中的重要因素。标准可降低交易成本并支持各种活动的分工和外包。托里西和格里马尔迪（Torrisi and Grimaldi，2001）、斯坦穆勒（Steinmueller，2005）研究讨论了标准在土木工程项目等协调复杂生产系统以及软件行业中的作用。巴特等（Butter et al，2007）基于荷兰 1972—2001 年间生产函数的研究发现，在标准支持下离岸外包对全要素生产率（Total Factor Productivity，TFP）有明显的积极影响，这一影响甚至大于研发对生产率的意义。

经济计量学研究在宏观层面上确立了标准、生产率增长和总体经济增长事件的明确联系，研究地域遍布英国、德国、法国、加拿大和澳大利亚等国。虽然不同研究的估计结果存在差异，但整体上标准规模的增长可能占同期生产率增长的 1/8 到 1/4。一些研究也部分解释了标准对经济增长和生产率的影响。布林德（2004）针对标准影响宏观经济生产函数的研究认为，不论是从单一视角还是从整体经济视角出发，标准都对经济发展产生了显著的促进作用。包含标准和专利在内的技术进步对德国宏观经济增长的贡献率②接近 50%。该结论同时支持了内生经济增长理论的相关假设，即知识因素对经济增长发挥了重要作用。标准有助于技

---

① ISO，"Studies Show Standards Contribute to Economic Growth"，https：//www.iso.org/news/ref2633.html，2021-03-17.

② 该研究试图确定资本、劳动力、专利、许可证支出和标准对增长的相对贡献。研究发现，虽然德国在统一前后的结果有显著差异，但平均结果表明：资本每年贡献约1.6%，标准每年贡献约0.9%，趋势增长率约为3.3%。其他因素（尤其是专利）的贡献更为有限。

术创新的有效扩散，从而影响经济增长。标准的贡献约占年均增长率中的0.2%～1.5%。由于产品生命周期缩短，20世纪80年代早期行业协会推进的非正式私有标准日益增加，官方发布的正式标准量逐渐减少，正式标准对经济增长的影响也有所减低。专利量和标准量对1961—1996年产出增加值的贡献超过18%。微观层面上，标准是知识储备的代表，能对所在部门的总体产出产生积极影响。标准属于公共物品，标准的总体利益由各个具体效应加总而得。研究还发现，标准对广播、电视和通信技术等部门的营业额有明显的积极推进作用，对内部附加值的影响较小。

专利和标准在创新、传播和编码知识方面都发挥着关键作用。正式标准的重要优势在于其开放性，正式标准是创新的公共基础设施。相比之下，专利为专有，因此可能被利益方排他性地使用。为分析标准对宏观经济的影响，英国贸易和工业部进行了三个项目。一项涉及标准和创新，另两项涉及标准、生产率和经济增长[①]。还有一系列研究着眼于考察标准更广泛的经济影响。其中，第一类研究使用标准文献数据库（PERI-NORM）和欧盟国家经济数据考察标准对生产率进而对整体经济增长的影响。第二类研究利用其他方法探讨工资、就业和外国直接投资标准的含义。如标准与塞内加尔（Senegal）的家庭收入和贫困问题、发达国家和发展中国家的标准与外国直接投资问题，以及阿根廷的标准和工资问题。学者认为，标准对经济增长的贡献至少同专利一样大，标准带来的宏观经济效益超过其单独给企业带来的微观经济效益。甘伯等（Gamber et al，2008）还发现，各国技术标准的时间序列数据是衡量技术扩散程度的优良指标。在可观察到的德国宏观经济增长中有一半可用创新来解释，约三分之一可归因于标准和知识扩散。标准是国家创新体系的重要组成部分。

同类研究针对法国、德国、意大利和英国等四个国家进行[②]。学者们使用12个制造业部门的数据以及标准文献数据库和国际标准分类（ICS）中各个部门的标准量数据，考察国家标准[③]等同于欧盟标准（CEN、CENELEC、ETSI）或国际标准（ISO、IEC、ITU）对经济增长的

---

① Swann，2010："The economics of standardization：An update report for the UK department of business，innovation and skills"，ISO Research Library.

② Jungmittag A，Blind K，2010："The impacts of innovations and standards on German-French trade flows"，Fraunhofer Research Paper，No. 417.

③ 国家标准目录分别来自法国标准化协会（Association Francaise de Normalisation，AF-NOR）、德国标准化学会（DIN）、意大利标准化委员会（UNI）和英国标准协会（BSI）。

贡献。研究发现，标准规模增长1%，产出弹性的估计范围在0.02%～0.1%。多数情况下产出对标准的弹性为正值且在统计水平上显著，无论回归模型中是否包括专利均是如此。跨行业比较进一步发现，研发密集度较低的成熟行业中标准比专利的影响更重要，研发密集度较高的行业中专利比标准更重要。区分国家标准和国际标准影响的研究发现，前者估计效果为正向且在统计水平上显著，后者估计效果较小且在统计上不显著。

2007年，加拿大标准委员会（Standards Council of Canada）和澳大利亚国家标准局（Standards Australia），2018年，法国标准化协会（AF-NOR），均展开了类似研究。加拿大标准委员会基于德国标准化学会的研究方法并根据加拿大的实际情况进行调整，考察标准的经济含义①。实证结果表明，以每小时工作产出来衡量，标准在提高劳动生产率方面发挥着重要作用。在1981—2004年的研究期内标准化的贡献约占劳动生产率增长率的17%，约占国内生产总值增长率的9%。这一结论与学者针对英国标准的估计结果类似。计量结果也得到了来自加拿大企业的访谈材料的支持，访谈支持了标准经济收益的定性结论。

澳大利亚标准局的研究也表明标准量与生产率之间存在以上类似关系。澳大利亚标准数量增加1%，整个经济体的生产率提高约0.7%。与英国和欧洲的同类研究相比，这一弹性相对较高。澳大利亚标准局认为可将标准与研发支出一同视为知识存量的促成因素。研究发现，知识存量增加1%，整个经济体的生产率就会提高0.12%。法国标准化协会的研究发现，全要素生产率相对于标准存量的弹性为0.12，表明标准存量增加1%与全要素生产率增长0.12%有关。标准对经济增长的贡献率平均为每年0.8%，约占GDP增长率的25%。这与已有研究对德国标准经济效益的估计值一致，高于对英国标准经济效益的估计值。

斯宾塞等（Spencer et al，2016）针对英国标准的学习和发展，研究英国标准协会（British Standards Institution，BSI）于1931—2009年开发的自愿、基于共识的标准化模式及其对学习和生产力增长的贡献。英国标准协会的标准目录代表了相当数量的编码知识，标准目录的增长反映了潜在的技术机会总量并有助于将其转化为技术进步。将英国标准协会标准目录规模纳入英国总生产率增长计量经济模型，研究结果发现标准目录的增长与研究期内劳动生产率增长有关。短期及长期的动态估计均

---

① Swann，2010："The economics of standardization：An update report for the UK department of business，innovation and skills"，ISO Research Library.

支持标准促进了经济增长。

　　尽管标准对建筑业的经济增长有显著影响，但工程建设标准对建筑业经济的影响仍然是一个相对未被探索的课题。理论上标准作为一种技术指标会对经济增长产生影响。学者以中国建筑业为例研究了工程建设标准与建筑业经济增长的关系[①]。该研究建立 Cobb-Douglas 生产函数和向量自回归模型（Vector Autoregressive Model，VAR），研究工程建设标准对建筑业经济增长的作用。结果表明，工程建设标准与建筑业经济增长之间存在协整关系，工程建设标准对建筑业经济增长具有正向影响。同时，阿科伊和马尔滕斯（Akoyi and Maertens，2018）研究了乌干达咖啡行业私有可持续发展标准对福利和生产率的影响。利用截面住户调查数据和工具变量方法，该研究发现，雨林联盟标准认证（Triple Utz-Rainforest Alliance-4C Certification）提高了收入、土地和劳动生产率并减少了贫困。研究强调，双重公平贸易有机认证与较高的生产者价格有关，但会导致土地和劳动生产率降低，从而无法增加生产者收入和促进减贫。研究认为，私有可持续发展标准在一定程度上能够满足消费者期望。

　　卡尔扎等（Calza et al，2019）认为管理标准和创新是越南中小企业生产率的驱动因素。研究使用涵盖越南制造业部门中小企业的面板数据，研究企业生产率的驱动因素，重点考察国际管理标准认证所起的作用。研究提出假说并进行检验，即考虑产品和过程的技术创新及其他与技术能力相关的其他变量，国际标准通过改进管理实践进而提高企业组织生产率。与大多数国际标准所隐含的持续更新和改进优势相一致，研究结果表明，拥有国际公认的标准认证证书会带来显著的生产率溢价。学者们还认为，对于创新型企业而言，国际标准认证对生产率的影响尤为显著，这些中小企业通常位于南部省份，并且在规模集约型行业中运营。

　　从政策制定者的角度来看，标准得到的关注日益增加，如欧盟产业战略的更新并要求制定欧洲标准化战略。布林德等（2022）研究了标准和专利对长期经济增长的影响，认为正式标准促进知识编码。因此，除了代表创新知识产生的专利之外，标准可以用于宏观经济增长模型中创新知识的传播。已有研究主要针对专利对单一国家经济增长的研究。该研究首次采用面板回归方法对1981—2014年11个欧盟国家组成的面板数据进行分析，研究正式标准和专利对经济增长的长期影响。研究结果表

---

　　① Xue H，Zhang S J，2018："Relationships between engineering construction standards and economic growth in the construction industry：The case of China's construction industry"，*Ksce Journal of Civil Engineering*，22（5），1606-1613.

明，欧洲标准和国际标准促进了欧盟经济增长。国家标准在面板回归中的经济增长效应并不明确，且没有发现专利显著影响欧盟经济增长的证据。标准对于长期经济增长而言具有显著的积极促进作用。欧洲标准和国际标准存量的增长，有力地促进了标准对经济增长正面作用的发挥。这些标准通过促进各国之间的知识传播激发了经济增长活力。标准影响经济增长的实证研究文献如表4-1所示。

表4-1　标准对经济增长影响的实证研究文献

实证研究	国家	研究期	因变量	标准的弹性系数
Jungmittag et al. （1999）	德国	1960—1996	增加值	0.06
Blind and Jungmittag（2008）	德国、法国、意大利、英国	1990—2001	增加值	0.08
Miotti（2009）	法国	1950—2007	全要素生产率	0.12
Blind et al.（2011）	德国	1960—2006	增加值	0.18
BERL（2011）	新西兰	1978—2009	全要素生产率	0.10
Standards Australia （2012）	澳大利亚	1982—2010	国内生产总值	0.12
Hogan et al.（2015）	英国	1921—2013	劳动生产率	0.11
CBoc（2015）	加拿大	1981—2014	国内生产总值	0.08
			劳动生产率	0.16
Menon（2018）	北欧国家	1976—2016	劳动生产率	0.11
Blind et al.（2022）	欧盟11国	1981—2014	国内生产总值	全部标准：0.02～0.17
				国家标准：-0.01～-0.04
				国际标准：0.02～0.05

注：资料来自布林德等（2022），笔者进一步补充了最新文献。

二、标准与贫困分析

(一)标准对福利的影响分析

自愿标准在全球高价值食品市场上发挥的作用日益重要。奇普特瓦等(Chiputwa et al,2015)研究了乌干达咖啡农户面临的食品标准、认证与贫困问题,研究比较公平贸易(Fairtrade)、有机标准(Organic)和国际互世认证(Universal Trade Zone,UTZ)等三类以可持续发展为导向的标准对乌干达小农户生计的影响。通过调查数据和倾向性评分并匹配多种检验,研究发现公平贸易认证使小农户的家庭生活水平提升约30%,同时降低了贫困的广度和深度。其余两种认证方案均未发现相关的显著影响。与此同时,私有可持续发展标准在发展中国家粮食贸易中扮演的角色日益重要,但私有标准对发展中国家小农户的影响仍知之甚少。米蒂库(Mitiku et al,2017)基于对埃塞俄比亚不同咖啡认证方案的比较,研究私有可持续发展标准是否有助于增加收入和减贫。使用截面调查数据回归和倾向评分匹配技术,研究发现热带雨林联盟(Rainforest Alliance,RA)和公平贸易有机(Fairtrade-Organic,FT-Org)认证提高了产品价格,进而与增加收入和减贫相关。单独而言,公平贸易认证几乎没有对福利产生影响,有机认证会降低产量进而降低收入。私有标准并不总是有利于兑现对消费者的承诺,合作方案的异质性会改变这些结果。

发展中国家的大量小农户参与了不同类型可持续发展标准的实施。日益增加的文献对其可持续标准产生的福利效应进行了考察,但结果并不一致。首先,大多数研究侧重于考察一国某一项特定标准的影响,难以解释异质性的结果究竟是由不同标准还是由差异化的当地条件而引起的。其次,大部分研究均使用截面数据,实证选择问题仍然存在挑战。最后,现有工作关注价格、收入等纯经济指标,忽略了家庭福利的其他方面。因此,米姆肯等(Meemken et al,2017)基于面板数据,研究有机标准与公平贸易福利的效应差异。该研究利用乌干达小规模咖啡生产商的面板数据对有机贸易标准和公平贸易标准等两种最普遍的可持续标准的效果进行比较,从家庭支出、儿童教育和营养方面分析标准的福利效应。结果表明,有机贸易标准和公平贸易标准对总消费支出都有正向影响,但在其他具体方面观察到显著差异。如有机食品标准有助于改善营养但未影响教育,公平贸易标准则正好相反。学者认为这些差异背后的机制值得深入探讨。

马滕斯和斯威能（Maertens and Swinnen，2009）研究了日益严格的食品标准对塞内加尔水果和蔬菜出口的影响及其对福利和贫困的意义。该研究使用的数据来源主要包括塞内加尔达克尔地区园艺出口企业的统计数据和对小农户、农场的大规模调查数据。研究发现：①虽然欧盟食品标准更加严格，塞内加尔对欧盟的食品和蔬菜出口却有大幅增加。②出口增加对贫困家庭的收入产生积极影响。③更严格的食品标准导致供应链的结构性变化，特别是从小农产业向大规模生产的转变。④尽管出现这一变化，出口增长仍然对农村家庭产生积极的福利效应。供应链的结构变化意味着在农村社区内部收益公平的条件下，当地家庭通过劳动力市场而不是产品市场获取收益。

此外，斯科鲁德和加利纳托（Skolrud and Galinato，2017）研究了综合税收补贴政策下可再生燃料标准对福利的影响。根据现有政策在可再生燃料标准政策下设计一项投入征税，税收用于补贴使用替代投入以减少温室气体排放的最优综合税收补贴政策。研究利用一般均衡模型考察实施税收补贴政策后对纤维素乙醇生产的福利效应和影响。收入中性的综合税收补贴方案中原油的税率为正，纤维素乙醇的补贴为正，因为前者的排放系数大于后者。学者们发现，综合税收补贴计划的整体福利效应对经济增长的贡献低于1%，因为原油征税收入直接用于补贴纤维素乙醇生产，纤维素乙醇产业收益增长在28%到38%之间。

（二）标准对劳动力市场的影响分析

桑切斯等（Sánchez et al，2010）考察严格标准对阿根廷向经合组织国家出口进而对劳动力市场产生的影响。研究发现，更严格的标准导致阿根廷向经合组织国家出口份额显著减少，相应提高出口所需的技能水平，对出口平均工资的总体影响为负。学者认为严格标准会提高遵循成本进而减少生产者能够获得的净价格收益，这些收益的减少以工资降低的形式转嫁给工人。

莱利和邦迪贝内（Riley and Bondibene，2017）研究了最低工资标准提高对企业生产率的影响。该研究利用引入英国国家最低工资（National Minimum Wage，NMW）标准并随后提高这一标准来考察最低工资标准对企业生产率的效应。研究发现，引入国家最低工资标准增加了倾向于雇佣低工资工人企业的平均劳动力成本。在引进国家最低工资标准和出现经济萧条后，国家最低工资标准继续上升，许多工人会经历工资冻结或工资削减。研究结果表明，企业通过提高劳动生产率来应对劳动力成本的增加。劳动生产率的变化并不是通过企业劳动力的减少或资本劳动替代来实现的。相反，正如组织变革理论、培训和效率工资理论所示，企业劳动生产率的变化与全要素生产率的提高有关。关于国家最低工资的研究工作同时表明，英国的决策者成功提高了低收入工人的工资水平，同时又不影响他们的就业前景。迪更斯等（Dickens et al, 2015）重新审视了英国国家最低工资对就业的影响。该研究表明，当相关方关注最弱势的工人（如兼职女性）时，国家最低工资与就业保持率的下降有关。这些负面影响在引入国家最低工资时尤为明显。此外，经济衰退加剧了兼职女性就业率的下降。

此外，拉尼等（Rani et al, 2013）还研究了发展中国家的最低工资标准覆盖率和遵守情况。该研究利用11个发展中国家的家庭和劳动力调查数据，计算现行立法所涵盖的正式和非正式雇员的最低工资达标率，并评估违规的平均程度。尽管合规性与最低工资和中位工资的比率呈负相关，但最低工资设定在一定水平的国家通常比具有职业或行业特定最低工资制度的国家实现更高的合规率。更好的标准合规性，尤其是对女性、非熟练工人和非正规工人而言，还取决于工会和雇主参与、提高认识和可信执法的背景以及全面的最低工资政策等因素。

对不遵守最低工资标准的情况视而不见有时被视为一种功利性的方式。企业的这种做法有助于其适应更高的工资，同时又不损害边缘企业员工的就业机会。加尔内罗和卢西福拉（Garnero and Lucifora, 2022）研究了遵守最低工资标准对就业的影响。该研究对企业的工资和就业决策进行建模，并表明在不遵守最低工资标准和就业之间可能存在权衡。该模型预测主要使用意大利劳动力调查的数据进行实证检验。研究发现，不合规存在就业效应的证据，尽管弹性比通常认为的要小，因为雇主会将不合规的预期成本内部化。研究表明，在低水平违规情形下，如不遵守最低工资标准被提交法院的风险较低时，不遵守最低工资标准对就业的影响更大。学者们进一步讨论了标准对政策的影响以及监管机构在监测和制裁不合规行为方面的作用。

农业生产外包是一种新的农业生产方式，可以优化资源配置，降低农业生产成本，提高农业生产率。然而，农民的外包行为受到经济、技术和制度等诸多因素的强烈干扰。学者们基于中国主要水稻种植区的证据，研究提高最低工资标准是否会加速农业生产中的分工①。利用2014

---

① Guo L, Duan X, Li H, et al, 2022: "Does a higher minimum wage accelerate labour division in agricultural production? Evidence from the main rice-planting area in China", *Economic Research-Ekonomska Istraživanja*, 35（1）, 2984–3010.

年至2018年中国农民层面的数据集，学者们检验了最低工资增长对稻农生产外包行为的影响。该研究基于Logit回归框架，并使用控制函数（Control Function，CF）方法来解决潜在的内生性问题。结果表明，最低工资的提高显著降低了农民进行生产外包的可能性。学者们还考察了最低工资增长的异质效应，发现与其他外包服务相比，收获外包的负面效应最强；受教育程度较高的稻农对生产外包的负面影响较大。该研究结果为理解劳动监管如何影响农业生产中的劳动分工提供了新的见解。

信息和通信技术在工作标准化中的主要应用趋势日益明显，工作标准化信息技术发展为减少工作标准化专家的劳动力投入和提高工作时间效率提供了可能。舍科尔丁等（Schekoldin et al, 2018）研究了俄罗斯在劳动标准化上的进展，以及通过标准质量评估信息和通信技术发展中面临的挑战和解决方法。基于劳动力投入质量标准的分析，该研究考察了俄罗斯企业工作质量标准较差的原因，分析规范的强度水平、依据标准执行水平分配的劳动力、基于技术和科学标准的具体权重。研究明确了工作标准化专家的大致工作范围及其自动化工作场所的结构，提出工作标准化自动化系统的开发顺序和方法，并研发引入自动化标准化系统后年度经济效益的计算算法。学者们结合萨马拉（Samara）某企业车间已完成工作的劳动力投入计算实例，提交现有标准强度分析流程图，预测俄罗斯改善企业工作标准化状况的主要趋势。

三、标准与可持续发展分析

（一）可再生能源组合标准分析

各界对气候变化日益关注并要求减少温室气体排放，旨在促进可再生能源发展的政策在该领域发挥着关键作用。上网电价等新能源补贴政策（Feed-in-Tariff，FIT）和可再生能源组合标准是目前最常见和最成功的政策。学者提出实现绿色投资需要全球标准和独立的科学审查[1]。有学者研究了可再生能源组合标准和可再生能源证书交易对上网电价的替代效应，实证考察了不同政策下可再生能源的发展及其环境和经济效益[2]。该研究将区域可再生能源组合标准目标多区域电力市场模型应用于国家

[1] Schumacher K, 2020: "Green investments need global standards and independent scientific review", *Nature*, 584（7822），524.

[2] Zhang Q, Wang G, Li Y, et al, 2018: "Substitution effect of renewable portfolio standards and renewable energy certificate trading for feed-in tariff", *Applied Energy*, 227（SI），426–435.

能源局公布的可再生能源组合标准目标，对2020年前中国电力市场进行案例研究。研究认为上网电价在促进可再生能源发展方面取得成功，但同时给政府带来财政负担。与上网电价相比，可再生能源投资组合标准和可再生能源证书交易可减少政府补贴带来的支出。

　　研究认为，通过上网电价奖励可再生能源项目补贴支出给世界各国政府带来财政负担，模型可应用于中国2020年可再生能源组合标准目标和可再生能源证书交易的情况。基于适用于所有国家的多区域电力市场模型并对区域可再生能源组合标准目标和区域间可再生能源证书贸易对电力系统、环境和社会福利的替代效应进行量化，研究发现：第一，可再生能源组合标准与可再生能源证书交易仅能促进风力发电这一最为经济的可再生能源技术的发展，而上网电价可促进如光伏发电等更昂贵的可再生能源技术。第二，剔除上网电价政策后，采用可再生能源组合标准政策后碳排放可减少约2.7%～3.8%[①]。第三，当市场上只交易风力可再生能源证书时，这意味着光伏项目更倾向于上网电价补贴。剔除上网电价补贴，可使可再生能源证书价格上涨约19%，可再生能源证书市场规模扩大约555.3%。第四，如果不考虑上网电价而采用可再生能源组合标准政策和可再生能源证书贸易，电力行业利润会下降约136.8%，意味着电力行业在没有上网电价补贴的情况下将蒙受损失。第五，在有适应性补贴的情况下，实施可再生能源组合标准政策可使适应性补贴的效率提高约80.4%，而政府支出增加约92.3%。此外，采用可再生能源交易市场可减少约14.1%的政府支出，用于可再生能源项目的上网电价补贴以达到可再生能源组合标准目标。其他拓展性结论包括：可再生能源证书交易可有效地降低政府对可再生能源发展的补贴支出；与上网电价相比，可再生能源组合标准和可再生能源证书交易会降低电力部门的利润；资本成本较高的情况下，可再生能源组合标准和可再生能源证书贸易可能不足以实现可再生能源的目标。因此，可再生能源组合标准、可再生能源证书贸易和上网电价补贴应作为补充政策而非独立政策进行使用。

　　可再生能源组合标准是从上网电价到政府政策和市场机制的一种制度变迁。学者们研究了可再生能源组合标准是否能够改善中国电力市场的社会福利[②]。该研究基于消费者异质性分别构建了上网电价政策和可再

---

①　这种反弹效应是因为光伏发电装机容量较大，间歇性较强，需要更多的备用化石能源。

②　Zhou Y，Zhao X，Jia X，et al，2021："Can the renewable portfolio standards improve social welfare in China's electricity market?"，*Energy Policy*，152（2），18-34.

生能源组合标准制度下的社会福利函数，并结合中国的实际经济状况对两种制度下的中国社会福利进行模拟。研究结果表明：第一，基于中国实际的经济状况，可再生能源组合标准的实施实现了帕累托改进，提高了中国的社会福利。第二，与电力市场寡头垄断的实际情况相比，在可再生能源组合标准情形下竞争能够更好地提高社会福利。第三，可再生能源组合标准的有效实施有赖于政府科学设计的定额水平。结合中国实际的经济状况，当配额设定在区间（0，0.5）时，可再生能源组合标准下的社会福利总是高于上网电价下的社会福利。要实现低碳能源转型并提高社会福利，中国应切实推进可再生能源组合标准这一强制性标准的实施，加强可再生能源组合标准的制度建设。

多能源联合电力调度系统是解决可再生能源发电与装机容量不匹配的关键，但目前针对气候政策的影响机制仍然有限。学者基于中国的实际案例，研究了碳排放交易和可再生能源组合标准对风电—光伏—火电联合调度系统的影响[1]。该研究提出，基于碳排放交易和可再生能源组合标准建立考虑价格波动的成本核算模型，并将其应用于新疆风电—光伏—火电一体化调度系统。情景分析表明，从减排来看，在当可再生能源装机比例较高的情况下，碳排放交易更有效，而可再生能源组合标准则相反，因为在两种情况下碳排放交易在节能方面表现更好。敏感性分析表明，可再生能源组合标准对可再生能源普及率的影响具有稳健性，两项政策在优化设计上均有潜力。研究结果有助于调度部门评估碳排放权交易和可再生能源组合标准的影响，优化调度策略为决策者改进设计提供方向。

与可再生燃料标准一样，以玉米和纤维素为原料的生物燃料规定也会通过影响土地利用、氮泄漏和温室气体（Greenhouse Gas，GHG）排放，以多种方式作用于环境。学者研究了可再生燃料标准的经济和环境成本与效益[2]，分析了考虑不同类型生物燃料在多维环境影响的多种权衡，并将其转换为环境损害（或利益）的货币化价值，与2016—2030年期间继续执行这些任务的经济成本进行比较，将累积净效益（或成本）的贴现值与在此期间没有可再生燃料标准情形下生产生物燃料的反事实

① Tan Q, Ding Y, Zheng J, et al, 2021: "The effects of carbon emissions trading and renewable portfolio standards on the integrated wind-photovoltaic-thermal power-dispatching system: Real case studies in China", *Energy*, 222 (7), 441–452.
② Chen L, Debnath D, Zhong J, et al, 2021: "The economic and environmental costs and benefits of the renewable fuel standard", *Environmental Research Letters*, 16 (3), 13–40.

水平进行比较。结果发现，如果将玉米乙醇的需求量维持在560亿升，则至2030年，2016—2030年期间的经济成本贴现累积值将达到1990亿美元，其中包括1090亿美元的经济成本和850亿美元的净货币化环境损害。到2030年，对600亿升纤维素生物燃料的额外实施将使这一经济成本增加690亿美元，部分将被200亿美元的环境效益货币化贴现净值所抵消，从而在2016—2030年期间产生490亿美元的净成本。研究探讨了这些对经济和环境产生的净成本对碳和氮的社会成本替代值以及其他技术和市场参数的敏感性。研究认为，与玉米乙醇不同的是，如果温室气体减排的货币效益价值较高而氮泄漏的货币效益并不高，纤维素生物燃料可产生正的净效益。

可再生能源组合标准是一项国家级政策，要求电力供应商在规定的时间内将一定比例的可再生电力纳入其总电力销售。乔希（Joshi，2021）基于美国数据研究可再生能源组合标准是否增加了可再生能源的容量。该研究利用美国1990—2014年间47个州的年度数据，评估可再生能源组合标准对可再生电力容量的影响。该研究采用广义差分法将观测数据转换为准实验环境，以减少与采用不同状态可再生能源组合标准相比可能存在的不一致估计或选择偏差相关问题。同时，选择具有面板修正标准误差的广义最小二乘法和空间计量方法作为实证分析技术。结果表明，采用可再生能源组合标准可带动三分之一以上的可再生能源总容量增长。可再生能源组合标准对总电力容量的影响与模拟情景的一致估计值保持显著正相关，但不同可再生能源的非均值可再生能源组合标准属性的影响不同，对太阳能和风能的影响最大，对生物量和地热容量影响不大或存在负面影响。可再生能源证书提供的空间溢出效应较为显著，表明可再生能源形成区域市场的可能性。在可再生能源部门实现效率提高（如规模经济和分配效率）或可获得可再生能源组合标准更好的替代品（如成本最低的碳定价政策）时，各国在可再生能源方面推广可再生能源组合标准并通过可再生能源规定可再生能源组合标准目标，有望在可再生电力领域发挥变革性作用。

学者基于结构数据研究了中国省域可再生能源组合标准[①]，该研究进一步对省级供电结构和电力平衡进行结构数据分析，揭示了对激发可再生能源电力潜力不利的因素。中国于2019年5月发布新的可再生能源组合标准政策，规定配额义务的具体推广方案，主要针对供电企业和电力

---

① Bu Y, Zhang X, 2020: "The prospect of new provincial renewable portfolio standard in China based on structural data analysis", *Frontiers in Energy Research*, 8（2），79-120.

消费者从可再生能源中出售或购买更多电力。配额激励省级电力系统容
纳更多的可再生能源电力，在省级进行分配和评估，并从供给领域切换
到需求领域。该研究通过对中国大陆30个省份的新修订配额完成压力进
行评估并提出前景分析，结果表明，17个省份均面临具有挑战性的压
力，10个省份完成任务相对容易。学者们从电力系统的供给侧、电网侧
和需求侧方面分别提出了相应的制度措施，给出了针对电网企业核心地
位和协调市场化机制的政策建议。

学者们基于三方演化博弈的系统动力学（System Dynamics，SD）模
型研究了可再生能源组合标准对零售电力市场的影响[1]。中国可再生能源
组合标准会影响电力零售市场利益相关者的战略。为了研究零售电价对
零售电力市场的影响，学者基于监管机构（能源监管机构）和两种不同
实力的电力销售公司建立三方演化博弈的系统动力学模型，分析利益相
关者之间的战略互动并模拟相应的演化过程。研究以中国可再生能源产
业为背景，采用情景分析方法，研究了与可再生能源组合标准方案相关
的关键参数对利益相关者战略选择的影响。分析结果表明，为基本保证
各售电公司履行配额义务，各阶段可交易绿色证书（Tradable Green Cer-
tificate，TGC）电价应保持在预期水平，可再生能源售电净利润应不低于
常规售电净利润，奖惩应在合理范围内。结果揭示了可再生能源组合标
准存在反转效应、阻塞效应和过度依赖效应等政策效应。

可再生燃料标准要求大幅增加美国生物燃料的消耗量，并采用可交
易的可再生燃料识别码（Renewable Identification Numbers，RIN）进行实
施。2013年初，可再生燃料识别码价格上升导致监管机构提议减少未来
授权。莱德等（Lade et al，2018）基于可再生燃料标准研究政策冲击与
市场规制，实证考察了为降低2013年预期任务实施的三次政策冲击的影
响。结果发现，最大的冲击使2013年燃料行业的合规价值减少了70亿美
元。针对冲击影响商品市场和生物燃料上市公司市值的分析结论发现，
任务削减的负担主要落在先进的生物燃料公司和边际合规生物燃料的商
品市场上。政策冲击降低了投资于满足可再生燃料标准未来目标所需技
术的动机。特拉和托威（Tra and Towe，2016）还研究了美国可再生燃料
标准计划对农场结构的影响，调查了2005年可再生燃料标准对农场结构
特别是农场规模的效应。研究结果表明，对于位于新乙醇工厂30英里半

---

① Zhu C，Fan R，Lin J，2020："The impact of renewable portfolio standard on retail electrici-
ty market：A system dynamics model of tripartite evolutionary game"，*Energy Policy*，136
（7），44–61.

径范围内的农场而言，可再生燃料标准计划提高了农场规模增加的概率，平均为12%～18%。这一标准计划有助于拥有这些空间优势农场的平均规模净增25%～32%。

（二）可持续标准分析

有关可持续发展和可持续标准及认证的研究集中在社会科学、商业文献以及发展研究和农业经济学领域。认证是一种非国家市场驱动的治理体系，作为私有或跨国治理举措获得规则制定权。《2030年可持续发展议程》强调，应采取如减少生产对环境和社会的影响等负责任的新商业做法，并与供应链上的商业伙伴分担责任。需改变发展道路，使之在环境上更可持续，在社会上更具包容性。从气候变化到贫困问题需要公共部门和私营部门共同应对。这些活动反过来可促进新战略，将环境挑战转化为全球市场创新和竞争优势的新驱动因素。在此背景下，可持续供应链治理倡议和认证倡议填补了缺乏国家管制和有效的全球环境政策所造成的监管真空。在关注绿色经济、绿色增长和包容性绿色增长等概念时，学者们对相关目标的协同进行调查，发现诸多举措既可能产生协同作用，也可能产生冲突。

斯夸特里托等（Squatrito et al，2020）研究了农作物生产中公共标准和私有标准在确保安全和可持续性方面的作用。通过对有机、传统、综合生产方法、自愿认证标准的比较研究，发现通过自愿非监管认证系统认证的农场通常能够提供更完整的有机生产报告，相关报告也能得到标准适用版本的持续修订和更新过程的支持。全球良好农业操作认证充分考虑了食品生产的环境影响、食品的安全方面以及工人的健康、道德和安全方面，有机体系则部分考虑了国际有机农业联盟（International Federal of Organic Agriculture Movement，IFOAM）的建议。从实践角度来看，有机产品可被认为具有清洁和安全的特性，但并非比全球良好农业操作认证产品更环保。

棕榈油可持续性问题的不断上升引发了各种标准制定和认证举措。2015年，一些私营部门组织承诺到2020年在欧洲建立完全可持续的棕榈油供应链。棕榈油行业最突出的可持续性标准是棕榈油可持续发展圆桌会议（Roundtable of Sustainable Palm Oil，RSPO）。这是一项自愿认证计划，涉及棕榈油生产影响的广泛标准，旨在涵盖可持续性的社会、经济和环境层面。随着发展中经济体和新兴经济体的产量快速扩大，棕榈油产业的全球化进程加快，在全球可持续发展中发挥重要作用。尽管棕榈油部门可提供收入来源，但该部门往往对环境可持续性产生严重的负面影响，包括生物多样性减少及森林和泥炭地被取代时大量的温室气体排放。印度尼西亚拥有丰富的热带森林和泥炭地，也是全球主要的棕榈油生产国和出口国，为个案研究提供了良好的基础。布兰迪等（Brandi et al，2015）、布兰迪（Brandi，2017）从跨国治理的协同增效和权衡视角出发研究标准和可持续发展。学者们探讨在跨国治理和可持续性标准的背景下，包容性发展在社会经济和环境层面的潜在互动；并以印度尼西亚棕榈油行业为例，探讨可持续发展标准和认证。通过研究棕榈油部门的小农认证作为提高可持续性和将小农户纳入全球价值链的方式，将关注焦点转向可持续发展标准和认证。研究发现，在环境可持续性和包容性发展之间存在着重要的权衡。原因有二，一是旨在提高环境可持续性的标准扩散可能会恶化小农户的社会经济状况，将其排除在全球价值链和需要认证商品的国际市场之外。二是虽然小农认证可为认证计划中的农民带来社会经济效益，但这些潜在效益可能会对环境可持续性产生矛盾和不必要的影响。研究讨论了标准的影响并分析其中的权衡，以期促进经济、环境和社会可持续性之间的协同作用。该研究有助于推进棕榈油的可持续性标准，评估社会经济和环境发展层面之间的潜在权衡，并提出解决这些问题的具体方法。该研究也有助于评估跨国企业治理，因为该行业并非来自传统的国家和国际机构，而是由来自私营部门和民间社会以及多方利益相关者和公私混合机构的各种组织所构成。

生态补偿是解决跨界流域国家利益冲突的有效手段，如何确定生态补偿标准是生态补偿的核心。有学者以澜沧江—湄公河流域为例，研究了基于生态溢出值的跨界流域生态补偿标准[①]。该研究基于能值综合法建立了跨界流域国家能值水资源生态足迹模型，通过对跨界流域国家生态系统服务价值和消费生态价值的计算得出各流域国家的生态溢出价值。以澜沧江—湄公河流域为例，研究结果表明：第一，从澜沧江—湄公河流域国家生态系统服务价值来看，由高到低依次为老挝、柬埔寨、泰国、中国、越南和缅甸。第二，从生态系统服务价值消耗来看，由高到低依次为泰国、柬埔寨、越南、中国、老挝和缅甸。第三，位于流域下游的泰国和越南属于生态服务消费者，根据实际支付意愿分别需要支付469.13亿美元和16.99亿美元。从供给和消费的角度看，流域国家的生态

① Zhao Y, Wu F, Li F, et al, 2021: "Ecological compensation standard of trans-boundary river basin based on ecological spillover value: A case study for the Lancang-Mekong River basin", *International Journal of Environmental Research and Public Health*, 18（3），14-31.

补偿标准通过判断生态服务的供给和消费状况并结合生态补偿的支付意愿来进行确定。

　　流域生态补偿有助于平衡发展机遇和生态保护。随着中国水资源需求的不断增长和经济快速发展导致的生态问题，迫切需要适合中国的流域生态补偿（Basin Eco-Compensation，BEC）标准。该标准应全面涵盖生态系统服务流量和生态保护成本。以中国北方地区为例，学者们研究了跨区域供水流域生态补偿标准评价框架[①]。研究结果表明，由于现行生态系统服务定价标准的缺陷，与水相关的生态系统服务获得的补偿比例较小（小于3%），利益分配制度的不完善可能损害利益相关者的利益。应实施多主体联合谈判、流域生态补偿基金和水文监测，以提高流域生态补偿估值。该研究提出生态系统生产总值与总成本相结合的流域生态补偿评估方法，并将其应用于山西省、北京市和雄安新区的跨区域调水工程，建立流域生态补偿机制来协调支付方和接受方。同时，生态补偿是通过协调不同利益相关者之间的关系来改善生态系统服务的经济手段之一，建立适当的生态补偿标准至关重要。学者们以洱海为例[②]，研究生态系统服务功能视角下的生态补偿标准定量评价。该项研究提出基于能值的生态补偿核算框架，并将其与投资模型和地理信息系统（ArcGIS）相结合，从生态系统改进的角度计算生态补偿标准。以洱海流域为例，将其环境服务分为供给服务、调节服务和文化服务三大类。研究计算了2000—2015年研究期间当地不同生态系统服务（Ecosystem Services，ES）的能值和有效值，结果表明，供给服务和文化服务的能值和有效值均显著增加，调节服务的能值有所下降，但其美元价值仍在上升。这说明服务功能直接反映生态系统的质量，因此必须重视对服务功能的调控。研究认为，应基于不同土地类型提出生态补偿标准并制定相应政策，揭示生态系统服务变化的驱动力，讨论生态补偿标准草案的可行性。研究的主要发现有助于利益相关者共同制定适当的生态补偿政策。

　　合理的生态补偿标准有利于提高引水工程水源地居民保护和维护生态环境的积极性，有利于提高受水区的水质安全。学者研究了南水北调中线工程水资源保护生态补偿标准的比较与完善，对南水北调中线工程

---

① Fang Z, Chen J, Liu G, et al, 2021: "Framework of basin eco-compensation standard valuation for cross-regional water supply—A case study in northern China", *Journal of Cleaner Production*, 279.

② Zhong S, Geng Y, Huang B, et al, 2020: "Quantitative assessment of eco-compensation standard from the perspective of ecosystem services: A case study of Erhai in China", *Journal of Cleaner Production*, 263, 144–161.

生态补偿标准方法的计算机理、计算公式和计算结果进行了对比分析①。不同方法的计算结果差异较大，研究认为成本法和生态服务价值法较为合适。以此为基本方法，并考虑引入水资源市场价值、水源地内部收入、政府财政支持等进行方法改进。结果表明，改进后的方法可缩小水源地人均收入与基准区的差距，提高受水区和水源地的满意度，从而基于合理的生态补偿标准为整体社会经济发展提供支撑。此外，为使上游地区以高强度、空间分散养殖为主的跨界河流达到较好的水质，迫切需要建立有效的生态补偿机制。学者基于成本效益分析、线性规划、支付意愿法（Willingness-to-Pay，WTP）和接受意愿法（Willingness-to-Accept，WTA），建立了量化短期和长期流域生态补偿标准和数量的演化系统框架，研究畜牧业可持续发展②。该研究提出了自下而上的生态补偿系统演化框架，以分析养殖户、上游地区政府和下游地区政府之间的行为权衡。研究提出应建立长期奖惩补偿机制促使双方保持良好水质，进而促进畜牧业可持续发展。具体而言，关停养殖场，将传统养殖场改造为高床养殖场，采用小型养殖场废弃物集中处理设施，是控制养殖污染的三项有效措施。

实施煤改气（Coal-to-Gas，C2G）工程是实现中国北方农村向清洁能源过渡、改善空气质量的关键。学者们研究了北方典型农村煤改气供热补偿标准与清洁能源选择意愿③。以山西省晋城市密山镇374户居民的调查数据为基础，采用最小数据法计算煤改气供热补偿标准，并利用logistic回归模型分析影响农户选择清洁能源的关键因素。结果发现，第一，补偿标准提高时，新增煤改气供热面积与新增减少污染物排放量之比呈非线性增加。为实现可吸入颗粒物减少40%的环保目标，政府需要对每户家庭每月补偿3.56元人民币/平方米，这是现行补偿标准的1.35倍。当每月补偿为9元人民币/平方米时，综合经济效益和环境效益实现最佳。

① Liu M，Guo J，2020："Comparisons and improvements of eco-compensation standards for water resource protection in the Middle Route of the South-to-North Water Diversion Project"，*Water Supply*，20（8），2988–2999.

② Sun X，Liu X，Zhao S，et al，2021："An evolutionary systematic framework to quantify short-term and long-term watershed ecological compensation standard and amount for promoting sustainability of livestock industry based on cost-benefit analysis，linear programming，WTA and WTP method"，*Environmental Science and Pollution Research*，28（14），18004–18020.

③ Yan Y，Jiao W，Wang K，et al，2020："Coal-to-gas heating compensation standard and willingness to make clean energy choices in typical rural areas of northern China"，*Energy Policy*，145（4），111698.

第二，家庭人均年收入和常住人口是影响农民选择清洁能源的最重要变量。引入适应性效能和自我效能等环境知觉变量，有助于识别农民选择清洁能源的意愿。第三，煤改气项目几乎使农民的取暖支出高于之前的两倍。

农业商业化可帮助自给农民摆脱贫困，但也会对性别平等产生不利影响。米姆肯等（2018）研究了私有食品标准对小农场部门的性别平等的影响。该研究探讨了私有食品标准及其规范生产和贸易的特定要素是否可作为促进小农场部门性别平等的工具。研究使用乌干达咖啡生产商的性别分类数据，重点关注解决性别平等问题的两个可持续性标准，即公平贸易和国际互世认证。研究发现，标准及认证方案增加了男性户主和女性户主的家庭财富。在男性户主家庭中，标准还改变了家庭内部资产所有权的分配。如在非认证家庭中，资产主要由男性户主单独拥有；在认证家庭中，大多数资产由男性户主及其女性配偶共同拥有。标准还改善了男女不同性别农户获得农业推广的机会。私有标准对女性获得金融服务的影响并不具有统计上的显著性。研究结果表明，尽管私有标准不能完全消除性别差异，但可以为实现这一目标做出贡献。

米姆肯（2020）进一步关注小农户是否受益于可持续发展标准，对相关研究进行系统性评价和元分析。针对有关公平贸易或有机农业等可持续性标准是否兑现了使发展中国家小农户受益的承诺，该研究分析了97项原始研究的结果，发现结论并不一致。研究综合考虑了定量研究中常用的可持续性标准和结果变量的经济影响，包括产出价格、产量、生产成本、农民利润和家庭收入。结果表明，根据可持续发展标准认证的农民比未认证的农民获得20%～30%的高价格。标准对生产成本和产量的影响具有混合性，不同标准的影响也存在差异。经过标准认证的农户获得了更高的利润，通过标准认证使家庭总收入增加了16%～22%。研究结论仍存在实质性的异质性，部分原因是各研究中能够观察到的差异化因素不同，如产品类型、标准或地区。诸如供应链组织等更具体的环境因素对标准认证的经济效应起着更决定性的作用。此外，汉努斯等（Hannus et al，2020）结合德国的经验证据，研究了农户对可持续发展标准的接受程度。研究使用离散选择实验来调查德国农户接受可持续发展标准的意愿，对如何设计标准属性以提高接受度进行评估。对潜在类别Logit模型的估计结果表明，两组农户在态度、风险感知、年龄、教育程度与之前参与农业环境计划（Agri-Environmental Schemes，AES）方面存在差异。但所有受访者都倾向于使用欧盟基于数据的综合管理和控制系统以及与农业环境计划相关的标准。设计或修订可持续性标准是欧盟2021—2027年共同农业政策提案的一部分，该研究对此具有启示意义。

世界范围内城市化规模迅速扩大，集中污水处理被认为是满足城市中心日益增长的生活污水处理需求的最理想解决方案。污水处理依赖于广泛且通常昂贵的基础设施和解决方案，需要专业的工程管理来确保有效运行。卫生设施不足、水质恶化和水压力上升等城市可持续性挑战，适宜通过多中心和综合办法来应对，包括基于自然、社区规模和社区管理系统的解决办法。印度城市人口迅速增长，水质污染和不安全问题突出，对城市卫生监管方法提出挑战，需要创新政策和监管思路。政策审查为印度污水处理厂提供了废水排放及相关标准。舍伦贝格等（Schellenberg et al，2020）以印度为例，研究了城市可持续发展背景下的废水排放标准，考察监管是否对分散和创新不利并借鉴其他新兴经济体的实例，鼓励通过资源的再利用和再循环以建立适应气候变化的持久自治系统以及封闭循环系统。研究结果认为，标准和法规需要根据不断发展的城市环境重新调整，使标准细致全面、动态更透明且更有参与度。执行机制需要纳入分阶段、分级的标准合规方法，包括不同应用领域的水资源再利用。

全球南方商品生产的社会和环境影响受到一系列全球市场驱动的标准制订计划的制约，这些计划与生产国以国家为中心的实地法律和行政法规相互作用。麦克唐纳（Macdonald，2020）以可持续棕榈油为例，研究私有可持续发展标准是否能够作为授权以支持监管联盟的工具。该研究以印尼棕榈油行业有争议的监管治理为例，探讨市场型监管机构（北方）与国家中心型监管机构（南方）之间的互动效应。分析表明，在形成监管能力方面，核心议题并非治理互动的协作或冲突性质，而是这种互动如何影响商品生产管辖区内相互竞争的监管联盟的动机、能力和合法性主张。尽管监管授权的冲突途径有望产生成效，但它们对生产国精英和边缘化行为者之间不稳定权力关系的影响使其容易受到在位权力持有者的合法性挑战。通过授权南方支持监管联盟的策略来影响变革的努力会受到南方行动者竞争联盟的挑战，这为全球监管带来难题①。

随着可持续发展理念的传播，盈利能力并不是企业长期成功的唯一因素，同样重要的还有使用自然资源和民众生活条件的问题。在这一认

---

① 魏圣香（2016）研究认为，欧盟生物质燃料标准存在违反世界贸易组织关于产品和贸易歧视相关规定的可能性。为维护发展中国家的贸易利益，需加强国际社会各界合作，推进可持续标准协调和标准一致化。

识范围内，消费者通过了解产品和服务的生产方式，对消费含义的理解正在加深。这日益导致组织寻求通过自愿可持续性标准来区分各自的品牌。有学者研究了巴西咖啡生产中自愿可持续性标准的采用和价值链升级问题[①]。研究以巴西咖啡农采用咖啡社区管理规则（Common Code for the Coffee Community，4C）为例，结合农户对自愿可持续性标准的采用，提出基于价值链升级类型进行分类。结论表明，采用咖啡社区管理规则标准是农民提高咖啡生产过程的一种升级形式，也促进了对生产单位内部管理活动的控制。

（三）强度标准分析

学者基于总量管制与交易强度标准研究了排污权交易与市场结构[②]。可交易排放限额市场的设计可采取两种形式：以绝对上限为基础或以相对污染强度标准为基础组织贸易。设计方案与相关市场特别是与产出市场以及进入和退出市场有关。该研究基于不完全竞争与排污权交易之间的相互依存关系，分析清洁部门和污染部门（两部门）模型中的长期均衡，并在面临固定生产成本时进行古诺竞争。学者将清洁部门定义为排放成本长期利润率最高的部门，对绝对上限与贸易计划（基于相对强度标准的排放交易方案）的福利影响进行比较。研究结果表明，清洁或污染行业的长期均衡产出并不依赖排放交易方式，而是取决于各自行业的固定生产成本。强度标准会导致清洁企业向污染企业出售限额或污染企业向清洁企业出口限额，前一结果产生的福利更高。对于自由进出口的长期福利而言，上限交易优于基于强度标准的交易方案，清洁部门规模会随着强度标准提高而增大。

日益常见的一种环境政策工具是对运输和电力市场的碳强度进行监管。为了将政策的范围扩大到使用点排放之外，监管机构为每种潜在燃料分配排放强度等级，用于计算合规性。勒莫纳（Lemoine，2017）研究了强度标准的额定排放量。研究表明，福利最大化评级与实际排放量的最佳估计值通常不一致。与仅选择标准水平相比，监管机构可通过适当选择排放评级来实现更高水平的福利。当估计的排放强度增加时，燃料的最佳额定值实际上会降低。加利福尼亚州低碳燃料标准（Low Carbon

① Piao R S, Fonseca L, Carvalho E, et al, 2019: "The adoption of Voluntary Sustainability Standards (VSS) and value chain upgrading in the Brazilian coffee production context", *Journal of Rural Studies*, 71 (6), 13-22.

② de Vries F P, Dijkstra B R, McGinty M, 2014: "On emissions trading and market structure: cap-and-trade versus intensity standards", *Environmental and Resource Economics*, 58 (4), 665-682.

Fuel Standards，LCFS）的数值模拟表明，当科学信息增加了传统乙醇的估计排放量时，监管机构应降低乙醇的评级（使其看起来排放密集度较低），以便燃料市场能够以较低的数量清关。同时，低碳燃料标准代表新的政策方案，旨在通过将标准应用于汽车燃料生产的全阶段来减少二氧化碳排放。胡塞诺夫和帕尔马（Huseynov and Palma，2018）研究了加州的低碳燃料标准是否能减少二氧化碳排放。研究证明，低碳燃料标准使得加州交通部门的二氧化碳排放量减少约10%。此外，低碳燃料标准的应用改善了空气质量，提高了工人生产力，由此加州可能受益数亿美元。

工业是中国经济增长最重要的推动力之一。为改善工业区的环境足迹，中国在企业内部管理过程中建立了环境控制机制。ISO 14001 国际环境管理体系标准是中国企业采用最广泛的管理工具。基于广东省案例的研究，结合参加"推进和衡量企业可持续性的新工具和标准"研讨会的广东省中小企业和跨国公司代表对 ISO 14001 系列标准的反馈意见，佩斯等（Pesce et al，2018）对 ISO 14001 系列标准在中国的应用进行 SWOT 分析。结果表明，企业完全接受 ISO 14001 国际环境管理体系标准，并认为有必要采用标准化方法来明确环境因素。企业也对认证成本、注重认证本身而不是提高环境绩效、缺乏与生命周期评估（Life Cycle Assessment，LCA）等可持续发展工具以及循环经济和企业社会责任（Corporate Social Responsibility，CSR）等其他可持续发展范式的整合等问题表示关注。与此同时，学者们基于波特假说的新视角，分析环境管制对污染密集型产业生产率的效应，研究环境规制对企业进出口和中国工业生产率的影响[1]。整合企业生产率异质性的理论模型表明，更严格的环境法规对行业总生产率产生两种相反的影响：对所有企业的负生产率侵蚀效应，以及通过影响企业的进入和退出而产生的正生产率选择效应。环境监管对工业生产率的最终影响取决于这两个单独影响的相对大小，实证研究结论支持理论模型。1998—2007 年，来自 15 个污染密集型行业的 184186 家企业的数据显示，环境监管对企业层面生产率产生显著的负面影响，但同时也影响低生产率企业的进入和退出概率。更严格的环境监管标准会增加生产率较低企业的退出概率，降低潜在污染严重企业的进入概率，从而导致行业内的重大资源再分配。这两种效应导致环境监管标准严格程度与行业总生产率呈倒 U 形关系。若环境监管标准的严格程度适中，

---

① Yang M，Yuan Y，Yang F，et al，2021："Effects of environmental regulation on firm entry and exit and China's industrial productivity：a new perspective on the Porter Hypothesis"，*Environmental Economics and Policy Studies*，23（4），915-944.

有益于提高行业总生产率。

环境规制如何影响要素配置成为学术界的新兴热门议题。学者们应用动态一般均衡模型和全要素生产率视角的理论模拟，研究环境监管是否有助于缓解要素分配不当[①]。该研究基于谢-克莱诺（Hsieh-Klenow）框架构建适应环境监管冲击的动态一般均衡模型，从总全要素生产率损失变化的角度解释环境监管对要素错配的影响，并对多种典型情景进行数值模拟。结果表明，环境规制对要素市场配置不当有显著影响，该影响表现为正面或负面，主要取决于企业的初始要素配置状况和冲击强度。降低面临更大扭曲的企业的环境监管强度有助于缓解要素配置不当；相反，同样的政策可能会加剧要素市场配置不当。在环境监管冲击条件下，企业的间接劳动力投入对环境监管的要素配置缓解具有调节作用。扭曲企业的较高管理费用劳动份额抑制了环境监管对要素错配的纠正。降低企业的管理费用劳动份额会放大环境监管对要素错配的纠正效果。

企业层面的特殊政策扭曲会导致企业间资源分配不当，降低总生产率。许多环境政策造成这种扭曲，尤其是高生产率企业更容易实现基于产出的强度标准（限制企业单位产出的能源使用或排放）。汤布和温特（Tombe and Winter，2015）针对环境政策与配置不当，应用考虑多部门和企业层面异质性的可处理一般均衡模型，研究了强度标准的生产率效应。结果显示，强度标准的表现劣于统一税收，因为它们导致在企业和部门之间肮脏和清洁相关投入的错配，从而降低生产率。该研究进一步使用美国数据校准模型，量化结果表明这些生产率损失较大。此外，费尔等（Fell et al，2017）研究了能源效率和排放强度标准的联系。研究调查能效在基于比率的排放强度标准中的作用，该因素具有政策含义，因为环境保护局的清洁能源计划允许将节电作为遵守国家特定排放标准的一种手段。结果表明，在完全非弹性的能源服务需求下，信贷效率措施可恢复第一个最佳分配。但当对能源服务的需求表现出一定弹性时，能源效率难以恢复到最佳水平。信贷会消除能源生产和能源效率之间的相对扭曲，但其扭曲了能源服务的绝对水平。研究进一步推导出确定次优强度标准和信用规则的条件。结合得克萨斯州电力部门的模拟结果表明，虽然某种形式的信贷通常会改善福利，但提议的一对一节能信贷较难实

---

① Dong X，Yang Y，Zhuang Q，et al，2022："Does environmental regulation help mitigate factor misallocation?—Theoretical simulations based on a dynamic general equilibrium model and the perspective of TFP"，*International Journal of Environmental Research and Public Health*，19（6），3642-3687.

现有效结果。

四、小结

标准与经济增长问题是国外标准经济学学术研究关注的前沿问题之一。在这一领域中，主要包括标准与经济产出分析、标准与贫困问题分析，以及标准与可持续发展分析等三个方面的内容。标准的经济收益分析、标准对经济增长的贡献分析，是标准与经济产出分析的核心问题。标准对福利的影响分析，标准对劳动力市场的影响分析，是标准与贫困问题分析的核心问题。可再生能源组合标准分析、可持续标准分析、强度标准分析等，是标准与可持续发展分析的核心问题。

从标准与经济产出的研究来看，已经建立起微观层面标准与企业绩效的明确联系，以及宏观层面标准与经济增长的正向关系。学者们提出标准对经济增长的贡献至少和专利一样大，且标准化带来的宏观经济收益超过为企业带来的收益。同时，虽然不同研究的估计结果存在差异，研发密度较高的行业中专利比标准更重要。这部分文献主要出现在2010年以前，如针对英国、法国、德国、加拿大和澳大利亚等发达国家标准的相关研究，研究认为标准均对经济发展发挥了显著的促进作用。2010年以后，以布林德等（2022）对标准长期经济增长效应的研究为代表，研究结果支持国际标准通过促进各国间知识传播进而产生对经济增长的正面促进效应。

此外，近十年的国外研究文献更多集中探讨了标准对贫困的影响，以及标准对可持续发展的影响，研究结论具有更大的异质性和不确定性。结合标准对福利、劳动力市场的影响分析，热带雨林联盟和公平贸易有机认证并不总是有利于增加收入和减贫。严格标准究竟会产生积极效应还是消极影响，可持续发展标准是否有助于收入增长和减贫，即使同样是塞内加尔、阿根廷、乌干达等发展中国家，也并未取得一致结论。需要注意的问题是贫困人群遵循标准的能力，以及标准遵循成本是否存在向弱势群体的转嫁效应。

在标准与可持续发展领域，可再生能源标准等是国外文献关注的热点问题，出现了一系列结合美国、德国等发达国家，结合中国、印度尼西亚等发展中国家的研究。其中，前者更多地侧重于从全球跨区域治理能力的视角，研究标准治理对可持续发展的影响，评估农户、企业等作为标准执行者的意愿、能力和结果，研究标准作为可持续发展工具的可行性。后者主要结合发展中国家的具体国情，讨论可持续标准的成本和收益。其中，关于生态补偿标准的分析占据与中国有关研究的大部分文献，反映出相关研究对中国环境问题的关注和持续推进。近期也出现了一些针对小农户标准认证、发展中国家小农户参与标准方案的实证研究。相关研究关注的差异性因素不同，如产品类型、具体标准或特定地区。这些因素对标准认证的经济效应发挥着更为关键的作用。

第五章　国外标准经济学学术研究的前沿问题之二:标准与贸易研究

一、国际标准与贸易分析

在2000年《标准化经济学》报告发表时，关于标准影响贸易的实证研究工作仍不多见，此后逐渐出现考察标准化与贸易的实证研究[①]。斯旺等（Swann et al，2006）基于标准文献数据库中英国国家标准量、德国国家标准量，测度各个产业部门标准制定活动的强度，研究发现，标准促进了贸易并增强了产业竞争优势。

根据《标准化经济学》（2000）报告，多数研究中出口国使用国际标准会对其出口业绩有积极或至少为中性的影响。但也存在例外：一是农产品贸易，这是经常发现标准限制贸易的部门之一；二是关于国际标准对出口的积极影响。若假设制定标准的目的是消除技术性贸易壁垒，则该领域常见的几类分析模式如下：一国使用国际标准会增加该国的出口和进口；一国使用国家标准增加该国的出口，但对该国进口的影响并不清晰；某些情况下标准促进相关进口，但在另一些情况下标准阻碍进口。学者认为在涉及SPS等食品标准议题时标准的作用模式不同，这类标准通常会阻碍发达国家来自其他国家尤其是发展中国家的进口贸易。当一国的出口企业使用国家标准（即该国特有标准）时，可能导致该国的出口表现优异，也可能产生负面影响。产生负面影响的原因在于，标准（尤其是法规）会降低一国产品在国际市场上的吸引力，因为该国的生产商在遵守更加严格的环境标准时很难保持竞争力。当进口国采用国际标准时，常见的表现是促进进口，同时存在例外情况。通常发现标准阻碍农产品贸易，标准一致化更多地促进来自发达国家而非发展中国家的出口。与发展中国家的标准相比，与严格的国际标准或区域标准实现一致化可能导致较高的标准遵循成本，进而抵消标准一致化的收益。关于国家标准与进口的结论更加分散。如果进口企业使用国家标准，可能会促进进口或限制进口。

[①]　Swann，2010："The economics of standardization：An update report for the UK department of business，innovation and skills"，ISO Research Library.

标准与贸易之间的经验关系需要形成更加平衡的观点。发展经济学家和农业经济学家侧重于考察标准的贸易壁垒效应，因为贸易壁垒主要形成于发达国家的严格标准并阻碍来自发展中国家的进口。产业经济学家和创新经济学家更关注标准的收益，因为标准在为消费者提供信息、促进环境保护以及相关商品和服务的兼容性方面发挥积极作用，标准为发展中国家向发达国家出口创造机会。但如果技术标准被用作贸易保护主义措施，则可能导致发展中国家生产商的经营成本增加。随着标准在国际贸易中日益扮演重要角色，相关文献指出标准影响贸易的两个基本特征。一方面，标准可通过降低交易和信息成本来促进贸易。另一方面，标准可能形成贸易约束。贸易经济学家认为标准构成非关税贸易壁垒，一国会出于保护主义动机以标准来取代关税、配额和其他被世界贸易组织规则所限制的传统贸易壁垒[1]。标准对贸易的影响同样在理论和实践上存在较大的异质性，更多研究开始从标准是国际贸易的催化剂或是阻碍的两分法向综合考察占主导地位的多效应分析转变，对标准影响贸易的机理识别和对主流观点的再检验成为该领域的重要问题。

从标准的非关税贸易壁垒属性来看，2000年以来关税和配额等传统市场进入壁垒在许多国家已经下降。对贸易壁垒的关注向其他可能成为贸易壁垒的规制性措施转移。学者们认为，通过增加固定或可变成本，产品标准会对外国生产者进入本国市场形成贸易壁垒。由于技术和金融能力的限制，这些成本由发展中国家生产者承担的可能性上升。因此，产品标准等固定成本措施在解释双边贸易模式上发挥日益重要的作用[2]。

谢泼德和威尔森（Shepherd and Wilson，2013）认为标准的贸易效应对发展中国家和发达国家的出口企业而言存在差异。标准对贸易的影响会随着国家经济发展水平的不同而有所变化。标准对国际贸易是强制性的，与发达国家相比，发展中国家面对标准经历了更多的负面影响。尽管标准在本质上为自愿性，其约束力只有在国内法律或法规引用或通过时才会体现[3]。标准是标准化活动的产物，而标准化要求体现合规性。遵循标准可以是自愿行为，但标准化活动为强制性。进口产品不符合标准化要求则不允许被销售。世界各国生活水平的提高，消费者对更安全、

① Heckelei T，Swinnen J，2012："Introduction to the special issue of the World Trade Review on standards and non-tariff barriers in trade"，*World Trade Review*，11（3），353-355.

② Helpman E，Melitz M，Rubinstein Y，2008："Estimating trade flows：Trading partners and trading volumes"，*Quarterly Journal of Economics*，123（2），441-487.

③ Swann，2010："The economics of standardization：An update report for the UK department of business，innovation and skills"，ISO Research Library.

更优质产品、服务和环境的需求增加，都促进了标准和技术法规数量的显著上升。标准作为贸易壁垒还是催化剂的争论表明了标准对贸易的影响仍需进一步研究。从正面影响来看，标准能够促进市场准入，提升参与全球价值链中高附加值环节的能力，这是标准对于贸易催化作用的重要表现之一。发展中国家希望在更大程度上参与世界市场，进入全球价值链的更高附加值阶段，标准对于这些国家的意义更为重要。

（一）国际ISO标准分析

ISO系列国际标准在各国的扩散数据可获取，且ISO 9000系列国际标准是公认最为成功的国际标准，许多研究均利用ISO系列国际标准的扩散数据描述国际标准在特定国家的采用程度。针对ISO 9000系列标准贸易效应的研究存在分歧，一些学者认为ISO 9000系列国际标准降低了贸易双方之间的信息不对称，进而扮演共同语言角色。另一些学者则将其视为提高竞争对手成本的手段，从而成为市场进入和贸易的障碍。格拉耶克（Grajek，2004）使用ISO 9000系列国际标准在不同国家的扩散数据来衡量这些国家的标准丰富程度，并基于1995—2001年期间101个国家（包括所有经合组织国家）的数据估计双边引力模型。全样本回归发现，ISO 9000系列国际标准在一国的扩散与推广促进了该国出口，但减少了该国进口。仅使用经合组织国家的分样本回归显示，ISO 9000系列国际标准在一国的扩散促进了该国出口和该国进口。研究认为，全样本回归系数和经合组织子样本回归系数之间的不对称可用替代效应来解释。通过ISO 9000系列国际标准认证的企业之间的贸易往来比与其他企业之间的贸易往来更为频繁，因此，ISO 9000系列国际标准对贸易的积极影响在经合组织国家（通常大量使用ISO 9000系列标准）中更为明显。该研究结论支持标准作为共同语言的假说。

克洛弗蒂和格拉耶克（Clougherty and Grajek，2008）进一步扩大范围推进相关研究。除分析ISO 9000系列国际标准对贸易的影响外，还考察了ISO 9000系列国际标准对外国直接投资（FDI）的影响。该研究利用1995—2002年共52个国家出口到经合组织国家的贸易数据估计贸易引力模型。数据分为三个子样本：发达国家对其他发达国家出口的样本；发展中国家对发达国家出口的样本；发达国家对发展中国家出口的样本。回归结果发现，ISO 9000系列国际标准在发达国家的推广并未促进国家间的贸易，即ISO 9000系列国际标准在发达国家的扩散对发达国家对其他发达国家的出口、发展中国家对发达国家的出口、发达国家对发展中国家的出口没有明显影响。ISO 9000系列国际标准在发展中国家的推广增加了发展中国家向发达国家的出口。研究结论与前期研究①有所不同。前期研究发现，发达国家的ISO 9000系列国际标准扩散对发达国家向其他发达国家出口和发达国家向发展中国家出口产生的影响不明显。与前期研究一致的结论在于，该研究同样发现ISO 9000系列国际标准在发展中国家的扩散对发展中国家向发达国家的出口具有积极影响。

学者们使用ISO 9000系列国际标准扩散作为关键变量，考察更强的制度能力是否有助于发展中国家更好地应对发达国家在农产品和食品领域的严格标准②。研究数据包括粮食和农产品，尤其是谷类、谷物制品以及坚果类产品。制度能力从信息能力、一致性、执行力和国际标准制定能力等四个方面进行度量。信息能力包括开发联合国开发计划署的教育指数、每千居民因特网用户比例和世界市场研究中心全球电子政务调查的在线服务指数。一致性能力以每个国家拥有ISO 9000国际标准认证机构的比例进行衡量。执行能力以一国拥有TBT咨询点、SPS咨询点、国家工厂和保护组织的数量进行衡量。国际标准制定能力从有关国际标准制定组织的成员资格和参与数据中得到。研究结果发现，信息能力和一致性能力对发展中国家出口具有显著影响，执行力和国际标准制定能力的影响并不清晰。因此，如果发展中国家拥有更强的制度能力，就能更好地应对发达国家设定的农产品和食品标准，从而进入国际市场。

学者们也认为标准贸易关系的相关实证面临各种挑战，如方法论、效应识别和内生性问题等。ISO系列国际标准的扩散可以提供对标准化的度量指标。克洛弗蒂和格拉耶克（2014）基于ISO 9000系列国际标准扩散研究了国际标准对国际贸易的影响。该研究使用1995—2005年包括91个国家五年时间间隔的截面时序数据，考察国际ISO 9000系列标准对双边贸易流的影响。研究从质量信号、信息成本、遵循成本和共同语言等多路径分析ISO 9000系列标准对贸易的作用。学者通过使用ISO 9000系列国际标准在本国和贸易伙伴国的扩散率以及两者的交互项来分析标准化影响贸易的不同路径③。研究结果支持标准通过共同语言和质量信号效应增强双边贸易发展的假说。拥有更多ISO国际标准认证的国家从标准化中获益更大，拥有较少ISO国际标准认证的国家会由于标准的遵循

---

① Grajek M, 2004: "Diffusion of ISO 9000 Standards and international trade", *SSRN Electronic Journal*, 191, 352-356.

② Sung J, Kim, Reinert K A, 2008: "Standards and institutional capacity: An examination of trade in food and agricultural products", *The International Trade Journal*, 23 (1), 27-50.

③ 该研究通过采用面板数据、工具变量（IV）和多重阻力项以克服内生性。

成本效应而面临贸易壁垒。该研究采用 ISO 国际标准认证数与人口的关系来描述标准在一国的扩散程度，并结合本国和贸易伙伴国的相关指标建立交互项以识别共同语言效应，并进一步考察异质性。具体而言，该研究选取 ISO 14000 系列国际标准认证量作为 ISO 9000 系列国际标准扩散的工具变量，发现 ISO 9000 系列国际标准主要通过三个渠道影响国际贸易流动。第一，在本国推广 ISO 9000 系列国际标准可通过增强竞争力促进贸易伙伴国相互之间的出口。第二，ISO 9000 系列国际标准在贸易伙伴国的扩散不仅可能促进也可能阻碍出口，最终效应取决于信息效应是否大于遵循成本效应。第三，ISO 9000 系列国际标准在本国和贸易伙伴国的共同传播可通过共同语言效应促进贸易伙伴国之间的出口。整体上，实证结果支持 ISO 9000 系列国际标准的共同语言效应，本国标准化增强竞争力的效应具有稳健性；也说明在贸易伙伴国推行 ISO 9000 系列国际标准会涉及贸易阻碍因素，因为这提高了其他国家出口企业的合规成本。对在国际标准采用领域较为落后的发展中国家和转型期国家来说，ISO 9000 系列国际标准的推广形成事实上的贸易壁垒，而 ISO 国际标准富有国则从世界范围的标准化中获得更多收益。值得关注的是，ISO 9000 系列国际标准是典型的国际标准，也是迄今为止所有国际标准中推广最成功的系列，通常被认为是最不会引起贸易抑制效应的国际标准。因此，如果研究发现最国际化的 ISO 9000 系列国际标准含有保护主义因素，那么几乎所有现有的标准都会涉及一些贸易阻碍效应。这一重要结论与相关研究[①]的观点一致，即并不存在任何标准可以证明货物自由贸易为全球最优。

ISO 14000 系列国际标准为自愿性环境标准，涵盖旨在监控和改善环境绩效的管理工具和体系。该研究同时使用 ISO 14000 系列国际标准的扩散数据作为 ISO 9000 系列国际标准扩散的工具变量。原因在于，两类标准之间存在共同要素，即同为技术基础设施便利的基本条件。ISO 9000 系列国际标准在一国的扩散率可能与 ISO 14000 系列国际标准认证正相关。瓦斯塔格（Vastag，2004）提供的经验证据表明，ISO 14000 认证数量与 ISO 9000 认证数量正相关，表明二者背后具有共同的驱动因素。此外，ISO 14000 系列国际标准在一国的扩散更倾向于由一国严格的环境政策而不是贸易导向所驱动，因为 ISO 14000 系列国际标准旨在帮助企业在

---

① Maskus K E, Otsuki T, Wilson J S, 2005: "The cost of compliance with product standards for firms in developing countries: an econometric study", *Social Science Electronic Publishing*, 46 (7), 62-81.

生产点遵守环境标准（即来自本国而非外国的压力）。ISO 14000 系列国际标准的采用很可能与贸易等式中的误差项有关。此外，国家 ISO 9000 认证数量的数量显著影响 ISO 14000 认证数量，但出口导向并不影响—国 ISO 14000 系列国际标准的认证数量[①]。高水平的贸易本身不会对 ISO 14000 系列国际标准的认证数量产生重大影响。研究为回归方程中三个不同的 ISO 9000 系列国际标准内生变量找到三种可用的工具变量，即本国采用 ISO 14000 系列国际标准、贸易伙伴国采用 ISO 14000 系列国际标准以及本国和贸易伙伴国均采用该系列标准（以两者交互项描述）。

研究结果发现：第一，结论明显支持共同语言效应。随着 ISO 9000 系列国际标准在本国和贸易伙伴国的扩散水平提高，国家对的双边贸易有所增长。尽管学者认为标准能够减少贸易伙伴的摩擦，但此前较难从经验上确定。该研究通过本国和贸易伙伴国的交互项来描述共同语言效应，明确共同语言效应是促进贸易的有力路径。第二，本国标准化所带来的竞争力增强效应得到支持。这一结果与已有文献[②]一致，即本国标准化可提高出口产品的竞争力。第三，贸易伙伴国标准化的系数为正且不显著，表明贸易伙伴国标准化的负合规效应（标准遵循成本）不如标准化带来的正信息效应显著。而当本国的 ISO 系列国际标准扩散水平系数显著为负时，贸易阻碍因素会抵消甚至超过贸易伙伴国标准化带来的贸易促进效应。

除了考察 ISO 9000 系列国际标准扩散对贸易模式的影响外，学者们还研究了 ISO 9000 系列国际标准对外国直接投资流动的作用[③]。学者认为，ISO 9000 系列国际标准作为质量信号、通用语言和贸易便利工具的能力，会降低跨境投资的交易成本，即 ISO 9000 系列国际标准扩散对外国直接投资的影响与对贸易的影响相似。根据经合组织国家外国直接投资数据的研究发现：①ISO 9000 系列国际标准在发达国家的扩散并未增加外国直接投资。②ISO 9000 系列国际标准在发展中国家的扩散增加了从发达国家流入发展中国家的外国直接投资。

制造商依靠环境管理系统来满足政府的环境法规，提高环境绩效，减少对环境的影响。内马蒂等（Nemati et al, 2019）研究 ISO 14001 系列

① Prakash A, Potoski M, 2006: "Racing to the bottom? Trade, environmental governance, and ISO 14001", *American Journal of Political Science*, 50 (2), 350–364.

② Blind K, 2004: *The economics of standards: Theory, evidence, policy*, Edward Elgar Publishing Limited.

③ Clougherty J A, Grajek M, 2008: "The impact of ISO 9000 diffusion on trade and FDI: A new institutional analysis", *Journal of International Business Studies*, 39 (4), 613–633.

国际标准与企业环境绩效，提供了来自美国运输设备制造商的证据。研究结合美国运输设备制造部门的数据并使用删失数据分位数工具变量估计（Censored Quantile Instrumental Variable，CQIV），考察ISO 14001系列国际标准认证对制造商有毒物质释放水平的影响。结果表明，对于大型企业来说，鼓励自愿采用ISO 14001系列国际标准是政府可以实施的能够有效减少现场污染的策略。但对小公司而言，可能需要其他经济激励措施或条例以减少污染[①]。此外，齐蒙（Zimon，2020）认为实施ISO 22000系列国际标准有利于开发供应链上的关键流程。该研究旨在考察在食品供应链中实施ISO 22000系列国际标准是否能够提高食品质量水平并减少浪费。该项研究在欧洲国家开展，对波兰（中欧）、斯洛伐克（东欧）和葡萄牙（西欧）等国消费者对ISO系列国际标准的看法进行比较。这些地区粮食需求的多样性和粮食市场的分散性有所增加，迫使食品供应链上的企业严格注重提高生产和分销系统的效率和效力，并考虑针对顾客需求实施可持续的解决办法。研究发现，在食品供应链中实施ISO 22000系列国际标准可对关键流程的实施产生积极影响，并有助于减少供应链上各环节的食品浪费。

（二）环境标准分析

威尔逊等（Wilson et al，2002）探讨了主要污染密集型行业（包括纸浆和造纸、有色金属、金属采矿、钢铁和化学品）中贸易与环境法规之间的联系，该研究使用环境法规数据研究其对贸易的影响。研究数据涉及6个经合组织国家和18个非经合组织国家1994—1998年的相关数据，计量框架遵循赫克歇尔–俄林–范克模型（Heckscher-Ohlin-Vanek）。相关数据来自对各国环境意识、立法和环境执法机制的调查问卷，并使用能够反映环境监管严格程度的跨国指数。根据研究设计方法，该指数得分越高意味着环境监管越严格。研究基于数据构造两个变量，即对环

---

① 关于标准对贸易的效应，杨丽娟（2012，2019）认为，技术标准国际化与一致化有利于中国进出口贸易增长。国家和国际标准量的增加对中国对外贸易规模均有正面作用。完善国家标准化体系建设、积极采用国际标准有助于中国进出口贸易发展。国家标准的颁布和实施促进了中国进出口贸易的发展，积极采用国际标准的贸易促进效应更加显著。两类标准对出口总额的正面影响都要大于对进口总额的影响。陶爱萍和李丽霞（2013）研究发现，技术标准量与进出口贸易规模之间存在倒U形特征，即标准量较小时表现出贸易促进效应，但当标准量超过某一临界值就会阻碍进出口贸易。国际标准对中间品贸易的影响具有门槛效应。王彦芳和陈淑梅（2017）发现，在人均GDP高于一定的门槛值（11000美元）时，国际标准在贸易伙伴国双方的扩散将促进中间品贸易；超过这一门槛值则效应相反。凌艳平等（2017）认为，企业积极参与制定国家标准会对其出口贸易规模产生促进效应。

境立法状态的度量以及对环境执法控制机制的度量。研究发现，更严格的环境标准意味着污染密集型部门的出口减少。就共同环境条例达成协调一致协议，会使发展中国家（相对于发达国家）出口的污染密集型产品减少更多。低碳燃料标准是日益普遍的政策工具，用于减少排放和提高可再生能源技术在交通部门的普及率。莱德和劳维尔（Lade and Lawell，2015）研究了低碳燃料标准的设计与经济性，重点分析相关政策的重要设计要素，并考虑当前制定标准或提议的广泛政策背景。研究认为低碳燃料标准在促进技术变革中发挥重要作用，并与联邦和州层面的交通政策产生相互作用。莱维和迪诺波洛斯（Levy and Dinopoulos，2016）进一步将环境质量标准引入包括异质性污染方的产业内贸易模型，研究全球环境标准和三项贸易自由化政策的影响。研究发现，污染源于消费，污染强度随着特定产品的环境质量而降低。当消费者对环境质量的偏好相对于生产成本的弹性较弱（较强）时，企业会发现生产污染更严重（更清洁）产品更有利可图，并从事出口贸易。更严格的环境标准或贸易自由化政策提高了人均实际消费。这些政策对全球污染和福利的影响并不清晰。

一份研究文献基于新经济地理框架（New Economic Geography，NEG）展开了分析。学者们认为，能源消费是环境恶化的渠道之一，各国引入环境标准以保护环境。基于新经济地理框架，研究在南北贸易模式中考察环境标准对环境的影响[1]，考察了北方针对具体产品单方引入环境标准的情况。不符合标准的产品不被允许在北方市场销售。研究发现，由于环境标准引发企业重新选址，北方的环境会恶化而南方的环境会得到改善。此外，学者们在新经济地理框架下研究了产品领域的环境标准对环境和贸易企业地点的影响[2]，在自由资本模型中引入单边环境产品标准和消费外部性，研究发现其影响取决于标准的遵守程度和贸易成本。当大多数公司遵守环保产品标准时，环保产品标准可以减少公司在监管区域的份额和排放。当这些标准没有得到广泛遵守时，它们的效果取决于交易成本。当贸易成本足够小时，单边标准可能会增加受监管地区的企业数量，并恶化该地区的环境。这些结果有助于评估环境产品标准作为环境政策的实施情况。

①　Ishikawa J，Okubo T，2011："Environmental Product Standards in North-South Trade"，*Review of Development Economics*，15（3），458-473.

②　Liu J H，Fujita T，2018："Trade，cluster and environmental product standard"，*Environmental Economics and Policy Studies*，20（3），655-679.

有研究针对发展中国家样本展开。如学者们考察中国环境管制对排污企业出口决策和出口结构的影响[1]，该研究基于企业产品层面的数据集并结合双重差分法以研究环境监管与企业出口绩效之间的因果关系。研究发现，严格的环境监管会降低企业的出口可能性和出口价值。废水排放标准日益严格对新的污染者而非对现有企业进入出口市场产生阻碍。生产性污染企业可以通过降低出口价格和向海外销售更多产品来获得相对更大的出口市场。受到该项水污染法规的影响，污染者将通过不同的贸易模式对其出口目的地、出口产品和出口价值进行重大调整。同时，印度是全球空气污染程度较高的国家之一。公开报道显示全球20个污染最严重的城市中有13个来自印度。桑卡尔等（Sankar et al，2020）研究了印度空气污染标准在降低死亡率方面的有效性。该研究考察印度的空气污染政策与所有年龄和各种原因人群死亡率之间的关系，即两个主要的空气污染标准——最高法院行动计划（Supreme Court Action Plan，SCAP）和催化转化（Catalytic Converter，CC）政策——与死亡率的关系。尽管印度的死亡率数据随着时间的推移有所改善，但许多地区的年平均死亡率并不稳定，存在许多离群值和缺失值。在解决这些测量问题之后，研究并未发现证据表明这些政策能够有效地降低死亡率。该研究还发现，PM2.5水平与死亡率呈正相关，污染水平增加10%与死亡率增加2.0%之间也存在条件相关关系[2]。

（三）质量标准分析

严格标准决定产品质量，同时也会增加标准的合规成本，提高市场进入壁垒。有学者研究了标准的遵循成本[3]。出口企业起初认为开展贸易能够获益，但最终发现标准的合规成本过高。该研究使用世界银行技术贸易壁垒调查数据库中16个发展中国家的企业级数据。研究发现，标准

[1] Zhang Y，Cui J B，Lu C H，2020："Does environmental regulation affect firm exports? Evidence from wastewater discharge standard in China"，*China Economic Review*，61（4），101451.

[2] 国内相关研究认为，南北贸易的环境观点存在差异。佘群芝和王璟（2011）提出，在南方国家竞争北方国家资本的情形下，环境标准降低并不能显著促进北方国家向南方国家开展投资。刘晓峰（2014）分析认为，为应对国际贸易产业梯度转移中的环境保护议题，中国应根据ISO系列国际环境管理标准的有关规定，推动前置评估，实现统一监管，最终建立应对国际贸易产业转移环境风险的有效防控机制。同时，洪俊杰等（2015）认为当前新一代贸易投资规则中，环境标准已对中国对外贸易发展及经济增长形成挑战。

[3] Maskus K E，Otsuki T，Wilson J S，2005："The cost of compliance with product standards for firms in developing countries：an econometric study"，*Social Science Electronic Publishing*，46（7），62-81.

会增加出口企业的短期生产成本，为满足标准合规成本的投资每增加10%，企业生产成本的可变成本将提高约1%。出口企业为了遵循标准而产生的固定成本和可变成本均不容忽视。学者们还利用世界银行技术性贸易壁垒调查的数据，估算阿根廷制造业对经合组织国家出口的影响[1]。研究发现，经合组织国家日益严格的标准明显降低了阿根廷对其的出口份额。

产品标准及其贸易影响方面的实证研究主要面临有限数据可用性的障碍。尽管世界银行的欧盟标准数据库提供了有关纺织品、服装和鞋类行业的信息，但有必要在地理和行业范围上进行扩展。使用扩展的数据集进行的工作应调查国际一致性是否会影响出口的地理多样性，是研究贸易广延边际增长的重要领域。学者们研究了标准对发展中国家企业向发达国家出口决策的影响[2]。研究样本包括17个发展中国家25个农业和制造业部门的619家企业，5个出口市场包括欧盟、美国、日本、加拿大和澳大利亚。研究利用调查问卷收集资料，问卷中包括针对主要研究变量的五个核心问题：①合格评定检验需要的天数。②标签要求是否影响了企业出口产品的能力。③测试程序是否影响企业出口产品的能力。④企业是否难以获得所列国家/地区适用法规的信息。⑤质量/性能标准是否影响企业的产品出口能力。该研究发现，对问题⑤持肯定回答的企业通常仅活跃在有限的出口市场，特别是外包企业。回答问题①的时间越长，越会降低企业的出口倾向，且农产品企业比制造业企业面临更为复杂的测试程序和更长的检验时间。对问题③和④持肯定回答的企业显著降低了出口。出口市场的多重标准是潜在出口企业的挑战，会阻碍企业进入特定出口市场。大企业通常比小企业出口到更多的国家，因为大企业具有一定的多重标准遵循能力。

盖涅和拉鲁（Gaigne and Larue，2016）研究了全球经济中的质量标准、产业结构和福利，考察当企业能够开发出比公共标准质量更高的私有标准时，最低质量标准对产业结构、贸易和福利的影响。研究在企业贸易模型中引入垂直差异，即企业的生产率不同且并非合作地选择产品的质量和价格。较高的公共标准会提高受约束和不受约束的企业设定的

① Sánchez G, Alzua M L, Butler I, 2010: "The impact of technical barriers to trade on argentine exports and labor markets", *Global Exchange and Poverty*, Edward Elgar Publishing.

② Chen M X, Otsuki T, Wilson J S, 2006: "Do standards matter for export success?", *World Bank Policy Research Working Paper*, No. 3809.

价格，但两类企业对企业产出的影响通常不明确。研究认为，生产率最高的企业提高其私有标准并享受更高的利润，但代价则由生产率较低的企业承担。在低生产率的国内企业由于更好的资源配置而高度集中的情形下，公共标准可以增加福利。切尔尼奇安和纳贾尔（Cherniwchan and Najjar，2022）还研究了空气质量标准对企业出口的影响。为考察空气质量标准对出口商的影响，学者们开发理论模型来说明这些标准的设计如何导致一些出口商停止出口贸易，以及受影响出口商的出口量持续减少。研究利用加拿大空气质量标准设计产生的准实验变化，对这些预测进行实证检验。实证结论支持理论模型的预测：对于受影响最严重的制造商，监管减少约32%的出口量，使外贸企业停止出口的可能性增加约5%。

关于农产品公共监管标准是贸易壁垒还是贸易催化剂的辩论，对于经常采用标准的发展中国家尤其重要。目前关于监管标准贸易效应的证据并不明确，库尔齐等（Curzi et al，2020）研究了标准、贸易边际与产品质量，提供了来自秘鲁公司层面的经验证据。该研究结合秘鲁企业层面出口数据，重点分析不同类型农业食品标准所产生的贸易效应的异质性。特别是限制性程度不同的标准，如在最严格的非关税壁垒上提出的特定贸易关注（Specific Trade Concerns，STC）及产品质量升级。结果表明，只有限制性最强的非关税壁垒显著限制秘鲁企业的农产品出口，影响了贸易概率、企业退出和出口量，定期的SPS措施可促进贸易。研究揭示了非关税壁垒对不同规模企业相关效应的异质性，表明只有最严格的标准才能导致产品质量的提升[①]。同时，科尔梅林克（Kormelinck，2021）从乌拉圭食品供应链出发考察质量标准如何影响农食贸易契约安排。研究基于交易成本理论框架，对乌拉圭的乳制品和柑橘部门进行定性双案例研究，包括对加工者采用的所有现行公共和私有质量标准，以及涉及加工者与上游生产者以及各部门下游购买者之间的契约安排，旨在分析质量或品质标准对食品供应链契约安排的影响。研究发现，质量标准补充了上游交易的契约安排形成层级型契约安排；同时，质量标准取代了下游交易的契约安排形成市场型或混合型契约安排。这些契约安排还会随时间而发生变化。从实际意义来看，供应链参与者可通过使质量标准与适当的契约安排保持一致来降低交易成本，并得到公共工具的进一步支持。此外，质量标准对不同类别潜在交易的影响与交易在供应链中的位置有关，因此对契约安排的影响也有不同。

---

① 傅伟（2017）认为，国际货物标准（如品质标准等）发展产生了负面的经济效应。在中国标准的演进过程中，存在更为重视数量而不注重质量的现象。

（四）技术标准分析

学者们通过研究全球移动通信行业的专利分配策略，考察技术标准对生产网络治理结构的影响[①]。通过对全球移动通信系统（Global System For Mobile Communications，GSM）和码分多址（Code Division Multiple Access，CDMA）两种移动通信技术标准的比较分析，学者们发现存在显著不同的专利分配策略，这导致在看似相似的生产网络中存在不同的治理结构和权力关系。此外，GSM标准和CDMA标准制定和实施表现出不同的社会制度过程，其在很大程度上促成了这种不同的治理结构。学者们强调专利分配策略在影响价值链治理中的作用，并提供技术标准的动态视图。与此同时，学者们提出技术标准和技术创新是影响市场竞争的核心因素[②]。技术标准化在提升竞争优势、完善产业创新体系、促进信息和通信技术发展等方面发挥着重要作用，是帮助建立标准体系和制定产业政策的关键。通过对协同机制和外部因素的分析，研究提出新概念模型，即包括技术标准与技术创新的相对运动模型和技术标准与产业技术创新的波动模型。学者们认为高质量的技术创新可以促进技术标准的提高，而广泛实施的高水平技术标准可以促进技术创新。技术标准化与产业技术创新之间存在协同效应。

夸克等（Kwak et al，2015）认为技术追赶是缩小领先者和追随者之间技术能力差距的过程。发展中国家可以赶超战略为中心实施技术赶超，根据世界贸易组织的基本原则，针对本土企业进行优化。研究考察技术标准追随国在法律制度化方面与领先国的区别，以及如何促进追随国本土企业的技术追赶。学者们认为企业的技术标准对策对于希望实现技术扩散的发展中国家而言尤为重要。在标准必要专利（Standard-Essential Patents，SEP）领域，技术标准领先国和追随国的立场存在鲜明对比。发展中国家在估算标准必要专利的许可费时，会在估算标准和方法上有所调整。发展中国家通常倾向于帮助本国企业支付较低的许可费，从而实现快速增长。

自20世纪80年代以来，各国一直寻求协调经济贸易领域的技术标准，以促进货物、服务和金融的跨境流动。如世界贸易组织的创始协议

---

① Wen H，Yang D，2010："The missing link between technological standards and value-chain governance：The case of patent-distribution strategies in the mobile-communication industry"，*Environment and Planning A-Economy and Space*，42（9），2109-2130.

② Jiang H，Zhao S K，Zhang Y，et al，2012："The cooperative effect between technology standardization and industrial technology innovation based on Newtonian mechanics"，*Information Technology & Management*，13（4），251-262.

对服务、知识产权和投资领域的标准进行统一。然而，世界贸易组织双边贸易谈判较长时期以来一直陷入僵局。美国参与竞择法院（Forum Shopping），利用双边、区域和多国层面的优惠贸易协议来协调国际标准。卡特赖特（Cartwright，2019）研究认为通过竞择法院行为，美国实现了对维护美国产业商业利益标准的支持，而非鼓励跨境经济交流的标准。此外，由于权力不对称在优惠贸易谈判中更为明显，签署包括监管协调在内的贸易协定对中小权力国家尤为不利。如《美国—澳大利亚自由贸易协定》（*US-Australia Free Trade Agreement*）的签署就提供了例证。在《美国—澳大利亚自由贸易协定》签署之前、签署期间和签署之后，澳大利亚现有技术保护措施标准均比美国式标准更受欢迎。然而，由于贸易协定，美国标准开始在自由贸易协定签署国内部生效并扩散。

学者研究了共享可再生资源和技术标准下的贸易收益[①]。该研究利用两国贸易模型，分析了共享可再生资源（如渔业资源）国家间的贸易收益和资源管理战略互动。模型假定存在两类商品：一类是资源性商品，能够从共享资源存量中获益，资源性商品的生产率取决于捕获技术和可再生资源量；另一类是制造业产品。渔业中最常见的技术标准涉及渔具、船只、区域和时间限制等领域，而非其他资源管理方式。在模型中用技术标准描述捕获技术，认为严格的技术标准如同使用不适合的捕获技术。研究发现，贸易开放可能会减少资源性商品进口国的共享可再生资源，导致资源性商品出口国的稳态效用增加，而资源性商品进口国的稳态效用减少。当共享可再生资源存量处于危险状态（对捕获的高需求）时，通过多边资源管理能够实现贸易开放后的稳态收益最大化，且两国均能从贸易中获益[②]。

（五）产品标准分析

对国家产品标准的争议是国际贸易谈判中紧张局势的主要根源。通常认为，新产品标准会对出口商提出挑战，构成潜在的贸易壁垒。学者们因此研究产品标准、贸易争端和保护主义议题。研究建立了描述两国

[①] Takarada Y, Dong W, Ogawa T, 2020: "Shared renewable resources and gains from trade under technology standards", *Review of Development Economics*, 24（2），546-568.

[②] 杨丽娟（2013，2014，2019）研究认为，技术标准对中美双边贸易规模具有影响。强制性国家标准、自愿性国家标准分别对中国向美国的出口、中国来自美国的进口产生负面影响，后者对进口贸易的抑制效应小于前者对出口贸易的抑制效应。自愿性国家标准、强制性国家标准均促进了中国向美国的出口，后者的边际促进效应大于前者。自愿性国际标准同时有利于中美贸易盈余。为促进对外贸易发展，中国应保障国家标准的编制质量，优化国家标准体系结构，提高国家标准化体系的国际化水平。

标准制定的政治代理模型。研究结果表明，存在政治均衡的可能结果，其中进口国平均而言采用比出口国更严格的标准。这种差异可能是由于出口国的标准过于宽松或进口国的标准过于严格而造成的。学者们还研究了生产标准、竞争与纵向关系，考察在垂直食品供应链中考虑农民和加工者的竞争行为时双方对集体生产标准的选择①。基于在垂直链中使用标准限制供应和在农民和加工者之间转移租金的战略动机，研究认为，严格产品标准可以提高农民的利润但以牺牲加工者的利益为代价。在标准对可变成本的影响大于对固定生产成本的影响时，或者消费者对最终产品的需求缺乏弹性时，抑或加工者拥有高度的寡头垄断能力时，均会出现这类情况。

在当今社会，需要扩大环境政策中采用的传统点源、基于风险的方法，以开发更多关注产品扩散排放和消费增长问题的解决方案。虽然许多工业化国家的点源污染已大幅减少，废物、化学品等扩散性环境问题有待解决。以产品及其生命周期为目标提供了解决这些问题的综合方案。随着产品链日益国际化，决策面临的挑战也在增加。国家政策用途有限，经常受到采用自由贸易论据的行为者的挑战。达尔哈马尔和范罗瑟姆（Dalhammar and van Rossem，2010）研究了生命周期思维、产品标准和贸易，考察是否能在不同的政策目标之间实现平衡。标准日益重要，引发诸多与环境和贸易有关的问题。学者们讨论了部分相互冲突的政策目标之间存在的紧张关系，认为在最基本的层面上往往存在四方面紧张关系：第一，在大多数情况下，标准化是一个行业驱动的过程，更多地使用标准而非强制性法规可能会增强行业的力量，而政府和公民的利益则会受到损害，因为政府和公民接触标准制定机构的机会可能有限。关于消费者和环境利益集团如何更好地利用标准制定过程有较多讨论。第二，如何以有意义的方式将解决产品生命周期问题对环境影响的环境标准进行整合。第三，工业化国家采用的产品标准如何影响发展中国家的供应商，并可能对市场准入构成障碍，而发展中国家很少或根本没有咨询。第四，行业对全球标准的合理偏好（从贸易角度来看有益）与需要让某些国家制定更严格的标准并充当政策创新者之间存在着紧张关系。学者

---

① Yu J Y, Bouamra-Mechemache Z, 2016: "Production standards, competition and vertical relationship", *European Review of Agricultural Economics*, 43 (1), 79–111.

们研究了关税和环境政策与产品标准[1]。对于一个以消费为基础的产生污染排放的小型开放经济体，首选最佳对策是自由贸易和征收庇古排放税。因此，只要初始关税相对较高，以排放税取代关税的一揽子协调税制改革就可以降低污染排放，增加市场准入，从而改善居民福利和政府收入。数值模拟证实了学者们的理论分析结果。

2006年5月11日，欧盟做出关于打火机的决定，仅允许具有防儿童开启装置的打火机投放市场。学者们将其视为一项自然试验，研究产品标准对出口质量的影响。研究基于中国HS-8数字产品级贸易数据和三重差分法来分析产品标准是否会导致产品质量的提高，并得出肯定结论[2]。费尔南德斯等（Fernandes et al, 2019）研究产品标准对企业出口决策的影响。该研究使用两个新数据集，第一个数据集涵盖42个发展中国家所有出口企业的信息。第二个数据集包括2006—2012年80个进口国243种农产品和食品的农药标准数据。研究表明，产品标准对发展中国家企业的国外市场准入有显著影响。与出口国相比，目的国标准严格程度的提高会降低企业出口的可能性，阻止发展中国家的出口企业进入新市场，并促使其退出现有市场。与大型出口企业相比，目的国标准对企业市场进入和退出决策的这一负面影响对小型出口企业而言更大。学者们还以中国强制性认证（China Compulsory Certification，CCC）为案例，研究强制性认证计划如何影响中国进口[3]。结合中国海关数据并采用双重差分法考察中国强制性认证对进口的影响，研究结果发现，强制性认证增加了中国需要认证的产品的市场准入。强制性认证监管进口促进效应源于集约边际效应的增加，而非广延边际效应的增加。产品质量在强制性认证监管对中国进口的影响中并未发挥显著的中介作用。

有机农业是一种具有高度环境保护和动物福利的可持续农业体系。2015年，世界有机农业面积为5090万公顷，其中大洋洲是最大的区域生产国，有机农业面积2280万公顷；非洲是最小的区域生产国，有机农业面积170万公顷。虽然有机农业并不是非洲农业的唯一解决方案，但其不涉及化学投入，符合可持续经济发展。有机农业领域有不同的私有标

① Chao C, Laffargue J, Sgro P M, 2012："Tariff and environmental policies with product standards"，*Canadian Journal of Economics/Revue Canadienne Déconomique*，45（3），978-995.

② Hu C, Lin F Q, 2016："Product standards and export quality：Micro evidence from China"，*Economics Letters*，145（4），274-277.

③ Wang X J, Zhang X Q, Meng D, et al, 2022："The effects of product standards on trade：Quasi-experimental evidence from China"，*Australian Economic Review*，55（2），232-249.

准，并非所有非洲国家都制定了国家有机标准，也没有泛非洲有机标准。林姆和奥迪勒（Lim and Odile，2018）讨论了通过泛非洲有机产品标准解决作为贸易壁垒的有机标准扩散的必要性，并鼓励制定协调的国内产品标准。研究考察、审查了泛非洲有机标准的前景及其局限性，并就此类标准的制定、内容和实施以及支持非洲有机农业的国家措施提出建议。此外，学者们基于可以签订自由贸易协定的国际寡头垄断三国模型，研究国内产品标准内生是否可以控制负的消费外部性[①]。研究主要关注自由贸易协定下产品标准和福利水平如何受到影响，以及标准的协调如何影响自由贸易协定的相关效应。研究发现，如果偏好不对称或跨界外部性较弱，自由贸易协定会使产品标准更加严格。在这种情况下，自由贸易协定并不必然让成员国得到改善，但自由贸易协定会让非成员国得到改善。研究还表明，协调自由贸易协定成员国之间的标准会使该协定更加有利。

二、标准一致化与贸易分析

利用世界银行关于纺织品、服装和鞋类行业欧盟产品标准数据库的研究发现，标准一致化有利于促进贸易的广延边际[②]。学者们关注由欧洲标准化委员会（CEN）发布的标准。尽管企业自愿遵守标准，但这些标准的经济影响不容忽视[③]。研究结果表明，欧盟标准数据会影响贸易伙伴国的出口品种。某一具体部门的标准量通常负面影响贸易伙伴国出口的品种范围，但其影响随出口国的收入水平不同而存在显著差异。学者们关于标准一致化影响贸易的研究拓展了有关贸易广延边际的实证研究范围。胡梅尔斯和克莱诺（Hummels and Klenow，2005）认为，较大和较富裕的国家通常有更广的产品出口范围，那些国际运输成本较低的国家也是如此。

学者进一步推进针对欧盟标准与贸易的研究，为两个重要假说提供实证支持（表5-1）：第一，标准对人均收入水平较低出口国企业的负面影响更大；第二，进口国采用与国际标准统一的标准能够减轻这一负面

---

① Yanase A，Kurata H，2022："Domestic product standards，harmonization，and free trade agreements"，*Review of World Economics*，*Review of World Economics*，158（3），855-885.

② Czubala W，Shepherd B，Wilson J S，2009："Help or hindrance? The impact of harmonized standards on African exports"，*Journal of African Economies*，18，101-120.

③ Moenius J，2004："Information versus product adaptation：the role of standards in trade"，*SSRN Electronic Journal*，54（4），1-41.

影响①。为考察标准的国际一致化对贸易广延边际的影响，相关研究基于多样性测度方法②构建覆盖200多个国家的出口多样性测度指标。鉴于纺织、服装和鞋类行业对于工业化初期经济体的重要性，这些发现具有重要意义。基于异质企业框架对这些结果的分析表明，对于生产率较低的企业而言，标准一致化可成为促进外国市场准入的有效途径，因为其会导致出口生产率的下降。可预期与国际标准保持一致将鼓励发展中国家中小企业的出口。如果进口国希望为发展中国家的出口提供动力，可以考虑通过与国际标准保持一致来对更多的关税优惠和更开放的原产地规则进行补充。

表5-1　标准一致化贸易效应的相关研究成果

作者	变量		变量描述	研究期	数据库
Shepherd and Wilson (2013)	被解释变量	Exports	出口国对进口国的出口价值，按HS4标准衡量	1995—2003	EURO-STAT
	标准变量	ISO	HS4中与ISO标准一致的CEN标准量	1995—2003	EUSDB
		NonISO	HS4中与ISO标准不一致的CEN标准量	1995—2003	EUSDB
	控制变量	Border	描述出口国和进口国是否具有共同陆地边界的虚拟变量		CEPII
		Colony	描述出口国和进口国是否曾经处于殖民关系的虚拟变量		CEPII
		Language	描述出口国和进口国是否使用共同语言的虚拟变量（官方语言）		CEPII
		RTA	描述贸易国是否属于同一区域贸易协定的虚拟变量	1995—2003	Authors

注：Shepherd B，Wilson N L W，"Product standards and developing country agricultural exports：The case of the European Union"，*Food Policy*，2013，42：1-10.

---

① Shepherd B，2015："Product standards and export diversification"，*Journal of Economic Integration*，30（2），300-333.

② Feenstra R，Kee H L，2008："Export variety and country productivity：Estimating the monopolistic competition model with endogenous productivity"，*Journal of International Economics*，74（2），500-518.

（一）南北标准一致化分析

在考察由发达国家制定发展中国家私有标准的文献逐步增长的同时，也出现了一种新兴的反趋势，即对制定标准的日益关注。主要原因在于，从南方角度而言全球标准缺乏合法性。斯考滕和比策尔（Schouten and Bitzer，2015）研究了农业价值链中南方标准的出现是否体现了可持续性治理的新趋势。研究考察了全球农业价值链中南方标准的出现对全球可持续治理的影响。研究从合法性的角度来分析在印度尼西亚和马来西亚棕榈油、巴西大豆和南非水果生产中新出现的南方标准。研究表明，与北方标准相比，南方标准既面向不同的受众获取合法性，又依赖不同的合法性来源。这样可以在认知和道德层面与北方标准保持适当距离，并最终进入北方标准所主导的议题领域。

经济一体化协定（Economic Integration Agreements，EIA）和非关税措施的发展激增，越来越多的经济一体化协定涉及非关税管理的规定，但文献中很少关注非经济一体化协定背景下关税壁垒对贸易自由化的影响。有研究着重分析技术壁垒南北标准一致化是否影响国际贸易，旨在考察南北经济一体化协定中标准一致化对南方国家（发展中国家）在世界经济中贸易一体化的作用[1]。学者区分了标准一致化对南南贸易与南北贸易的影响。研究发现，在与环境影响评价等标准规定相结合的深入一体化过程中，南北贸易的扩大以牺牲非南方集团伙伴的贸易为代价。基于区域标准一致化的协调对南方国家向北方国家的出口产生负面影响。

学者推进了针对欧盟标准与贸易的分析，为两个重要命题提供了实证支持：第一，对于人均收入水平较低的出口国，标准对外贸出口企业的负面影响更大；第二，这些负面影响可通过进口国采用与国际标准一致化的标准予以减轻[2]。研究发现，标准一致化有利于提高贸易的广延边际[3]。这些标准由欧洲标准化委员会发布。尽管遵守法律规定是自愿的，但这些标准有可能产生重大的经济影响[4]。某一部门的标准总数通

---

① Disdier A，Fontagne L，Cadot O，2015："North-South standards harmonization and international trade"，*World Bank Economic Review*，29（2），327-352.

② Shepherd B，2015："Product standards and export diversification"，*Journal of Economic Integration*，30（2），300-333.

③ Shepherd B，Wilson N L W，2013："Product standards and developing country agricultural exports: The case of the European Union"，*Food Policy*，42（2），1-10.

④ Moenius J，2004："Information versus product adaptation: the role of standards in trade"，*SSRN Electronic Journal*，54（4），1-41.

常与伙伴国出口的品种范围负相关，但其影响因出口国的收入水平而显著不同。

（二）区域标准一致化分析

米哈莱克等（Michalek et al，2005）并未计算或量化标准本身，而是分析通过采用三种不同的通用欧盟政策方法以应对技术性贸易壁垒对新成员国与中欧和东欧国家（Central And Eastern European Countries，CEEC）贸易的影响。三种政策方法分别是标准一致化、新方法和相互承认标准。该研究使用欧盟八位数双边贸易数据以及来自欧盟委员会技术贸易壁垒的数据①，对具体行业构建反映这三种政策方法中一种或多种方法的使用情况②。研究结果发现，如果采用标准一致化或新方法以消除技术性贸易壁垒，贸易流量会明显增加。如果采用相互承认标准的方法以消除技术性贸易壁垒，贸易流量会减少。尽管相互承认标准被认为是克服技术性贸易壁垒最有效的方法，但该研究的发现并不支持这一观点。学者认为所能够观察到的减少技术性贸易壁垒的措施并未反映出政策选择影响贸易流量的因果关系，而是反向因果关系。当贸易流量相对较低而技术性贸易壁垒本身较低时，贸易国通常会选择标准相互承认的做法，因为实施其他政策以获得收益的挑战更大。

学者应用不同方法研究区域标准协定对贸易的影响。部分研究没有采用标准文献数据库或ISO 9000系列国际标准的扩散数据，而是使用相互承认协定（Mutual Recognition Agreement，MRA）和标准一致化协定的相关信息来评估法规和标准的国际协调程度③。研究划分了签订区域协定（MRA或标准一致化）的区域以及两种类型的局外人：发达国家（在研究中为经合组织国家）局外人和其他国家局外人，如图5-1所示。该模型的含义是，区域内的相互承认协定或标准一致化会对A国和B国、A国和C国，以及A国和D国之间的贸易产生不同影响。

---

① 欧盟委员会报告了欧洲单一市场计划在每个行业中采取的旨在减少技术性贸易壁垒的方法。

② 一些行业中使用了不止一种方法。

③ Swann，2010："The economics of standardization：An update report for the UK department of business，innovation and skills"，ISO Research Library.

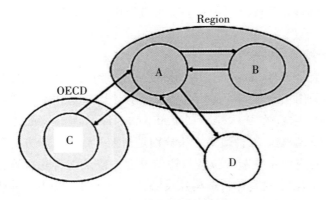

图5-1 区域标准协定和贸易

注：Swann，2010："The economics of standardization：An update report for the UK department of business，innovation and skills"，ISO Research Library.

学者结合引力模型与来自28个经合组织国家和14个非经合组织国家的双边贸易数据[1]对区域标准一致化的贸易效应进行研究[2]，该研究根据相互承认协定和标准一致化协定中的数据对标准进行测度。相互承认协定变量为二值变量，表明在某年某产品中两国之间是否存在相互承认协定，如果有则变量值为1，否则为0。标准一致化变量依据某年影响某产品贸易的标准协调指令的数量建立。研究发现，标准一致化相关协定会增加区域协定成员国之间的贸易，如A国和B国的贸易，但并不必然增加A国与其他国家之间的贸易，如A国与C国或D国的贸易。在一些情形下，一致标准增加非区域协定成员国（如D国，在研究中代表发展中国家）向该区域的出口。原因在于，与D国（发展中国家）惯用的标准相比，区域协定中确定的一致标准相对更为严格。对于已经熟悉严格标准的国家而言（如C国），标准一致化带来的收益超过标准的遵循成本。区域标准一致化的净收益表现为增加C国对该区域的出口，减少D国向该区域的出口。标准互认协定通常给B国、C国和D国带来更多收益，区域内贸易（A国和B国）和来自该区域以外的发达国家的出口（C国和A国）以及来自发展中国家的出口（D国和A国）都将增加，除非相互承认协定包含限制性原产地规则等。在这一特殊情形下，如果相互承认协定中包含限制性原产地规则，则向该地区出口的增加将以牺牲世界其他

---

① 这些数据涵盖了来自经济各部门的国际贸易标准分类（SITC）三位数产品类别。

② Chen M X，Mattoo A，2008："Regionalism in standards：Good or bad for trade?"，*Canadian Journal of Economics/Revue Canadienne Déconomique*，41（3），838-863.

国家（尤其是发展中国家）贸易为代价。

范考特伦和魏瑟布斯（Vancauteren and Weiserbs，2009）还针对欧盟标准法规协调对其内部贸易的作用进行研究。研究结果发现，1990—2001年，欧盟食品标准法规的统一使欧盟内部的整体食品贸易增加约三分之二，水果和蔬菜的贸易增加约三分之一。欧盟标准法规的一致化在解释欧盟内部制造业贸易增长方面发挥积极且在统计水平上显著的作用。欧盟标准法规的一致化对整个欧盟内部食品贸易也具有积极和显著的影响。有研究基于26个经合组织国家和22个非经合组织国家在电信设备和医疗器械两个部门的双边贸易，考察区域标准协定对贸易的影响[1]。数据库包含8项与医疗设备相关的相互承认协定信息、14项与电信设备相关的相互承认协定信息，以及22项欧盟标准协调协定和19项东盟标准协调协定的数据资料。实证方法与已有研究[2]类似，即构建相互承认协定变量描述区域标准协定。如果某年两国有相关标准协调协定，则该变量取值为1，否则为0。此外还包括其他两个二元变量：①A国是否属于标准协调区，C国是否属于标准协调区，C国是否为经合组织国家；②A国是否属于标准协调区，D国是否属于标准协调区，D国是否为经合组织国家。研究结果表明，相互承认协定对这些国家的出口概率和贸易额均有积极影响。贸易伙伴国之间（A国和B国）相关标准协调协定的协调程度对贸易模式的影响并不显著。第三方经合组织国家通过增加出口（C国和A国）从区域协调协定中受益，第三方发展中国家并未通过增加出口而从区域协调协定中受益。

从2010年以前关于区域标准一致化与贸易发展的研究来看[3]，其中范考特伦和魏瑟布斯（Vancauteren and Weiserbs，2005）、亨利·德·弗拉汉和范考特伦（Henry de Frahan and Vancauteren，2006）对法规效力开展研究；巴勒尔（Baller，2007）[4]、陈和马托（Chen and Matto，2004）集中于标准或法规的效力。这四项研究都估计了双边贸易模型，三项研究使用了关于相互承认协定和标准协调措施数据的相关变量，一

① Baller S, 2007: "Trade effects of regional standards liberalization: A heterogeneous firm's approach", *World Bank Policy Research Working Paper*, No. 4124.

② Chen M X, Mattoo A, 2008: "Regionalism in standards: Good or bad for trade?", *Canadian Journal of Economics/Revue Canadienne Déconomique*, 41 (3), 838-863.

③ Swann, 2010: "The economics of standardization: An update report for the UK department of business, innovation and skills", ISO Research Library.

④ Baller S, 2007: "Trade effects of regional standards liberalization: A heterogeneous firm's approach", *World Bank Policy Research Working Paper*, No. 4124.

项研究采用了描述欧盟贸易技术壁垒政策方法的变量①。其中两项研究发现，欧盟法规的统一带来了欧盟内部制造业商品和食品贸易的增加。另两项研究发现，相互承认协定通常比区域协调措施对贸易产生更大的促进作用。区域标准协调统一有助于经合组织国家增加对该区域的出口，但可能会阻碍外部国家（尤其是发展中国家）向该区域出口。与此同时，共同农业政策（Common Agricultural Policy，CAP）是欧盟法律体系中最具活力的部分，也是一体化的推动力之一。塞库利奇等（Sekulic et al，2018）研究了塞尔维亚农业政策与欧盟标准一致化进程。该研究基于比较研究方法，对欧盟在具体领域的标准、塞尔维亚农业政策与欧盟标准的协调程度，尤其是有关一国加入欧盟的制度和立法约束进行讨论②。农业政策在欧盟整体经济中的作用和意义是确保人口健康、农村发展和环境保护。农业政策之所以出现，是因为长期以来有关西欧各国的国家农业政策需要相互协调持续讨论，并确保二战后向欧洲人口提供更多的粮食。由于农业对经济稳定和可持续发展的特殊重要性，协调国家政策与欧盟共同农业政策至关重要。在一国加入欧盟的过程中，采用和适用的法律和体制安排均需充分尊重和考虑国家农业政策的特殊性，否则会对无法满足欧盟要求的相关国家农业企业的综合生产带来持续的不利影响。

　　学者使用引力模型的分析显示，双边一致标准（在某些情况下还包括特定的国家标准）会促进贸易，但其结果未区分国际上统一的标准和国际上并未统一的标准③。另有两篇经验论文研究标准一致化对第三国的影响，重点考察标准一致化对贸易边际的效应。有学者基于引力模型研究欧盟协调指令和相互承认协定如何影响欧洲内部和外部贸易④，也有学者采用相同的方法并使用欧盟和东南亚国家联盟（Association of Southeast Asian Nations，ASEAN）标准协调与互认协定数据⑤。实证结果表明，标准一致化促进了标准协调国家之间的贸易以及从第三国的进口。一些国际标准协定会增加当事方彼此进行贸易的可能性，但降低与非当事方

①　Swann，2010："The economics of standardization：An update report for the UK department of business，innovation and skills"，ISO Research Library.

②　在国内研究中，刘明亮（2011）认为，签署区域贸易协定的情况下，标准一致化对区域外发达国家出口的效应相对有限，对区域外发展中国家出口的效应则更大。

③　Moenius J，2004："Information versus product adaptation：the role of standards in trade"，*SSRN Electronic Journal*，54（4），1-41.

④　Chen M X，Mattoo A，2008："Regionalism in standards：Good or bad for trade?"，*Canadian Journal of Economics/Revue Canadienne Déconomique*，41（3），838-863.

⑤　Baller S，2007："Trade effects of regional standards liberalization：A heterogeneous firm's approach"，*World Bank Policy Research Working Paper*，No. 4124.

进行贸易的可能性。研究通过重点关注产品种类并利用欧洲标准化委员会发布的标准扩展了研究结论。

对有机产品日益增长的需求扩大了有机产品的国际贸易。与此同时，标准逐步明确有机生产和产品标签的确切要求，有机产品标签日益受到法律保护。虽然私有产品最先出现，但许多国家也推出有机标准认证，其中相当一部分以公共监管的形式出现。大量可用的标准、标签和认证形成较为复杂且分散的法规体系。制度之间的重复和重叠造成遵约问题和贸易壁垒。由于缺少对有机标准的全面协调，各国政府、贸易商和认证机构不得不寻求复杂的机制以促进贸易。这些机制包括合规性、等效性和基于相互承认的机制，另一条被公认为能够克服监管复杂性问题的途径是区域化。佩克德米尔（Pekdemir，2018）研究了区域有机标准监管对贸易的影响。研究考察了迄今为止在欧盟、东非、中美洲、太平洋和亚洲建立的公共和区域标准。通过访谈和文献分析，研究对区域化承诺是否能使有机标准监管领域更具凝聚力、是否有利于区域和国际贸易进行评价。研究结果表明，区域化作为一种治理制度有助于规范的一致性，同时允许对有机标准进行区域调整。如果执法不力以及法律、政治和资金资源分配不充分，旨在实现贸易收益目的的标准制度协调会受到严重危害。

（三）国际标准一致化分析

学者对发达国家市场的系列产业进行研究，分析标准在具体产业领域影响的异质性。研究发现在非制造业产业部门如农业领域中，标准的双边一致化通常会促进贸易，而一国特有的国家标准会表现出贸易抑制效应[1]。针对欧盟标准影响非洲国家纺织品、服装和鞋类出口的研究发现，欧盟标准抑制非洲国家向欧盟的相关产品出口，但与国际标准一致的欧盟标准则没有表现出贸易抑制效应[2]。产品标准与国际标准的一致化会影响贸易的广延边际，标准一致化与发展中国家适应标准产生的固定成本对于发展中国家向发达国家出口具有同样的重要性。

谢泼德和威尔森（Shepherd and Wilson，2013）研究发现，欧盟食品和农产品市场上的私有产品标准具有显著的贸易效应。对于发展中国家的易腐或轻加工类商品而言，欧盟标准通常表现出贸易抑制性。与国际

---

[1] Moenius J，2004：“Information versus product adaptation: the role of standards in trade”，*SSRN Electronic Journal*，54（4），1-41.

[2] Czubala W，Shepherd B，Wilson J S，2009：“Help or hindrance? The impact of harmonized standards on African exports”，*Journal of African Economies*，18，101-120.

标准一致的欧盟标准，即等同于 ISO 系列国际标准的欧盟标准，对于欧洲食品和农产品贸易的抑制效应要弱很多。在一些情况下，这类欧盟标准具有贸易促进效应。与国际标准一致化的欧盟标准，通常具有更弱的甚至轻微正面的贸易效应。与国际标准不一致的标准即欧盟特有标准，则更多表现出对贸易的抑制作用。研究同时发现，标准一致化对贸易的影响在不同部门存在异质性，在欧盟特有标准对轻加工产品的负面影响方面表现尤为明显。尽管欧盟加工食品部门存在相当大规模的标准存量，但更高度加工的产品更少受到欧盟标准的影响。此外，该研究还发现在轻加工食品领域，欧盟特有标准对发展中国家出口企业的负面影响要大于对发达国家出口企业的负面影响。

中国已经成为世界农食产品出口大国。根据联合国贸易商品统计数据库（COMTRADE）的显示，中国农食产品的出口价值从 1992 到 2008 年增长超过三倍。与此同时，粮食安全问题也成为当前关注的热点问题。无法保证质量的农食产品会给本国消费者和国外消费者的健康带来风险。通常认为，国际标准是应对农食产品质量安全风险的重要工具。农食产品领域有标准存在要优于标准缺失的情况。因此，曼格尔斯多夫等（Mangelsdorf et al，2012）结合中国标准数据并区分自愿性标准和强制性标准，进一步按照该项标准是否在采用国际标准的基础上制定将其划分为中国特有标准和与国际一致标准，研究自愿性特有标准、自愿性一致标准、强制性特有标准、强制性一致标准等对中国农产品和食品出口的影响。研究数据集涵盖研究期（1992—2008 年）中国七类农产品和食品贸易。研究发现，标准对中国农产品和食品的出口规模有积极影响。标准在减少潜在的信息不对称和信号传递方面获得收益，增强了食品安全；中国标准在国外市场发出的质量信号效应超过了标准的遵循成本效应。研究结果表明，当中国标准与国际标准实现一致化时，其对农产品和食品出口的正面效应更大。与特有标准相比，国际一致标准对中国农食产品出口的影响更为明显。因此，中国将国内标准和法规建立在国际规范和标准的基础上，能够获得来自标准国际化和标准一致化的贸易收益。中国和其他发展中国家应积极参与国际标准化活动，并提高在采用国际标准基础上制定的国家标准规模和比重。

有学者利用世界银行的纺织品、服装和鞋类行业欧盟产品标准数据库，研究标准一致化与贸易广延边际之间的关系[①]。这些标准由欧洲标准

---

① Shepherd B，2015："Product standards and export diversification"，*Journal of Economic Integration*，30（2），300–333.

化委员会发布，尽管标准对于贸易企业而言为自愿遵循，但这些标准对贸易的影响非常显著。截至2006年底，欧洲标准化委员会发布了12357项标准和批准的文件，另有3510项在编制中。研究结果被视为是对以往欧洲共同体（European Community，EC）协调指令工作的补充。研究假设与国际标准一致的标准可减轻出口企业面临的固定成本负担，从而鼓励更大的市场准入并相应增加进口方面的产品种类。研究结果为标准的国际一致化与贸易广延边际之间的联系提供了证据。此外，出口国的收入水平（表征其适应国外标准的能力）会影响标准的效果。对平均低收入国家而言，欧盟标准总量减少1%，出口多样性将增长0.6%；与国际标准一致的欧盟标准增加1%，出口多样性将增长0.8%。标准对贸易广延边际的这种影响对于高收入国家而言较弱，甚至相反。这些结果与标准在发达国家占主导地位的信息传递效应、在发展中国家占主导地位的遵循成本效应的观点相一致。[1]

　　卡雷梅拉等（Karemera et al，2020）从国家层面研究美欧统一食品安全标准对美国果蔬出口的影响。研究认为，包含标准一致化在内的全面贸易协定可以加强美国和欧盟之间的农业贸易。该研究利用美国各州的季度双边果蔬贸易数据并结合引力模型和概率单位回归（Probit）开展实证分析。研究发现，最大残留限量标准（Maximum Residue Limit，MRL）的严格程度每降低10%，将促进美国向欧盟果蔬出口贸易增加约5%。如果最终的美欧贸易协定包含针对最大残留限量标准一致化的有关条款，将使美国每年向欧盟出口的果蔬贸易额达到约4.73亿美元。美欧双方在食品安全标准、卫生与植物检疫等非关税壁垒方面的合作将显著扩大果蔬贸易。此外，学者们研究了欧盟标准国际协调对发达国家与发展中国家进出口贸易的影响[2]。该研究以欧盟为重点，研究农产品标准缺乏国际协调对国际贸易流动的影响。欧盟具有高度的贸易保护主义特征，因此成为理想的研究对象。研究采用非关税措施加总指数来衡量各国保护主义水平的差异，该指数主要针对各国允许的农产品农药和兽药最大残留限量的数据。学者将国家标准的限制性与食品法典委员会（Codex Alimentarius Commission，CAC）标准的限制性进行比较，后者被认为具

　　① Moenius J，2004："Information versus product adaptation：The role of standards in trade"，*SSRN Electronic Journal*，54（4），1–41.

　　② Curzi D，Luarasi M，Raimondi V，et al，2018："The（lack of）international harmonization of EU standards：Import and export effects in developed versus developing countries"，*Applied Economics Letters*，25（21），1552–1556.

有非保护主义性质。研究发现，欧盟已成为最严格的标准制定者。欧盟实施更严格的标准对来自发展中国家进口的影响尤为明显。无论向欧盟出口的发展中国家经济发展水平和标准水平如何，遵循欧盟的高标准都会对其向欧盟出口产生促进作用。[1]

（四）标准一致化与全球价值链分析

联合国2019年《全球价值链发展报告》指出，各国贸易已经形成商品、服务、资本和技术跨国界流动的复杂网络。世界银行发布的《2020年世界发展报告：在全球价值链时代以贸易促发展》对全球价值链做出明确定义，即产品和服务在生产及出售过程中所涉及的使产品增值的一系列阶段，其中至少有两个阶段在不同国家完成。如果一国参与其中至少一个环节，则视为参与全球价值链。全球价值链以跨境生产模式为基础，对各国贸易往来的协调提出更高要求。构建全球价值链需要不同参与国提供的商品和服务遵循共同的质量标准和生产规范。为了参与全球价值链生产，发展中国家的贸易面临许多必须遵循的产品标准和过程标准。遵循国际标准能够加强贸易的竞争优势；不遵循国际标准会被排除在世界贸易利益的市场范围之外。与国际标准保持兼容和一致成为各国进入全球生产网络的先决条件[2]。

学者们研究贸易和全球价值链中的非关税措施和标准，并对有关公共标准、私有质量标准及其在食品市场、国际贸易和全球供应链中作用的文献进行评价[3]。该研究考察公共标准和私有标准对福利、贸易、产业组织和劳动力市场的影响，特别关注南北贸易背景下标准差距的意义。学者们认为，包含标准等在内的措施在何种条件下会构成贸易保护主义是一项具有争议的议题。标准对贸易的作用机理较为复杂，将标准视为贸易和发展的催化剂还是障碍的经验证据不一。这反映出标准影响贸易问题的多元性及其对特定国家特定行业效应的特殊性。对标准及非关税贸易措施及其影响的分析，仍无法为政策改革给出适合于所有情况的统一解决方案。

针对《深入全面的自由贸易协定》（*Deep and Comprehensive Free*

---

① 唐锋等（2018）研究发现，对于中国农食产品出口贸易而言，国内标准具有正效应，而国际标准的效应为负。

② Nadvi K，2008："Global standards，global governance and the organization of global value chains"，*Journal of Economic Geography*，8（3），323-343.

③ Beghin J C，Maertens M，Swinnen J，2015："Nontariff measures and standards in trade and global value chains"，*Review of Resource Economics*，7（1），425-450.

Trade Agreement，DCFTA）背景下欧盟标准协调影响贸易的研究[1]发现：一方面，标准一致化情形下，亚美尼亚出口企业遵循欧盟标准的成本将下降25%。在农业和制造业出口领域具体表现为农业生产成本从15.8%下降到11.8%，制造业生产成本从21.6%下降到16.2%。另一方面，为适应新标准产生的调整成本，出口企业会将生产成本提高约2%。标准一致化的成本消减效应适用于向欧盟出口的亚美尼亚企业，也适用于农业和制造业部门的出口企业。研究认为，标准一致化带来成本和收益，整体上标准一致化为亚美尼亚企业带来约0.1%的收益。标准一致化产生收益的原因在于，标准一致化带来的贸易便利化效应适用于亚美尼亚所有产品的进出口，标准一致化带来的成本消减效应适用于一部分向欧盟出口的产品。标准一致化提高了亚美尼亚向欧盟出口的贸易收益。

食品标准属于国际贸易领域的强制性标准，在促进全球商品链发展中承担重要角色。发展中国家的出口企业积极进入高附加值粮食市场，意图提高其在高附加值粮食市场上的份额和国际竞争力。为实现这一目标，发展中国家的食品出口企业需要充分回应消费者对食品质量和安全的关切。从牛肉部门来看，污染事件和疫病对消费产生负面冲击[2]。食品领域有不同的标准，如国际公共标准（食品法典标准）等。贸易企业的公共标准可能因国家和地区不同，与外国（进口）零售企业的标准、国内公共标准和国内零售企业标准存在差异。为避免食品安全风险发生，食品供应链上需要保证标准的完全覆盖范围。大部分发展中国家认为食品标准是国际贸易领域的非关税壁垒，但也有发展中国家通过遵循公共标准和私有标准成功扩大了本国的高附加值食品出口。

巴西牛肉工业主要以出口为导向，2001—2002年巴西牛肉出口额超过10亿美元。巴西也是牛肉消费大国，本地企业是主要的牛肉加工企业而非跨国企业的食品子公司[3]。了解标准对巴西牛肉链的影响，不仅有益于促进其他供应链上的企业应对严格和不断变化的国际市场，而且可以为公共标准和私有标准管理及制定适当的公共政策提供参考以提高其整体出口竞争力。为此，学者结合全球连锁治理中的国际标准以及巴西向欧盟出口牛肉的六家大中型出口企业开展案例研究。该研究认为，巴西

---

① Jensen J，Tarr D，2012："Deep trade policy options for Armenia：The importance of trade facilitation，services and standards liberalization"，*Economics-The Open Access Open-Assessment E-Journal*，6，14-36.

② Vieira L M，2006："The role of food standards in international trade：Assessing the Brazilian beef chain"，*Brazilian Administration Review*，3（1），17-30.

③ 根据美国农业部发布的相关调查数据，巴西的人均牛肉年消费量为35.5公斤。

牛肉出口应积极应对牛肉出口标准的扩大和强化，重新定位巴西出口企业在供应链中的战略位置。对于计划提高国际竞争力的出口企业而言，标准缺失问题带来风险，在实践中不容忽视。企业应充分遵循强制性标准以应对出口欧盟市场面临的各种挑战；利用商品链治理增强巴西出口企业的国际标准遵循能力以增强出口企业在国际市场的竞争优势。学者同时关注小农户对标准的排斥问题。原因在于，一些情况下私有标准损害了小农户的市场参与。但这一负面影响是否始终存在且何种条件下会诱发这一影响仍然存在质疑。如果没有针对这些标准的相关支持，小农户会因为无法遵循标准认证而被国际市场排除在外。此外，标准会危及小农户参与全球价值链，因为如果由于监控一致性要求产生较高的交易成本，则从众多小农户进行采购对出口企业而言成本更高。巴西牛肉管理者如何应对牛肉出口标准的迅速扩大和强化，这一问题涉及巴西牛肉出口企业如何战略性地对其在全球供应链中的位置进行重新定位。研究认为，充分遵守强制性标准并能够促使最佳做法不断升级有益于激发和丰富全球连锁治理类型。

全球价值链的生产模式意味着一种商品或服务需要跨越多个国家以完成不同的生产和价值增值阶段。以苹果系列产品、芭比玩偶的生产和销售为例，为了得到最终成品，原材料和中间投入品可能跨越多个大洲，最后在一国完成组装工序，并向全球市场进行销售。在整个过程中，国家标准的作用不容忽视。不同类别的国家标准会形成一国的竞争优势或竞争劣势，对贸易产生影响[1]；一国特有标准、与国际标准一致的标准对欧洲价值链和贸易的作用存在异质性[2]。

学者针对全球价值链中欧洲单一市场的标准，研究正式标准对全球价值链中欧洲贸易的影响[3]。该研究利用面板数据并结合引力模型方法，分析国家标准、欧洲标准和国际标准对全球价值链中欧洲内部贸易增加值和总贸易流量的影响。研究发现，国家标准阻碍了全球价值链中的欧洲贸易，欧洲标准和国际标准则促进了全球价值链中的欧洲贸易。欧洲标准对价值链中欧洲内部贸易增加值有较大影响，国际标准对从第三国进口到欧洲的贸易有积极影响。原因在于，国际标准成为国际贸易伙伴

---

① Swann, 2010："The economics of standardization: An update report for the UK department of business, innovation and skills", ISO Research Library.

② Blind K, Ramel F, Rochell C, 2022："The influence of standards and patents on long-term economic growth", *Journal of Technology Transfer*, 47 (6), 979–999.

③ Blind K, Mangelsdorf A, Niebel C, et al, 2018："Standards in the global value chains of the European Single Market", *Review of International Political Economy*, 25 (1), 28–48.

之间开展全球交流的重要手段。欧洲标准降低了欧洲单一市场价值链中市场参与者之间的信息不对称水平。此外，国家标准与欧洲标准的交互项对于全球价值链中的欧洲贸易具有积极影响，这支持了欧洲各国国家标准与欧洲标准实现一致化的必要性和紧迫性。研究推进了国际政治经济学关于全球价值链治理的理论研究，并讨论了欧洲标准和国际标准对经济增长和发展等后续政策的含义。

此外，学者研究了国际企业社会责任标准的实施及其对全球价值链治理①的启示。研究旨在探讨企业社会责任标准的多样性，特别是在企业社会责任和全球价值链治理的背景下，考察企业社会责任标准的性质、发展动态及其对跨国企业和各国企业的影响。研究提出针对企业社会责任标准多样性趋势，更细致的分类方法有助于区分不同类别的标准。不同类别标准存在多重性且随时间演变出现复杂趋势，相关举措将通过影响企业进而对企业社会责任和全球价值链治理产生影响。研究提出企业社会责任标准可作为企业、社会和政府等各方实施监管的治理工具。

三、标准与农食贸易分析

（一）SPS和TBT措施分析

非关税措施（Non-tariff Measures，NTM）在国际食品贸易中日益重要，如与健康或食品质量有关的卫生与植物卫生措施和技术性贸易壁垒。世界贸易组织基于20多个国家相关数据的报告发现，约60%的食品及相关产品贸易受到SPS措施的影响。尽管根据《WTO技术性贸易壁垒协定》和《实施卫生与植物卫生措施协定》等相关多边协定，这些措施不应对国际贸易施加不必要的限制，但依然存在将非关税壁垒用作贸易保护政策措施的质疑。学者们针对标准对贸易成本的作用进行分析。也有研究将标准视为非关税贸易壁垒，认为技术上能够将非关税壁垒换算成关税的等价物，非关税壁垒在技术层面被视为类似关税。

各国的食品法规通常存在相互矛盾之处，一国可接受的食品标准在另一国并不适用。食品领域相关标准的矛盾形成国家之间食品贸易的障碍。关税和其他传统贸易壁垒已经在反复的谈判中降至接近于零，但与此同时类似标准的非关税措施（NTM）出现激增。一国存在使用非关税壁垒替代关税保护的动机和可能，但非关税壁垒带来的消费者或社会利

---

① Fransen L，Kolk A，Rivera-Santos M，2019："The multiplicity of international corporate social responsibility standards implications for global value chain governance"，*Multinational Business Review*，27（4），397-426.

益需要进一步明确，如非关税壁垒在减少信息不对称、降低消费风险和增强可持续性方面的作用。非关税壁垒也可能与贸易保护主义相联系，或者其相关成本可能会迫使不遵守规定的国家脱离全球价值链。判断一项特定法规是否符合真正的公共利益还是保护主义目的通常是一个挑战，因为两种动机往往结合在一个单一的衡量标准之中[1]。理论上，标准贸易效应的方向也并不清晰。标准如何影响贸易和福利仍然是经验主义问题，结果之一表现为关于标准作为贸易壁垒还是催化剂的辩论始终在持续推进。尽管农业贸易文献中的评论表明现有经验估计结论存在模糊性，其中取得部分学者一致肯定的结论包括：各国政府制定公共强制性标准对贸易的影响通常因国家而异，这类标准会增加贸易成本进而阻碍农产品贸易[2]。相关经验研究还发现，公共标准会降低贸易发生的可能性[3]、降低以出口为衡量条件的贸易价值和贸易商品种类[4]。因此，如何应对各标准及监管异质性对农产品和食品贸易带来的负面影响依然有待讨论。

有学者使用包括农产品和制成品的约5000种产品的双边贸易数据研究 SPS 措施和 TBT 措施对国际贸易的影响，样本国涵盖61个进口国和114个出口国[5]。研究采用受限托宾（Tobit）计量模型，旨在考察 SPS 等措施对经合组织国家、发展中国家和最不发达国家进口的影响。对标准变量的构建方法为：计算进口企业海关编码 HS 六位数产品的 SPS 措施数量，将该数字除以 HS 四位数各类别产品项目的 SPS 措施总数。研究发现，在新鲜食品和加工食品贸易领域，SPS 等相关措施通常限制了来自发展中国家和最不发达国家的进口。但对于大多数制成品而言，SPS 等相关措施或者没有显著效果，或者有积极效果。这一阶段适用于最不发达国家、发展中国家和发达国家（如经合组织国家）。

联合国贸易和发展会议（United Nations Conference on Trade and Development，UNCTAD）明确世界贸易组织成员有义务对非关税措施进行通报。学者基于引力模型并结合154个进口国和183个出口国的数据，对

① Swinnen J, 2016: "Economics and politics of food standards, trade, and development", *Agricultural Economics*, 471 (6), 7–19.

② Swann, 2010: "The economics of standardization: An update report for the UK department of business, innovation and skills", ISO Research Library.

③ Ferro E, Otsuki T, Wilson J S, 2015: "The effect of product standards on agricultural exports", *Food Policy*, 50, 68–79.

④ Disdier A, Fontagne L, Cadot O, 2015: "North-South standards harmonization and international trade", *World Bank Economic Review*, 29 (2), 327–352.

⑤ Fontagne L., Orefice G., Piermartini R. and Rocha N, 2015: "Product standards and margins of trade: Firm-level evidence", *Journal of International Economics*, 97 (1), 29–44.

包含690种农产品双边贸易中的SPS措施和TBT措施进行分析，研究SPS措施和TBT措施对贸易的影响①。数据显示相关SPS措施和TBT措施中，约有115项措施是出于环境保护、野生动植物保护、健康或安全目的而实施的，其中有43项措施被强制执行。基于各国在对农业贸易采取措施时可采用的六个不同目标，具体包括保护人类健康（十项）、保护人身安全（七项）、保护动物健康（六项）、保护植物健康（六项）、保护野生动植物（五项）、保护环境（九项）。该研究使用三种方法来衡量SPS措施。第一种方法中，如果进口国通报至少一个技术性贸易壁垒，则用等于1的二进制变量表示。第二种方法是应用频率指数，该频率指数由分类产品（HS4）以及分类产品（HS6）中SPS措施和TBT措施占总通报量的比例进行定义。第三种方法是使用相关数据的等价物。研究发现，整体上SPS措施和TBT措施对农产品贸易具有负面影响。SPS措施和TBT措施并未明显阻碍经合组织国家之间的出口，但减少从发展中国家向经合组织国家出口。从发展中国家向欧盟市场的出口受SPS和TBT这类措施的负面影响最大。

全球对食品安全问题的认识不断提高，导致卫生、植物检疫和质量相关法规和标准的大量使用，这给世界各地的出口国带来负担。学者们基于智利鲜果出口数据和引力模型，研究卫生、植物检疫和质量等相关标准对智利国际贸易的影响。实证模型包含描述不同贸易需求维度的标准严格感知指数。研究结果表明，不同维度的标准严格指数对智利鲜果出口贸易的影响存在差异。标准严格程度的提高对智利鲜果出口量具有在统计水平上显著的负面影响。发达国家相关标准的严格程度越高，智利鲜果出口贸易减少的幅度就越大。

诸如卫生和植物检疫措施以及与健康或食品质量有关的贸易技术壁垒等非关税措施的重要性日益提高，是国际食品贸易发展的特点之一。对于食品标准和贸易之间的积极关系有两种解释。首先，遵循标准会直接导致需求增加，因为这些标准有助于实现质量升级或减少消费者对产品质量和安全不确定性的顾虑。其次，标准可能会扭曲贸易，因为对于能够遵守标准的国家而言，标准合规提高了这些国家的竞争优势。针对标准扮演贸易壁垒抑或贸易催化剂，学者研究了国际贸易中食品标准的

---

① Disdier A C, Mimouni L F, 2008: "The impact of regulations on agricultural trade: Evidence from the SPS and TBT agreements", *American Journal of Agricultural Economics*, 90 (2), 336-350.

异质性影响①。该研究对现有模型进行修正，从理论上解释食品标准作为催化剂抑或贸易壁垒的两面性假说，并针对外国食品标准对挪威海产品出口的影响提供经验证据。实证分析以世界贸易组织的SPS措施数据作为测度食品标准的指标，采用挪威对不同国家不同海产品的出口贸易数据，分析外国食品标准对挪威海产品总出口量、出口企业数量（贸易广延边际）和平均出口量（贸易集约边际）等三个贸易变量的影响。研究发现，SPS措施对挪威海产品出口有负面影响，但对各类产品的影响存在异质性。对于新鲜海产品的出口而言，以SPS措施衡量的食品标准对贸易的正面影响抵消了负面影响。

　　大部分研究支持SPS措施对出口有负面影响但对不同产品的影响存在异质性这一观点。这些研究表明食品标准对不同产品的影响各异，且对于特定产品的出口而言，正面效应会超过负面效应；一些情况下食品标准的正面促进效应会被负面影响所抵消。食品标准对不同产品的影响存在异质性，其背后发挥作用的确切机制仍有待进一步识别。值得推进的领域还包括综合考虑标准和非关税壁垒的影响下企业如何实现长期生存和获利。已有研究提供了各国制度差异会对双边贸易产生影响的经验证据，但关键问题在于，各国如何在面对这些分歧时加强贸易。学者们基于出口与治理视角研究私营自愿性农业食品标准对贸易的作用②。该研究引入治理距离作为衡量国家间治理和制度差异程度的指标，以欧盟／欧洲自由贸易联盟（European Union/ European Free Trade Association，EU/EFTA）的进口产品为样本，基于结构引力模型框架研究私营农业食品安全标准如何改变治理距离对果蔬特别是苹果、香蕉和葡萄出口的影响。研究结果表明，尽管治理距离的增加会阻碍双边贸易，但标准和治理距离的交互项与出口正相关，从而部分抵消后者的直接贸易抑制效应。针对获得全球良好农业操作认证国家子样本的研究发现，治理距离对其出口贸易的抑制效应降低约50%，对未获得全球良好农业操作认证的国家并未产生影响。

　　还有研究提出，如果考虑监管强度和多样性以及贸易伙伴之间监管

---

① Medin H，2019："Trade barriers or trade facilitators? The heterogeneous impact of food standards in international trade"，*World Economy*，54（7），1057-1076.

② Fiankor D D，Martinez-Zarzoso I，Bruemmer B，2019："Exports and governance：The role of private voluntary agrifood standards"，*Agricultural Economics*，50（3），341-352.

模式的相似性，SPS和TBT措施的贸易效应将表现出高度异质性①。学者主要关注肉类贸易和主要进口企业，其中欧盟被单独列出进行考察。主要研究结果发现，非关税措施具有高水平的异质性，尤其表现在非关税贸易措施的数量和多样性方面。为准确反映监管模式及其对贸易的影响，需要同时考虑单一和双边指标。双边贸易伙伴的非关税贸易措施相似性相对较低，共同的非关税贸易措施仅包括约30%的SPS措施和20%的TBT措施，这为讨论贸易政策的一致化提供了启示。分析还表明，贸易活动活跃的部门和国家通常更多地实施SPS措施而更少地采用可能引起贸易保护主义争议的关税措施。该研究依据双边非关税贸易措施的相似性指标对各国的监管模式进行排序后发现，欧盟在SPS措施领域更接近中国或美国，而非加拿大或新西兰。贸易伙伴更需要在双边贸易协定背景下采取行动②。贸易伙伴间监管模式的低相似性表明政策制定者在简化技术监管领域面临挑战。

学者进一步运用基于理论建立的反对数引力模型研究食品标准对农产品贸易的异质性影响③，重新审视标准是贸易壁垒的论点。与现有的研究相比，该研究发现标准减少了贸易量，这一负面影响对于贸易量较小的国家来说尤为明显。识别策略考虑了特定贸易问题的国内差异。学者认为，更严格的进口商品标准具有贸易限制性，但估计的贸易成本弹性取决于两国贸易的密集程度。具体而言，随着出口国在进口国总进口中相对份额的增加，出口额下降幅度随之减小。原因在于，对于较大的贸易伙伴国而言，积极投资以满足进口方特定标准对于成本消减更为有利。研究认为，关于标准影响贸易的讨论不应忽视由现有贸易份额引起的重要异质性。如果进一步放开非关税措施，较小的贸易伙伴国与较大的贸易伙伴国相比，会从中收获更多的贸易利益。

（二）私有标准分析

有关食品标准与贸易之间关系的文献主要集中在标准是贸易壁垒还是贸易催化剂的争论上，特别是对发展中国家而言。标准有利于减少信

---

① Peci J, Sanjuan A I, 2020: "Regulatory patterns in international pork trade and similarity with the EU SPS/TBT standards", *Spanish Journal of Agricultural Research*, 18 (1), 17–39.

② 国内学者董银果（2011）研究发现，SPS措施是中国加入世界贸易组织后农产品出口面临的主要障碍。以孔雀石绿标准为例，该标准越严格，产生的贸易抑制效应越明显。例如，SPS措施（来自日本、美国和欧盟）每提升1PPb（part per billion），中国水产品出口贸易额减少约8%。

③ Fiankor D D, Haase O, Bruemmer B, 2021: "The heterogeneous effects of standards on agricultural trade flows", *Journal of Agricultural Economics*, 72 (1), 25–46.

息不对称和交易成本，提高竞争力并促进贸易。但如果私有标准事实上对某些市场为强制性，小规模生产商因标准遵守成本太高而被排除在出口价值链之外的可能性更高。针对私有标准的研究发现，私有标准在一组发达国家样本的食品和农业领域中也具有贸易抑制效应[①]。美国更严格的食品安全标准对发展中国家的海产品出口商而言具有负面影响。欧盟食品和农产品市场上的私营产品标准具有显著的贸易效应[②]，欧盟标准通常表现出贸易抑制性，尤其是对于来自发展中国家的易腐和轻加工产品。

通过私有标准认证意味着产品质量较高，这可能有助于市场准入。对于希望进入食品安全要求很高的高收入国家零售商市场的发展中国家来说，这是关于标准最直接的考虑。但发展中国家可能缺乏关于食品安全的公共法规或执行这些法规的能力。发展中国家作为贸易伙伴可能被视为不安全并缺乏吸引力。因此，发展中国家的生产企业可利用通过标准认证发出高质量信号进入原本难以进入的市场。此外，私有标准认证能够在生产者层面带来更高的生产率和更低的投入成本，这也可能影响出口的可能性。如有大量关于生产率对出口的积极影响的文献和关于较少投入如何促进出口的经验证据。

从进口企业的角度来看，对私有标准的认证可减少企业面临的可变和沉没贸易成本。一般来说，私有标准通过提供信息和一种质量保险形式，降低进口企业每次购买的交易成本即可变成本。预计较低的可变进口成本将对进口量（即贸易的集约边际）产生积极影响。标准认证可通过搜索成本和质量控制成本影响进口的沉没成本。如果只有经过标准认证的供应商才是国际市场上可接受的合作伙伴，那么寻找供应商变得更容易，搜索成本也会降低。第三方认证将部分质量控制责任移交给认证机构。这可降低进口企业的质量控制成本，因为进口企业可执行比以前更容易、费用更低的控制措施。研究表明，沉没成本对决定外贸企业开始进口具有重要意义，这意味着较低的沉没成本将对进口的可能性（即贸易的广延边际）产生积极影响。由于数据的限制，只有少数研究专门考察私有标准对食品贸易的影响，这些研究的结论存在差异。前期关于私有标准和贸易的实证研究使用的样本有限，通常是基于调查数据的案例研究。

---

① Moenius J, 2004: "Information versus product adaptation: The role of standards in trade", *SSRN Electronic Journal*, 54（4），1-41.

② Shepherd B, Wilson N L W, 2013: "Product standards and developing country agricultural exports: The case of the European Union", *Food Policy*, 42（2），1-10.

有学者提供了关于欧盟食品和农产品领域私有标准对贸易影响的经验证据①。该研究基于多国多产品面板数据，重点考察私有标准对贸易广延边际和集约边际的影响。研究发现欧盟食品和农产品市场的私有标准具有显著的贸易效应，尤其对于发展中国家和易腐或轻加工商品而言。欧盟标准也表现出贸易抑制效应，但与国际标准一致的欧盟标准（那些等同采用ISO系列国际标准的欧盟标准）相比，则具有更弱的贸易抑制效应，在一些情形下甚至表现出积极的贸易促进效应。在政策层面，大多数政策层面的讨论仅限于考察食品安全法规等强制性公共标准，但私有标准在供应链日益全球化背景下的重要性日益凸显。该研究结果突出积极应对主要市场上私有标准贸易效应的重要意义，而非局限于强制性的公共标准。该研究发现，研究结论总体上与关于其他类型标准和贸易的文献吻合，与国际标准一致的欧盟标准往往对贸易产生微弱甚至积极的影响，与国际标准不一致的标准即欧盟特有标准则倾向于抑制贸易。研究同时发现了标准贸易效应存在跨部门异质性的证据。欧盟特有标准尤其不利于经过简单加工产品的贸易。尽管加工产品行业中欧盟标准总数快速增长，但加工度更高的产品依然较少受到欧盟标准的负面影响。此外，对于加工度较低的产品，与国际标准不一致的欧盟标准通常对发展中国家出口企业的负面影响要大于对发达国家出口企业的影响。该研究的政策含义有二：一是需要扩大在世界贸易组织和其他贸易领域中对产品标准的讨论；二是需要考虑私有标准在影响粮食和农业市场的全球贸易方式中所起的重要作用。

有研究发现，全球良好农业操作认证对撒哈拉以南非洲新鲜农产品生产商的企业出口收入具有积极影响。使用匹配方法的分析表明，全球良好农业操作认证标准认证具有贸易促进效应，但对出口到欧盟的香蕉贸易影响不大。运用面板数据方法的研究发现，不同私有标准（包括Global GAP标准）认证对秘鲁芦笋企业出口绩效并未产生显著影响，私有标准认证没有影响出口的集约边际抑或广延边际②。学者调查了英国零售商协会（British Retail Consortium，BRC）标准认证和国际食品供应商标准（International Food Supplier，IFS）认证对法国出口贸易的影响，研

---

① Shepherd B，Wilson N L W，2013："Product standards and developing country agricultural exports: The case of the European Union"，*Food Policy*，42（2），1-10.

② Schuster M，Maertens M，2015："The impact of private food standards on developing countries' export performance: An analysis of Asparagus firms in Peru"，*World Development*，66（1），208-221.

究发现英国零售商协会认证比国际食品供应商标准认证更倾向于促进出口，国际食品供应商标准认证没有显著的出口促进效应。

基于秘鲁农食贸易的代表性研究有两项。学者研究了秘鲁私营食品标准对芦笋出口企业出口绩效的影响①，该研究应用固定效应和广义矩估计（Generalized Method of Moments，GMM）模型并结合87家公司涵盖18年的面板数据。研究结论未支持一般私有标准和具体私有标准的认证对企业的出口表现有影响这一论点，因为学者们发现私有标准对秘鲁食品贸易的广延边际、集约边际、出口量和出口价值等均没有显著影响。研究结果认为，从秘鲁芦笋出口贸易的实例来看，私有标准并非扮演了贸易催化剂的角色。同时，学者们对通过私有标准赋予工人权利的做法进行研究，提供了来自秘鲁园艺出口部门的经验证据②。研究集中分析各种私有标准对秘鲁园艺出口部门工人赋权的影响。其中，赋权是指劳动者对自身权利的认识和劳动者对改善就业条件的能动性。研究使用差异倾向得分匹配方法，并结合使用特定企业以及两轮员工问卷调查的相关数据。研究发现，私有标准对工人赋权具有积极影响，核心劳工标准的影响比其他标准的影响更为显著，这一发现补充了关于标准影响有形员工福利的证据。

私有可持续发展标准涵盖的生产领域和农户日益扩大。私有可持续发展标准提高了消费者对食品生产和贸易的经济、道德和环境影响的期望，并吸引利益相关者对有关标准认证进行资助。如果没有对标准的经济或环境效应做出评价，标准的可持续性影响仍不清楚。学者们分析乌干达咖啡标准对社会经济和环境的影响，研究私有咖啡标准在改善社会经济和环境可持续性方面的作用③。研究主要采用经济调查数据和生态实地调查数据，这些数据来自获得私有标准认证和未获得私有标准认证的咖啡农场样本。研究结果表明，咖啡标准并不符合消费者对相关产品的期望。私有标准提高了咖啡生产方的生产力、咖啡农场收入、生物多样性和碳储存，但即使实现了多个私有标准认证，也难以有效地应对社会

① Schuster M，Maertens M，2015："The impact of private food standards on developing countries' export performance：An analysis of Asparagus firms in Peru"，*World Development*，66（1），208-221.

② Schuster M，Maertens M，2017："Worker empowerment through private standards. Evidence from the Peruvian horticultural export sector"，*Journal of Development Studies*，53（4），618-637.

③ Vanderhaegen K，Akoyi K T，Dekoninck W，et al，2018："Do private coffee standards 'walk the talk' in improving socio-economic and environmental sustainability？"，*Global Environmental Change-Human and Policy Dimensions*，51（4），1-9.

经济和环境结果之间的权衡挑战。研究认为，在多重私有标准认证中多重标准组合可能带来适得其反的效果。可行的政策措施是在生态范围内提高咖啡生产方的生产力，而非通过多重标准认证来提高咖啡价格和增加控制机制，因此需对私有标准进行改进。

食品零售商和制造商日益致力于解决其供应链中的农业可持续性问题。许多企业定义了自己的供应链可持续性标准，而非使用既定的生态认证标准。学者研究改善农业供应链中的环境实践并讨论企业主导标准的作用①，该研究使用一家具有代表性的食品零售企业作为关键案例，评估由企业主导的供应链标准在改善环境农场管理实践中的有效性。研究发现，企业主导的供应链标准改善了南非水果、蔬菜和花卉种植领域企业的最佳环境管理实践。这一结果在两种识别策略中均保持稳健性：一种策略是对 950 多个农场审计数据的面板分析；另一种策略是使用原始调查数据的截面匹配分析。结合深入访谈的结果表明，与其他私有环境标准相比，企业主导的供应链标准实现了对核心员工的审计访谈、对零售企业与相关种植企业之间密切业务关系的考虑、对企业能力建设的特别关注等，因此，有助于提高标准实施的有效性。研究认为，在改善全球环境农场管理做法方面，应用私有标准的私营治理机制可发挥积极作用。

非关税壁垒对全球贸易流动的影响日益增加，但食品标准作为一项特别重要的非关税措施对农产品贸易流动的影响仍然不清楚。学者们研究了私有标准对发展中国家制成品出口的作用②，该研究使用的数据集包括 2008—2013 年 87 个国家通过国际特色标准（International Featured Standard，IFS）认证的食品加工企业的相关信息。研究发现，国际特色标准认证会增加七个农产品类别的出口规模。但这种影响只对高收入和中等收入国家有效，在低收入国家样本中并不明显。虽然平均而言国际特色标准认证增加了出口，但低收入国家并没有从较高的出口规模中获益。此外，进一步划分产业部类的分析表明，国际特色标准认证的贸易促进效应仅限于烘焙面包、乳制品和饮料等行业。总的来说，食品标准本身并不是将低收入国家纳入高价值链的适宜发展工具。

---

① Thorlakson T, Hainmueller J, Lambin E F, 2018："Improving environmental practices in agricultural supply chains: The role of company-led standards", *Global Environmental Change-Human and Policy Dimensions*, 48（6），32-42.

② Ehrich M, Mangelsdorf A, 2018："The role of private standards for manufactured food exports from developing countries", *World Development*, 101, 16-27.

有学者通过考察全球良好农业操作认证标准认证与欧盟15国水果和蔬菜进口之间的关系，补充了现有私有标准和贸易的相关文献①。农食部门（Agri-food Sector）的变化持续推动了私有食品标准的使用。这些私有标准为自愿遵循，通常可以作为风险管理工具。实证数据来自基于全球良好农业操作认证标准认证数据和统计部门提供的全球良好农业操作认证数据。年度数据集涵盖2009—2013年，包括全球水果和蔬菜计划在产品层面的认证生产商和证书持有者的数量信息。认证生产商和证书持有者数量表示各国具体产品的标准认证覆盖率。研究发现，全球良好农业操作认证对贸易的广延边际和集约边际均具有积极影响。全球良好农业操作认证与进口正相关。欧盟15国的进口企业往往更倾向于从拥有众多认证生产企业的出口国进口产品，并持续从这些国家进口更多农食产品。全球良好农业操作认证作为进口商品的质量保险形式降低了信息不对称和交易成本。此外，全球良好农业操作标准认证与贸易之间的正相关关系对高收入国家和低收入国家均成立，更为重要的是，增加标准认证覆盖率带来的正向贸易效应对低收入国家的影响要高于高收入国家。因此，私有标准认证对于想要进入高收入市场的发展中国家可能尤为重要。这一结论与已有研究发现的关于发展中国家的经验证据一致。对于世界农食贸易而言，全球良好农业操作标准认证扮演了催化剂而非贸易壁垒的角色。

有学者认为，全球良好农业操作认证是初级生产的专用标准，不能根据相关结论来假定在后期生产阶段适用的标准也会对贸易有所提高②，因为不同部门可能对标准的反应不同。对下游私有标准进行调查，有利于更全面地了解食品标准对贸易的影响。此外，研究仍需阐明出口国选择私有标准如何影响整个目的地市场的出口业绩。私有标准和贸易的研究对需要做出决策的生产者而言具有政策含义。相关研究结果表明，全球良好农业操作认证对进入欧盟15国市场的初级生产企业开展贸易具有较高的相关性③。尽管欧盟市场上私有标准的使用普遍增加，非欧盟市场上私有标准的重要性并未明显增加。如针对旨在进入美国市场的初级生产者而言，与全球良好农业操作认证具有竞争性的其他标准可能更为相

① Andersson A，2019："The trade effect of private standards"，*European Review of Agricultural Economics*，46（2），267-290.

② Shepherd B，Wilson N L W，2013："Product standards and developing country agricultural exports：The case of the European Union"，*Food Policy*，42（2），1-10.

③ Andersson A，2019："The trade effect of private standards"，*European Review of Agricultural Economics*，46（2），267-290.

关。因此，需要对欧盟以外市场和除全球良好农业操作认证以外的其他私有标准进行实证研究，并结合多国样本以比较不同标准的贸易效应。

学者以印度尼西亚和马来西亚可持续棕榈油标准为例，提出基于标准的跨国治理可作为东南亚经济的发展动力（Nesadurai，2019）。研究探讨了企业和非政府组织（Non-Governmental Organizations，NGO）发起的自愿性私营可持续发展治理为何以及如何扩展其监管范围，以纳入旨在提升小农户标准实践的发展战略。研究通过扩展俱乐部理论、全球生产网络和国家发展理论，明确私有监管标准促进私营企业发展的条件。这些干预措施与经典的国家财政激励和产业政策相类似。棕榈油小农户普遍低产、种植做法具有环境不可持续性等问题对私有可持续标准的可信性带来挑战。依赖小农供应商的私营企业和面向全球的棕榈油企业积极与非政府组织合作，支持小农户提高生产力、发展可持续种植做法和改善生计。这类私营部门发展干预措施的领域较广，涉及供应链规划、知识服务伙伴关系和中间商主导的伙伴关系。这些伙伴关系可被视为承担典型实践机构的功能，即绩效监测、技术支持等，并协调多个行动者以形成更广泛的创新网络①。该研究预期基于标准的跨国治理将在东南亚经济发展中发挥重要作用。

（三）最大残留限量标准分析

各国日益关注食品安全问题，对国内生产和进口食品实施标准认证，试图通过提高国内生产和进口的食品安全质量来控制食源性疾病（Food-Borne Illness）。最大残留限量标准是许多国家采用的主要限制标准之一，最大残留限量标准规定可以进入农产品市场的农产品特定农药残留的最高可接受水平。粮农组织和世界卫生组织认为，严格的最大残留限量标准反映各国对食品质量的重视程度，可帮助改善食品安全。过于严格的标准可能会成为贸易的技术壁垒，因为政府可能会利用严格标准限制进口以保护国内食品行业。这些严格的标准限制会给国内消费者以及食品出口企业带来较大的福利损失。

学者们研究了农药最大残留限量标准对苹果和梨及相关加工产品贸

---

① 在关于劳工标准对贸易影响的国内研究中，唐锋和谭晶荣（2014）认为一国执行核心劳工标准不会对制造业出口贸易产生负面影响。发达国家的公共标准和私有标准日益严格。其中，私有标准不受《实施卫生与植物卫生措施协定》约束，其潜在应用范围更加广泛。私有标准形成了农产品国际贸易壁垒，对发展中国家及中小企业出口产生了较大的负面影响。董银果和严京（2010，2011）分析认为，私有标准在科学性、透明性和等效性维度上背离了SPS措施。

易的影响，目的是考察标准的相似性或差异性如何作用于贸易①。大多数研究调查在分析进口国实施最大残留限量标准时直接引入卫生法规的影响，分析中引入进口国的监管水平但未考虑出口国现行规则。该研究并非将重点放在某一种特定农药上，而是考虑各种法规所涉及的全部检测物质清单。以此为基础，学者们建立相似性指数并将其引入引力方程，以评估农药最大残留限量的差异对贸易的影响。结果表明，标准之间的差异不容忽视，在某些情况下可能会阻碍贸易。

日本拥有世界上最严格的最大残留限量标准之一，有学者利用引力模型研究日本这一标准对其不同类型蔬菜（果菜、叶菜、鳞茎类蔬菜和根茎类蔬菜）进口的影响②。可拓展的研究方向包括：对最大残留限量标准的实施和调整成本进行测度，进一步考察该标准如何影响生产者和消费者价格进而影响出口企业的贸易利益，考察标准严格程度如何通过影响果蔬消费量进而影响人类健康。采用相似性指数评价日本最大残留限量标准与其他国家标准的差异或相似程度，关税、国内生产总值、人口、双边距离和汇率等也被纳入解释变量。研究结果表明，最大残留限量标准对不同类型蔬菜贸易的影响具有异质性，对果菜和叶菜进口的负面影响最大，对鳞茎类蔬菜进口的负面影响最小。更为重要的研究发现是，果菜和叶菜的贸易总量受贸易商之间标准相似程度的显著影响。相比之下，标准的相似程度并未显著影响日本的鳞茎类蔬菜和根茎类蔬菜进口③。当涉及最大残留限量标准如何影响进口时，需考虑蔬菜类型。通过制定严格标准，日本可有效地限制果菜和叶菜的进口。从出口企业的角度来看，严格标准导致对日蔬菜出口大幅减少，出口企业蒙受损失。该项研究没有考虑出口企业遵循日本最大残留限量标准的成本，学者认为如果考虑这些成本，对日出口企业的损失将更大。标准的严格性阻碍了日本果菜和叶菜的进口。如果日本最大残留限量标准的严格程度有所降低，果菜和叶菜的进口将会明显增加。对日出口企业可以对相关果菜和叶菜制定严格的最大残留限量标准，以提高对日出口的可能性。该研究推进了有关日本食品标准对果菜、叶菜、鳞茎类蔬菜和根茎类蔬菜的异质性影响研究。

① Drogue S，DeMaria F，2012："Pesticide residues and trade, the apple of discord?"，*Food Policy*，37（6），641-649.

② Choia J W，Yue C，2017："Investigating the impact of maximum residue limit standards on the vegetable trade in Japan"，*International Food and Agribusiness Management Review*，20（1），159-173.

③ 如洋葱、胡萝卜等农产品。

与此同时，学者以东南亚国家为例，研究实施食品安全标准的贸易限制理由[1]。为了应对食品安全标准作为限制国际贸易工具的广泛使用，该研究试图回答东南亚国家是否遵循该种保护主义趋势。学者采用政治经济学框架，并侧重于对这些国家从其贸易伙伴进口的113种食品实施最大残留限量标准的情况。该研究利用Logit模型和边际效应分析来考察东南亚国家最大残留限量标准实施的决定因素。实证估计包括七个东南亚国家和单一国家模型。结果表明，一方面，东南亚国家同时使用最大残留限量标准，既可以通过实施食品安全标准来提高居民的生活质量，又可以保护与进口食品竞争的本国生产者。另一方面，每个单一国家模式都能更清楚地说明其实施最大残留限量标准的原因：一种是贸易限制动机；另一种则出于福利改善之目的。

此外，一些标准经济学领域的相关文献指出，最大残留限量标准与贸易之间存在内生性，这一内生性可能会扭转异质性标准影响贸易的作用方向。针对可能存在的内生性问题[2]，学者重新审视了2005—2014年间最大残留限量标准差别对贸易伙伴的双边贸易产生的影响。更严格的标准既会产生贸易成本，也存在需求提升效应，整体影响取决于何种效应占据主导地位。在不考虑标准贸易关系内生性的情况下，赫克曼（Heckman）估计结果表明，严格标准的贸易成本效应占主导地位。研究结果显示，内生性会导致农药最大残留限量标准贸易效应的方向发生逆转。更严格的最大残留限量标准在实证结果中对贸易表现出非负面的影响。学者认为，针对内生性的讨论具有重要意义。如果国内生产方在满足国内标准监管方面具有比较优势，而出口产品目的国的消费者更加偏好于食品安全的市场，那么对更有可能出口的产品实施更加严格的监管所产生的需求增强效应就会超过贸易成本效应。同样，如果对国内产业竞争力较弱的产品实施更严格的标准来减少本国消费对进口产品的消费需求（而并非因为进口产品本身就需要更严格的科学或健康方面的监管），则目的地市场的进口产品可能比国内替代品更加具有成本上的竞争力和更高的质量。这种情况下，严格标准产生的需求增强效应仍然可能大于贸易成本效应[3]。

① Saraithong W, 2018: "Trade restriction rationale for food safety implementation: Evidence from Southeast Asian Countries", *Cogent Economics and Finance*, 6 (1), 1-17.

② Shingal A, Ehrich M, Foletti L, 2021: "Re-estimating the effect of heterogeneous standards on trade: Endogeneity matters", *World Economy*, 44 (3), 756-787.

③ 韩克庆和王桑成（2018）研究发现，中美贸易摩擦对中国城乡低保标准的影响较为有限。

（四）食品标准分析

欧盟农业领域标准规模的扩大已成为动态趋势，对向欧盟出口的发展中国家而言，欧盟农业标准会对贸易企业的成本产生显著影响。学者研究发现，目标国市场的标准可能对出口企业增加较大的固定遵循成本。针对16个发展中国家600多家企业的调查数据显示，平均每家企业的标准遵循成本超过42万美元，占总出口附加值的4.7%[①]。学者们研究了食品标准对中产阶级农户福利的意义[②]，该研究旨在考察二者之间的因果联系，并通过人均消费支出来估计食品标准对越南农户福利的影响。研究结果表明，食品标准可产生较大回报，但这一回报仅限于中上层农户，即人均消费支出分布位于50%～85%分位数的农户。学者认为食品标准对最贫困农户具有排他性影响，而最富裕的农户并不采用标准，因为采用标准对其带来的边际收益增加较小。

学者引入标准限制性指数来分析食品安全标准对农产品出口的影响[③]，其中，标准限制性指数依据61个进口国66种不同产品的农药最大残留限量标准而设定，以说明每种产品受管制的农药数量以及每个进口企业对这些农药的允许使用水平。研究结果表明，平均而言，限制性标准越高，农产品贸易概率就越低，通过控制样本选择和出口企业在引力模型中所占的比例，严格标准对贸易的限制作用对于出口国家而言尤为明显。研究进一步发现，大多数情况下较难从实证结果中区分标准对贸易强度的影响是否为零，因为一旦企业调整生产以符合国外市场所需遵循的标准，这些标准就不再继续对该出口市场的出口强度产生影响。

学者们研究了通过安全最低标准（Safe Minimum Standards，SMS）[④]平衡农业公共产品。在研究建立的总体框架中，如果提供一种公共产品会增加另一种公共产品的边际成本，则这两种公共产品具有竞争性或互补性。学者基于该框架对维持两种公共产品安全最低标准的政策含义进行分析。该研究利用挪威农业部门数据分析模型的比较静态结果，粮食安全、农业生物多样性和温室气体排放的安全最低标准等作为模型中的

① Maskus K E，Otsuki T，Wilson J S，2005："The cost of compliance with product standards for firms in developing countries：An econometric study"，*World Band Publications*.

② Hansen H，Trifkovic N，2014："Food standards are good-for middle-class farmers"，*World Development*，56（7），226–242.

③ Ferro E，Otsuki T，Wilson J S，2015："The effect of product standards on agricultural exports"，*Food Policy*，50，68–79.

④ Bullock D S，Mittenzwei K，Wangsness P B，2016："Balancing public goods in agriculture through safe minimum standards"，*European Review of Agricultural Economics*，43（4），561–584.

约束条件。模拟结果显示，即使两类公共物品相互冲突，目标更明确的政策也能以较低的社会成本实现安全最低标准。学者以摩洛哥果蔬出口供应链为例，研究国际食品供应链组织面临的食品安全标准问题[1]。该研究根据生产者或出口企业、单纯出口企业和合作社的纵向联系类型对经营者进行分类，讨论经营者类型、目标市场、现行食品安全治理模式、食品安全标准的合规成本与效益之间的关系。研究认为，应完善摩洛哥食品安全立法和监管制度，采取措施提高出口企业事先符合目标市场标准的能力。

标准在食品贸易中发挥着重要作用，主要国家标准规模的快速增长引发学者们关于标准对国际贸易影响的争论。针对标准是否构成非关税贸易壁垒并促使贫困群体边缘化这一问题，有学者基于经济学和政治学理论模型研究食品标准、贸易与经济发展的关系[2]，建立概念框架并提供针对公平与效率效应以及标准政治经济学效应分析的实证证据。研究认为，标准在贸易领域能够创造福利收益，但也涉及租金的再分配，这会促使利益集团进行游说将标准制定在其首选水平。对于社会上可取的适宜标准和由于政治寻租所导致的标准，仍然很难进行区分和判断。在发展领域需要首先明确价值链上组织的内生性。当考察标准对发展和贫困的影响时，需考虑小农户承包和大型农场创造的就业机会。

食品标准早在贸易和交流之初就存在，且规模不断增长、领域逐步扩大，影响全球和当地价值链。标准可能同时提高经济效率和重新分配利益，这使政策分析复杂化。由于标准的经济元素和政治元素通常很难分开，对标准的动态发展仍然缺少关注。有学者研究了食品标准的动态变化[3]。该研究提出描述封闭和开放经济体中标准在政治和经济领域动态变化的分析框架。这一框架将偏好、标准实施成本和随时间变化的贸易保护主义压力整合为标准的决定因素，并提出对主要国家标准持续差异化的解释。即使标准最初并非出于贸易保护主义的原因而设定，但标准受这一动机的滞后影响也会持续存在。结合历史案例来看，标准随时间推移和国际一体化趋势而处于持续调整的过程中。

---

① Hou M A，Grazia C，Malorgio G，2015："Food safety standards and international supply chain organization：A case study of the Moroccan fruit and vegetable exports"，*Food Control*，55（1），190-199.

② Swinnen J，2016："Economics and politics of food standards，trade，and development"，*Agricultural Economics*，471（6），7-19.

③ Swinnen J，2017："Some dynamic aspects of food standards"，*American Journal of Agricultural Economics*，99（2），321-338.

学者以水果和蔬菜的安全通报为例研究欧盟成员国是否选择统一实施食品标准①。该研究对六个欧盟成员国在水果和蔬菜进口食品安全标准实施方面表现出共同行为的假设进行检验。研究结合食品和饲料快速警报系统（Rapid Alert System for Food and Feed，RASFF）记录的边境食品安全通报数据进行分析，主要考察2001—2013年、2001—2007年、2008—2013年间边境食品通报的路径依赖效应和声誉效应。研究结果表明，尽管欧盟成员国的一些措施有更加统一的趋势，但在研究标准等非关税措施时不应将欧盟视为单一整体，标准实施的差异性不容忽视。

学者基于技术政治经济学的三元模式②研究全球有机农业领域的自愿标准、认证和认可。研究分析全球有机农业领域的制度化，并对传统争议提出新见解。相关领域的实践将标准制定机构、标准认证机构和标准认可活动联系起来，形成三元标准治理体系（Tripartite Standards Regime，TSR），并出现附加于有机产品认证市场且与有机产品认证市场不可分割的服务市场分层。三元标准治理体系的三个顶点分别是标准制定、标准认证和标准认可，研究描述了相应的市场如何随着时间的推移而构建，以及不同参与者在这一演变过程中的角色。处于三元标准治理体系两个顶点的行动者之间存在政治利益关系，有相互竞争或相互合作的利益和愿景，但在促进市场方面也面临紧张关系。通过三元标准治理体系的分析视角来看，始于20世纪90年代有机领域的制度化以及21世纪开始的在可持续领域中纳入标准的事实，促使有机产品认证活动与最终的替代方案之间逐渐远离，公共行动者和私人行动者均对此做出积极贡献。市场机构彼此相互关联，技术支持审查确定争论的方向并缩小争论范围，导致有关争论局限于市场兼容的维度和对象。研究认为，三元标准治理体系能够作为启发式的分析工具对当代全球监管进行研究。

学者针对食品安全标准的扩散研究了国际标准认证机构对国际贸易的作用③。该研究分析了六大私有食品安全标准的跨国采用情况，重点考察国际标准认证机构的作用和国际贸易表现。研究结果表明，国内现有

---

① Tudela-Marco L，Maria Garcia-Alvarez-Coque J，Marti-Selva L，2017："Do EU member states apply food standards uniformly? A look at fruit and vegetable safety notifications"，*Journal of Common Market Studies*，55（2），387-405.

② Fouilleux E，Loconto A，2017："Voluntary standards，certification，and accreditation in the global organic agriculture field：A tripartite model of techno-politics"，*Agriculture and Human Values*，34（1），1-14.

③ Mohammed R，Zheng Y，2017："International diffusion of food safety standards：the role of domestic certifiers and international trade"，*Journal of Agricultural and Applied Economics*，49（2），296-322.

认证机构的数量、食品出口量以及对北美食品出口的比例等，均对一国食品安全标准的采纳有积极影响。地理距离会导致产品标准差异化，从而使非洲和亚洲的发展中国家在采用这些产品标准时处于不利地位，因为相关产品标准事实上均以美国或欧洲为基础而制定。为非洲和亚洲的发展中国家提供更好的获得标准认证机构认证的机会，可以在一定程度上缓解这种地理劣势。

有机标准被认为是一种治理机制，不仅确保满足消费者对治理透明度的要求，而且促进食品体系的可持续发展。尽管第三方认证（Third Party Certificate，TPC）和参与式保障体系（Participatory Guarantee Systems，PGS）主要用于有机食品生产的管理领域，但在深入研究其可持续性的动态知识方面仍存在差距。在此背景下，学者考察有机标准是否有助于实现可持续的粮食系统，因为有机标准具有社会公正性、生态再生性、经济活力和政治包容性①。基于对有机食品系统治理的批判性回顾，研究提出了有机标准制度化的潜力和存在的缺陷。学者们采用四个可持续性要素来审视可持续性相对于第三方认证和参与式保障体系的价值和意义。研究表明，尽管有一些不利因素阻碍了有机食品在第三方认证方面的整体可持续性，但其潜力仅集中在生态和经济方面。专业市场的主要承诺是溢价，因此农户可凭借在有机生产领域建立最佳做法的能力获得进入专业市场的机会。相反，参与式保障体系促进了有机食品系统的社会、生态、经济和政治可持续性。参与式保障体系能够发挥参与式担保的许多潜力，如将农民和消费者聚集在一起以同时制定标准和促进农业生态实践等。由于自身特性和合法性产生的传统权利变化，第三方担保可能对参与式保障体系的努力构成挑战。专业知识不足的农户难以有效管理有机生产活动，相关领域的技术知识可能会限制农户的信心。该研究强调必须对有机标准制度化的私有市场驱动趋势进行批判性评估，因为这一趋势破坏了有机运动本身的核心价值。

学者以公共强制性标准为例，对标准贸易效应的讨论进行重新审视②。研究基于理论的反对数引力模型，提供了考虑进口份额时标准对农产品贸易异质性影响的实证证据。研究采用了1998—2017年66个国家双边农产品贸易流量的相关数据，实证策略则考虑了针对进口国引入严格

① de Lima F A，Neutzling D M，2021："Do organic standards have a real taste of sustainability? —A critical essay"，*Journal of Rural Studies*，81，89-98.

② Fiankor D D，Haase O，Bruemmer B，2021："The heterogeneous effects of standards on agricultural trade flows"，*Journal of Agricultural Economics*，72（1），25-46.

标准引发具体贸易问题的国内差异。与已有研究一致的发现是，尽管具有争议，但进口国标准缺失具有贸易抑制性。该研究得出的不同结论在于，模型所估计的贸易成本弹性并非固定不变，而是取决于两国贸易的密集程度。这意味着对于贸易量大的国家来说，即使严格标准具有争议，也仅会对其产生有限的负面影响。因此，与标准相关的贸易成本具有不同的贸易减少效应，具体取决于贸易量。研究同时结合扩展引力模型的经典理论阿明顿（Armington）恒定弹性替代模型来解释出现这种异质性的来源。无论包括或排除零值贸易额，该结论均为稳健。学者们认为尽管这些结果针对食品标准，但主要理论对于农业部门的其他商品贸易成本同样具有普遍意义。

该研究发现，标准作为壁垒的简单观点背后存在显著差异性。这一差异性超出了标准对典型的发达国家和发展中国家的具体影响，因而具有深远的政策含义。从公正政策的角度来看，利用针对具体国家对的政策冲击进行估计，而不是选择通常的国家对平均效应，有利于加强相关决策的循证依据。随着关税壁垒的降低，开放非关税壁垒成为当务之急。更为重要的是，根据该研究的主要结论，较小的贸易伙伴从进一步的非关税贸易壁垒削减或标准一致化进程中获益更多。就整体标准贸易效应而言，标准实施者需要明确实施的非关税措施是否适当、透明并以科学为基础。多边贸易体系正在逐步削弱，加强这一体系将有助于确保如同食品法典委员会等具备科学能力和充足资源的政府间组织制定大多数成员国都能接受的标准。学者同时提出，研究关注涵盖广泛政策工具的SPS措施，提供了针对农业部门标准贸易效应的一般结果（涉及一般农业部门），但没有提供具体标准对贸易影响的精确估计（针对具体产品的分析），如最大残留限量标准等。为更好地理解研究结果的机制，研究分析的扩展应考虑特定标准和特定产品。进一步的分析还可侧重于企业一级的交易和海关贸易数据，因此，研究的扩展应该考虑基于反对数引力模型在产品层面的应用或使用企业层面的数据，并考察是否在产品层面也存在相关的异质性。此外，学者认为该研究对标准的测度具有普遍性，并不能表示其严格程度，因此较难比较各国标准的严格程度究竟如何。进一步的研究可采用对特定产品设定相对严格程度的连续测量以比较国家对的特定标准差异，如最大残留限量标准。

农产品贸易的增加引起人们对食品安全的担忧，因为食品供应链变得更加相互关联，疫病和病原体越境的风险增加，各界出现对农药、食品添加剂或药品残留严格要求的相关质疑。这些风险影响到依赖畜牧业的群体生计并对国内和国际市场产生破坏性影响。各国要求采取贸易政策措施，在不施加非必要贸易限制的前提下解决粮食安全问题。以遵循贸易组织SPS措施和TBT措施确定的基础规则或实践守则为前提，从事动物产品贸易的国家需采取SPS措施和TBT措施以保护动植物和人类健康以及环境。这两项世界贸易组织协定旨在将食品安全与最低限度的贸易限制相协调，提供解决贸易争端和执行标准的透明机制。SPS措施旨在通过限制或禁止物质的使用、实施卫生要求或规范（如检疫、隔离）以防止疫病传播，保护动植物和人类的健康。技术性贸易壁垒措施涉及产品、工艺和生产方法特点，如技术规格和质量要求以及标签、标记和包装等，目的是保护环境、消费者安全和信息。SPS措施和TBT措施还包括认证、抽样、测试或检验要求等合格评定程序，如贸易国应保证履行相关法规。卫生和植物检疫措施及技术性贸易壁垒措施属于技术措施，是一类特殊的非关税措施。其广义定义是：除普通关税外，可能对国际货物贸易产生经济影响、改变贸易数量或价格或两者兼而有之的政策措施。因此，理论上预期技术性贸易措施会造成一定程度的贸易扭曲。由于非关税壁垒的技术复杂性和多样性，较难确定技术性贸易措施是追求食品安全等合法的国内目标，还是旨在保护国内生产者免受外部竞争[①]。此外，政府也会实施设计不当或针对性不强的非关税壁垒，这会提高贸易和生产成本，进而提高消费者面临的价格。

为了消除出于贸易保护意图的非关税壁垒，标准一致化是可选择的政策方法之一，能够在减轻出口企业成本负担的同时有效解决食品安全问题。因此，区域贸易协定通常会包括与非关税贸易措施相关的条款，特别是鼓励标准一致化和相互承认标准的条款。这类区域贸易协定的例子常见于欧盟参与的大多数双边区域贸易协定。学者们将区域贸易协定中的技术条款信息和贸易分析与信息系统-非关税措施数据库（TRAINS NTMs）相结合，以评估协调一致化、相互承认和合规性评估等深度整合条款的成本节约效果。如有学者考察欧盟内部农食产品市场标准一致化的成本节约效应。

深化区域一体化需要更好地理解非关税壁垒的发展动态，建立合理的指标有助于为政策制定者提供指导和参考信息。学者们基于SPS措施数据建立适合欧盟与农食部门主要贸易伙伴的异质性指标。也有学者提出双边限制性约束条件的指标，该指标利用了涵盖60多个国家中影响果

---

① Swinnen J, 2017: "Some dynamic aspects of food standards", *American Journal of Agricultural Economics*, 99（2），321-338.

蔬类产品的农药最大残留限量标准数据库。贸易分析与信息系统-非关税措施数据库提供了食品领域全球主要国家采取的非关税措施数据。此后陆续出现对不同国家非关税贸易措施实施方案相似程度进行衡量的指标，包括双边非关税贸易措施距离测度指标、监管重叠指标和非关税贸易措施相似性指数等。

肉类是全球贸易最为激烈的食品之一。技术进步和高效饲料转化率提高了肉类产量，加上贸易自由化和新兴经济体不断增长的需求，相关产量和贸易规模将进一步增加。同时，该行业也出现了反复爆发的疾病，如一些亚洲和东欧国家出现的疫病，而主要发达国家民众对动物福利的关注持续提升。肉类行业也受到特定贸易议题的影响。如美国和欧盟之间关于饲料中使用莱克多巴胺（Ractopamine）的争议，欧盟和中国等其他国家禁止使用莱克多巴胺，但这一添加成分在美国有所传播，并随之发生贸易转移。因此，2012—2015年间美国在中国市场的肉类进口份额从43%下降到18%，而同期欧盟的份额从44%上升到70%。需要凭借各国的共同力量并采取政策行动，尽可能地减少贸易摩擦以满足社会需求。

一些针对非关税壁垒的研究逐步缩小聚焦的部门范围，基于不同指标以使研究能够更深入地分析SPS和TBT监管模式及其在特定国家实施的相似性和差异性。但研究的目标仍停留在描述性领域，没有试图估计现有非关税壁垒的贸易影响及其趋同，因此，该研究利用了信息系统-非关税措施数据库来考察肉类贸易监管领域的SPS和TBT措施。该研究涵盖报告非关税贸易措施数据的57个国家，并在此范围内重点关注世界十大肉类进口国。这些国家的肉类总进口额占世界肉类贸易价值的95%，如果不包括欧盟内部贸易则占88%。欧盟肉类进口占世界肉类进口贸易价值的56%，居世界首位。大部分肉类进口贸易在欧盟内部进行，仅有约6%来自欧盟外的第三国。第二大进口国为日本（15%），其次为中国（6%）和俄罗斯（8%）。其余主要进口国包括美国（4%）、加拿大（3%）、澳大利亚（1.3%）及新加坡、新西兰和巴西（合计占1.4%）[①]。欧盟也是世界最大的肉类出口国之一，仅次于美国（分别为14%和16%，不包括欧盟内部出口）、日本（27%）和俄罗斯（15%），但欧盟对俄罗斯的肉类出口呈逐年下降趋势。

---

① UN Comtrade, "2019 International Trade Statistics Yearbook", https://comtrade.un.org/pb/downloads/2019/Voll2019.pdf, 2021-02-12.

有研究建立了两类非关税贸易措施的监管指标[1]：一是考虑进口企业视角的单边指标，这是描述非关税壁垒发生率的常用方法；二是侧重于考察进口国和出口国非关税贸易措施相似性或差异性程度的双边指标。即结合监管强度和多样性建立新的单项指标，并引入通常在贸易影响分析中被忽略的双边监管相似性指标。这类双边指标对于评估各国非关税措施的严格程度而言具有重要意义。原因在于，如果外国也采用类似标准措施对国内市场进行管制，则本国企业满足外国标准法规条例等所需的额外合规成本就会降低。鉴于欧盟在国际市场上贸易活动所占比重及其在促进双边区域贸易协定方面的积极作用，研究强调欧盟与主要贸易行为主体之间双边监管措施的相似性。学者结合非关税贸易壁垒的单边指标以计算进口国的监管强度和监管范围，结合非关税贸易壁垒的双边指标以计算贸易伙伴国的相对监管强度指数。该研究对每个进口国均计算了非关税壁垒的频率和覆盖率，并分别定义至少一个被非关税贸易壁垒覆盖的HS六位数贸易价值和所占百分比。结合数据和特定行业，各国各类别相关贸易量或交易价值均至少受到一项非关税措施的影响。

SPS和TBT等技术性非关税贸易措施是旨在保证进口食品符合国内安全标准的特殊手段。但研究发现，各国相关领域的监管强度和非关税措施的覆盖率均存在异质性。这一特点在SPS措施中表现得尤为明显，并引起重要的潜在贸易摩擦。2000—2018年，世界贸易组织共提出429个新的SPS特别贸易关注（Specific Trade Concerns，STC），其中36%与动物健康有关，33%与食品安全有关（WTO，2018）。某些类型的措施比其他措施更为统一，如所有主要进口企业均采用合格评定程序（A8）、卫生要求（A4）和最大残留限量法规（A2）。针对监管维度的研究发现，相对监管强度分析清晰地将美国和俄罗斯确定为SPS监管负担最高的国家，其次是澳大利亚和日本；新西兰、加拿大、欧盟和巴西处于中间位置；而中国和新加坡的监管相对较少。研究发现肉类行业的SPS法规随着贸易强度的增加而增加，与这一种观点相一致的考虑是，那些更多从事肉类贸易活动的部门和国家更有可能提出更多的特别贸易安全关切，由此引起更为频繁的监管行为。关税与单边监管指标之间也存在相反的关系，这支持将非关税壁垒视为关税替代物以实现贸易保护主义目标的看法，并与已有研究观察到的一般趋势一致。按收入分组划分，研究结

---

[1] Peci J, Sanjuan A I, 2020: "Regulatory patterns in international pork trade and similarity with the EU SPS/TBT standards", *Spanish Journal of Agricultural Research*, 18（1），17-39.

果也与相关研究对人均GDP与非关税贸易措施提高的趋势相一致，即贸易国中人均GDP提高与更密集地使用非关税贸易措施和降低关税措施有关。

SPS/TBT措施更适合一致化或协调的方式，原因在于，这些措施旨在合法解决食品安全问题。其他旨在消除或减少监管的措施则可能在科学证据不足、社会偏好各异甚至相反的情形下引发激烈争议，如饲料中的转基因生物、饲料中的莱克多巴胺等生长激素等。关于SPS措施（30%）和TBT措施（20%）的低相似性的研究结果显示，在各个子类别的非关税措施中简化技术法规（特别是SPS措施）面临挑战。从这一维度来看，双边自由贸易谈判能够通过相互承认技术措施的同等性而为贸易扩大提供条件。如欧盟和加拿大在2017年达成的综合性经济贸易协定（Comprehensive Economic and Trade Agreement，CETA）考虑承认影响肉类贸易的特定SPS措施的等效性。2018年6月，欧盟与新西兰之间发起的自由贸易协定谈判也是缩短监管模式中观察到显著标准距离（约20%）的理想实践。

学者们发现关于肉类行业SPS措施相似模式的研究结果与相关研究观察到的农业总体趋势一致，但各国监管趋势存在差异，欧盟和美国之间的监管框架联系更为紧密（平均指数为0.25，而研究的指数为0.33）。从全球范围来看，中国比美国更趋近欧盟法规的总体发展趋势。研究发现监管模式差异较小的贸易伙伴，通常会开展相对更多的贸易活动。这些结果指出了非关税技术贸易措施协调的方向。非关税技术贸易措施的协调和一致化，可以作为节约贸易成本的重要方式之一。这一结论不仅在整体贸易的场合中成立，对于欧盟内部的农产品贸易领域以及南方共同市场中均是如此。此外，研究结果显示，单边测量指标可能会影响一国对特定贸易合作伙伴相关贸易成本的判断。美国的监管措施比巴西更为严格，但美国和欧盟监管框架的相似程度较高，欧盟肉类出口企业会发现更易遵守美国的监管规定而非巴西。研究也提出相似性指数的定义仍相当宽泛，各子类中多种具体监管工具仍需引起足够的贸易关切。如美国肉类生产企业因使用β-激动剂（Beta-Agonists）严重阻碍了其向欧盟出口。这一具体措施属于A210（非微生物物质残留或污染的许可限量）的子类别，而欧盟和美国的监管都含有这一类别。

该研究的启示有三。第一，跨国的监管密集型（Regulatory Intensive，RI）措施仍受国内立法分歧影响。更详细的管制措施会导致更密集的监管，这需要进一步对指数定义进行完善。第二，相似性指数（Similarity Index，SI）转向非关税贸易措施类别，但非关税贸易措施又包含不同的度量方法，每个度量方法的具体要求可能不同。因此，根据研究采用的指数，类似的监管措施仍然符合一定程度的多样性，这可能会成为不容忽视的贸易障碍。信息系统–非关税措施数据库中相关资料对具体的非关税贸易措施进行了更详细的描述，可以通过利用其数据联系推进有关非关税技术贸易措施的研究。第三，研究试图为监管措施的相对监管强度（Relative Regulatory Intensity，RRI）提供更好的代理变量，但其依据仍然是对监管严格程度的近似值，因为所有类别的措施都具有同等权重，并未考虑达到这些要求的难度。学者认为，在最大残留限量标准中可以实现更为直接的定量度量。此外，度量指数存在一定主观性。更为重要的是，各国的监管指标通常以公布的各项标准、法规为基础。原则上这些标准可以得到严格执行。但从现实来看，如果缺乏对相关国家及其标准执行和执法机制等的深入了解，则无法对此进行判断。

　　学者考察了欧洲内外贸易标准差异，对国际橄榄委员会方法的精密度进行检验，并讨论重新验证方法以更新分析参数的必要性[①]。国际监管机构基于橄榄油有关化学研究提供的信息制定标准。国际橄榄油理事会（International Olive Council，IOC）率先提出限定橄榄油各种不同名称的参数及其真实性限度。尽管有美国油脂化学家协会（American Oil Chemists' Society，AOCS）、国际标准化组织、国际纯粹与应用化学联合会（International Union of Pure and Applied Chemistry，IUPAC）、含油种子和脂肪协会联盟（Federation of Oil Seed and Fats Association，FOSFA）等国际机构提出的替代方案，但其中大部分参数均可由国际橄榄油理事会制定的方法和程序来确定。国际监管机构之间分歧的核心在于具体标准所包含的参数限度水平。气候条件影响化学和生物化学途径，进而导致橄榄油化学成分的数量变化，因此有时需要更新标准和法规。参与橄榄油真实性评价的各机构采取持续行动，修改导致分歧的参数。橄榄油部门的协调监管活动成为当前面临的挑战。协调可来自监管机构之间的合作，以便就一些有待讨论的具体参数达成协议。同时，减少标准参数的数量也有利于促进国际贸易。在质量分析参数方面，国际橄榄油理事会公布的测试方法协议包括有助于了解其性能的精度值。对这些方法的评价是一项持续不断的活动。管理机构定期审查和更新这些方法，有助于改进分析质量参数、查明错误来源、考虑可能的解决办法并提出新的策略。

---

　　① Garcia-Gonzalez D L, Tena N, Romero I, et al, 2017: "A study of the differences between trade standards inside and outside Europe", *Grasas Y Aceites*, 68（3），1-22.

测度方法的验证不仅限于精密度，灵敏度、选择度、检测限度、定量限度等重要参数都与准确测度有关，需要被纳入其中。这些方法在真实性和质量控制方面被证明具备有效性，针对其性能测试的补充提高了橄榄油部门不同行为者对产品的信任度。

食品标准是监管机构制定的计量规则，由政府、食品企业和零售商执行。制定食品标准的目的是确保消费者知晓从农场到餐桌这一食品系统的信息，同时增加最终消费者可获得的准确信息。食品标准能够帮助消费者就其购买的食品做出决策。过程标准、产品标准和信息标准是食品领域中三种不同的标准：过程标准提供保障，产品标准规定特性，信息标准涉及产品标签和其他信息元素。大多数法规将这三种标准相结合以规范食品加工和销售。对于食品加工商和零售商而言，标准有助于区分产品、向消费者传达产品质量和安全信息，可以作为重要的竞争战略。标准对发展中国家贸易的影响已成为重要议题，因为发展中国家贸易企业在遵循标准时通常面临困境，但标准对于国际贸易而言为强制性。各国政府、国际组织和私营企业通过对产品实行强制性最低标准以确保质量和安全，并禁止销售不符合最低标准的产品。

针对食品和药品标准，美国食品和药品管理局出台快速批准计划，涉及证据标准、监管权衡和潜在改进。美国食品和药品管理局通过完善监管计划和实施途径以加快开发和批准治疗药物，旨在为重症或生命衰弱的患者改善治疗条件。这些计划的共同特点之一是监管灵活性，即允许在不完全严格证据基础上采用专门定制的批准方法进行市场授权，药品上市后则成为证据标准的依据。食品和药品管理局批准的治疗药物中日益增长的份额与这类加速批准项目有关。该研究提供了食品和药品管理局审查计划的快速发展及其所要求证据标准的概况。有证据表明，食品和药品管理局加速项目中的治疗药物在逐渐减少的研究基础上获得批准，存在缺乏对照组和随机分配实验的可能。这一做法并未关注研究终点的临床结果，而是依赖疾病的替代标志物。一旦进入市场，获得快速批准的代理人往往很快被纳入临床实践，而药品上市后产生的证据并不确定能够解决进入市场时的证据限制。此外，并非所有批准途径都需要提供额外的药品上市后研究。学者们认为，食品与药品管理局对快速审批计划中的药品进入市场后采取安全措施的可能性提高。改进措施包括：提供及时、有效和有价值的信息，对上市前和上市后均开展研究的治疗药剂适用快速批准途径。研究认为，如果不能通过更严格的评估，证明非随机和非对照研究对患者相关临床结果的相关性有所改善，那么减少药品上市后随机试验的持续时间、复杂性和机会成本，不应损害其有效性。在设计上应纳入经验证据。尽管可以在监管环境中广泛使用现实世界的经验证据、适应性设计和试验，但在大规模实证评估证明这些方法与传统试验设计具有的有效性之前，对该做法应保持适度谨慎。

在考虑有跨国企业参与的全球食物链管理时，对食品标准的制定和评估成为重要内容。巴西牛肉业主要面向国际市场出口，2001—2002年出口10多亿美元。主要的牛肉加工商为当地企业，而并非由跨国企业食品主导的子公司。巴西也是牛肉的较大消费市场[①]。有研究旨在考察巴西牛肉管理者如何应对牛肉出口标准的迅速扩大和强化，并从发展中国家角度出发评估巴西牛肉连锁企业的收益和面临的威胁[②]。研究基于巴西牛肉链中的私有和公共标准的案例，考察巴西出口企业如何重新定位自己在供应链上的战略地位。该问题涉及巴西牛肉出口企业在供应链中对其战略地位进行重新定位。学者从国际食品标准、专利和全球连锁治理视角出发，结合向欧盟出口新鲜牛肉的大中型企业进行案例分析。研究结果分析了通过促进完全遵守强制性标准进而推动最佳做法升级的治理类型。这项研究表明，标准对意图提高国际竞争力的企业而言具有重要价值。基于巴西牛肉零售业竞争力的分析认为，需要将改善巴西牛肉产业链的标准协调作为关键内容。从巴西牛肉零售企业的角度来看，竞争力不强源于供应链标准的不协调，相关企业并未实施供应链管理。这些问题的解决取决于企业实施的供应链管理以及政府的政策。零售环节相关负责部门应考虑到巴西牛肉零售业高度集中的特征对国内市场上牛肉连锁店的影响。该研究从国际贸易发展背景和标准影响日益扩大等两方面提出建议，并将标准协调的概念扩展到治理领域。研究结论有助于了解巴西的牛肉供应链如何面对不断变化的国际市场，政府如何制定有关牛肉供应链的相关国内条例和适当公共政策以完善私有标准和公共标准管理，从而提高牛肉出口业的整体竞争力。

食品标准对国际贸易而言为强制性。发展中国家的出口企业期望通过提高其市场份额和国际竞争力进入高价值食品市场。为实现这一目标，企业必须充分回应消费者对食品质量安全的关切。由于污染和疫病对牛肉消费者产生负面影响，标准对于牛肉行业的重要性进一步提升。食品及其制品领域存在各类不同标准，包括来自食品法典委员会的国际公共

---

① 根据美国农业部的数据，巴西人均牛肉年消费量为35.5公斤。

② Vieira L M，2006："The role of food standards in international trade：assessing the Brazilian beef chain"，*Brazilian Administration Review*，3（1），17–30.

标准、进口方的公共标准（可能因国家而异）、外国（进口）零售企业的标准、国内公共标准和国内零售企业的标准等。在整个供应链中这些标准覆盖共同、完整的范围以规避风险，大多数发展中国家将其视为国际贸易的非关税壁垒。但若发展中国家能够符合农产品和食品领域的公共和私有标准，将有助于扩大高价值和高附加值食品的出口贸易。

全球商品链管理是国际商务研究的重要领域，专注于企业间的关系治理。全球连锁店由多国多个业务合作伙伴组成，旨在提高跨国公司的整体绩效。全球商品链管理（Global Commodity Chains，GCC）是一种分析方法，侧重于考察全球生产中的治理结构和体制框架，以及制造业在发展中国家的扩散。全球商品链分析方法有助于考察全球化的复杂议题以及发展中国家的经济增长和减贫前景。全球商品链分析通过强调买方驱动供应链的主导地位来达到这一目的。零售商对供应商实施严格的质量和食品安全标准从而在非价格因素上开展竞争的做法还较为有限。维埃拉（Vieira，2006）区分了两种类型的连锁管理和治理结构，即生产方驱动和消费方（买方）驱动。

具体而言，生产方驱动的治理结构，是指跨国企业（通常是大企业）协调整个供应链的各个链条，突出表现于汽车行业和计算机等资本和技术密集型产业领域。如福特和通用汽车等生产方驱动的连锁店经营模型。消费方（买方）驱动的治理结构，是指以买方为导向专注于零售企业和名牌商品连锁店的统一治理。企业通过保持严格的质量标准和价格不断对产品和包装进行革新，且相互竞争激烈。如耐克和锐步等，这些企业基于消费方驱动设计或销售其产品。维埃拉（2006）认为，两种类型的治理结构形成分别由生产方和买方驱动的两类系统。不同系统之间会有对比但并非相互排斥。大企业发挥治理者的角色，制定、实施和监督自己的标准。这些大企业可能是拥有技术和生产信息的制造企业（生产方）驱动，或拥有和专注于传达市场信息的零售企业或品牌企业。传统上食品行业一直表现出由生产方驱动的连锁治理特点，即以大型加工企业为主导，如雀巢等。但零售业的集中度对大型加工企业的地位形成挑战。大型零售企业引领食品行业表现出更多的买家驱动特点，特别是由于自身成功的品牌战略。连锁企业的监管者是标准的制定者，应具有足够的规模和能力来对标准进行监督，而供应企业应具备投资以达到标准的能力。参与连锁企业的理事方则增加了零售企业在供应链中承担的责任。这些企业快速发展并致力于在全球拓展竞争性连锁企业。

研究进一步描述了不同代理人在制定和监督标准方面发挥的不同作

用，确定何方负责这些任务对于了解供应链发展动态至关重要。作为战略决策者，治理者决定连锁企业的未来发展，而治理和标准之间的联系明显。世界贸易组织等负责形成全球规范的国际机构主要体现立法治理，各国政府制定标准（如巴西农业部）。最后，行政治理依赖于私有标准。因此在整个食品供应链中可以根据现行标准通过不同的方式和不同的代理人实施治理。供应链中有部分活动由流程协调和控制，而其他活动由现货市场交易监管。治理不仅传递技术信息（如技术标准），还可传递市场信息，帮助公司预测消费者趋势和确定利基市场。研究提出，连锁治理的形式会影响出口企业进入国际市场的机会及其国际竞争力。

全球农食贸易体现善意性质和对其社会作用的不同解释。世界贸易组织的农食管制制度特别是《实施卫生与植物卫生措施协定》，建立在农食消费的工具价值基础之上。在这种价值基础上，农产品和食品被视为商品并按照国际贸易规则进行交易。与此同时，如全球良好农业操作认证等私有标准和各种有机标准不断出现，这些标准广泛体现了后物质主义价值观，表明农产品和食品的购买和消费也是社会、道德甚至政治活动。有研究考察了农食伦理标准体系与全球贸易是否与世界贸易组织规则平行①。学者们针对世界贸易组织农食贸易体制与全球经济一体化的关系进行分析，讨论了有机食品贸易制度的演进。研究认为，相互竞争的价值观可在平行的制度中共存，并在共生关系中保护每个制度的价值基础、表达唯物主义者和后唯物主义者对食物本质的理解。

与饮食有关的非传染性疾病是一项全球卫生挑战，需要多部门出台政策应对。面对强有力的全球贸易自由化议程，该领域实施的贸易政策取得了不同程度的成功。学者研究了限制食品供应中含脂肪肉类和预防非传染性疾病等相关标准的制定、实施和结果②。加纳政府实施了一项创新的食品标准政策，限制肉类的脂肪含量以应对不断增加的低质量高脂肪肉类进口。这些标准针对与高脂肪肉类有关的健康问题而制定。学者们以加纳创新贸易和食品政策的实践作为研究依据，分析了政策制定的背景因素以及政策制定的过程和结果，以便在其他司法管辖区进行政策推广和学习。为符合加纳做出的多边贸易承诺，相关标准由贸易部门和

① Daugbjerg C, Botterill L C, 2012: "Ethical food standard schemes and global trade: Paralleling the WTO?", *Policy and Society*, 31 (4), 307-317.
② Thow A M, Annan R, Mensah L, et al, 2014: "Development, implementation and outcome of standards to restrict fatty meat in the food supply and prevent NCDs: Learning from an innovative trade/food policy in Ghana", *BMC Public Health*, 14 (3), 78-110.

卫生部门合作制定并适用于进口肉类和国产肉类，期望减少加纳食品供应中的低质量高脂肪肉类。研究表明，标准的使用可减少国家食品供应中的高脂肪肉类。这一做法的有效执行也面临挑战，因为通过标准减少食品供应中高脂肪肉类（主要是进口肉类）的做法必须在遵循全球贸易法的基础上进行。加纳政府制定了兼具灵活性和功能性的政策适用方法以促进针对政策的学习活动。如贸易部门与卫生部门在每阶段进行协作，充分考虑对国际贸易法的遵守和政策的战略执行，并提升公众对这一努力重要性的认识。

这项研究表明，使用标准可减少国际农食市场中的高脂肪肉类供应。学者认为在加纳，标准被用来大幅减少高脂肪肉类的进口；在其他国家则可以适用于其他被认定存在健康问题的产品。通过采用标准以减少食品供应中高脂肪肉类这一做法的主要优点在于，标准方法符合全球贸易法，与对相关领域特定产品实施贸易禁令相比更具合理性。在贸易自由化时代，全球、区域和双边贸易协定会影响到所有国家，以农食供应为重点的非传染性疾病预防干预措施必须与这些协定保持一致，避免干预措施与贸易协定产生冲突[1]。研究认为：第一，该标准不区分进口肉类和当地肉类，并适用于现有进口和当地肉类。因此，它们符合非歧视这一核心贸易自由化原则，该原则防止各国根据原产国对货物进行歧视对待，或在同类产品之间实施歧视。这一点也是标准做法与使用进口或销售禁令限制有关国家特定部分高脂肪肉类进口做法之间的关键区别。第二，制定这些标准是为了回应对人类健康的关切，这是根据世界贸易组织规则（特别是《关税及贸易总协定》第二十条）以及《实施卫生与植物卫生措施协定》和《WTO技术性贸易壁垒协定》，允许实施影响贸易措施的理由。第三，从技术角度来看，这些标准具有合理性，因为最大脂肪百分比标准基于公众健康考虑，并统一适用于所有高脂肪肉类。

实施标准这一做法面临的困难在于，尽管《实施卫生与植物卫生措施协定》和《WTO技术性贸易壁垒协定》都建议采取基于相关国际标准的措施，但在预防与饮食有关的非传染性疾病方面仍缺乏关于高脂肪肉类的国际标准。同时，这一措施是否属于这两类协定仍有待明确。在2001年世界贸易组织贸易政策审查中，这一措施被归类为标准（在《WTO技术性贸易壁垒协定》的范围内）；但在2008年审查中，这一措施

---

① Thow A M, Annan R, Mensah L, et al, 2014: "Development, implementation and out-come of standards to restrict fatty meat in the food supply and prevent NCDs: learning from an innovative trade/food policy in Ghana", *BMC Public Health*, 14 (3), 78-110.

被归类为 SPS 措施。高脂肪肉类标准缺乏明确性，源于标准在农产品的应用（通常由《实施卫生与植物卫生措施协定》监管），这些标准并不符合《实施卫生与植物卫生措施协定》的正式要求，因为 SPS 措施侧重于害虫和食源性疾病（如保护成员国领土内人或动物生命或健康免受食品、饮料或饲料中的添加剂、污染物、毒素或致病有机体引起风险的相关措施）。相关国家实施的产品禁令更直接受《实施卫生与植物卫生措施协定》管制。由于《WTO 技术性贸易壁垒协定》将标准和技术法规定义为描述产品特性的文件，则基于标准的政策措施（如使用特定的食品标准来规定可接受肉类的脂肪含量特征）可能构成技术性贸易壁垒。

这一区别对从技术角度证明国际贸易法措施正当性的要求产生影响。《WTO 技术性贸易壁垒协定》（第二条）要求措施不具有歧视性，而且对贸易的限制不超过必要程度。就农食领域的相关干预而言，这些要求低于《实施卫生与植物卫生措施协定》，因为后者要求进行风险评估。鉴于这一关于肉类中脂肪百分比的标准可能属于《WTO 技术性贸易壁垒协定》的职权范围，因此，该政策的理由可基于两点进行考虑：第一，该措施与总体政策目标（减少高脂肪肉类消费）之间的明确关系；第二，在制定基于公共卫生风险的政策中所采用的非歧视性机制。研究结果表明，使用基于标准的方法来减少食品供应中的高脂肪肉，所面临的主要挑战是有效的执行。加纳的最高脂肪标准目前未纳入进口前检查，执法重点放在两个具体的肉类品种上。这反映了对中低收入国家使用此类标准的担忧，尤其是全面执行的费用（脂肪含量的实验室检测，区分切割中的个体差异等）。但在加纳，如果仅对超过规定脂肪百分比的肉类适用标准，则能够在维持较低执行成本的同时保证功能上的有效性。这种应用方法仍然允许适应食品环境的变化。如在 20 世纪 90 年代中期，开始使用该标准减少高脂肪肉类进口，这使得它比针对特定产品的禁令更可取。此外，由于此类投诉可能导致对进口产品的更广泛适用或更严格的检测，行业会缺乏对标准的遵从性。

目前尚不清楚这些标准的总体效果是否在改善饮食和预防非传染性疾病方面得到体现。加纳依然面临营养不足与营养过剩的双重负担。由于本身的低蛋白质含量和高脂肪含量，低质量的脂肪肉可能对这两方面的问题均有影响。2013 年在加纳库马西曾进行一项消费调查（$N=60$），85% 的受访者在调查中认为避免使用脂肪肉会导致疾病，仅有 15% 的受访者认为健康标准应该是减少脂肪肉的消费。52% 的受访者（超过半数）对限制购买脂肪肉政策的长期效果持乐观态度，并支持将脂肪肉限制购买政策作为改善健康和预防疾病的手段。研究提出了加强标准实施和执行的两种途径。其一，加纳可以要求向具有强制性标准要求的国家提交进口报告①。其二，对相关标准采取区域办法，减少高脂肪肉制品的跨境贸易。西非国家经济共同体（Economic Community of West African States，ECOWAS）也推进了制定统一区域标准的工作进程。

一些国家出现与饮食有关的非传染性疾病日益加重的问题，该案例研究为面临这些负担的其他国家提供了四个方面的政策启示②。其一，成功启动、制定和执行这项政策需要非洲国家贸易部和卫生部在每个阶段进行合作。其二，认真考虑和证明在适用国际贸易法方面可以使用的政策工具。以政策为核心以进一步纳入对公共卫生及相关要求的考虑。技术措施和标准必须为非歧视性且对贸易的限制不应超过必要程度。其三，针对消费中特定的不合规产品，以较低的成本制定并实施该政策。其四，定期对公众公布信息和执法措施，支持相关产品供应链措施的持续有效性。学者们同时提出，可以考虑将以农食供应为导向的政策方法作为一揽子干预措施的一部分③。

马来西亚的食品部门受到高度管制，主要包括卫生与植物检疫措施、技术性贸易措施、产品质量和限制性物质等技术措施。学者以马来西亚食品进口为例研究东盟食品贸易标准与法规的协调④。由于各成员国之间统一食品标准的进展缓慢，管制的异质性被认为是东南亚国家联盟食品贸易的挑战。研究利用综合性非关税措施数据库考察马来西亚粮食部门非关税措施的覆盖面、频率和多样性，并分析非关税措施对东盟粮食进口的影响。实证结果证实，技术措施总体上限制了进口。协调区域一级的食品标准和法规对于促进贸易较为重要。建立食品安全法规的共同领域集中在技术性贸易措施和特定行业以实现监管趋同发展。农食部门尤其如此，因为完全统一农食标准在现实中难以实现，在政治上也不具有可行性。

食品安全标准是全球贸易的主要非关税壁垒之一。有研究考察了欧

---

① 2011年，美国农业部对向加纳的出口企业提出了新的要求，要求用脂肪百分比标记家禽出口。

② Thow A M，Annan R，Mensah L，et al，2014："Development，implementation and outcome of standards to restrict fatty meat in the food supply and prevent NCDs：Learning from an innovative trade/food policy in Ghana"，*BMC Public Health*，14（3）：78–110.

③ 如世界卫生组织"全球行动计划"所建议的做法。

④ Devadason E S，Chandran V G R，Kalirajan K，2018："Harmonization of food trade standards and regulations in ASEAN：The case of Malaysia's food imports"，*Agricultural Economics*，49（1），97–109.

盟贸易标准对埃及中小农产品出口绩效的影响①，主要针对埃及中小农产品企业面对欧盟食品安全和质量标准的扩散和强化对其出口表现的影响。基于调查数据和概率单位回归（Probit）模型开展的实证研究表明，标准认证是埃及农食产品进入欧盟市场不可或缺的市场准入工具。遵循标准而减少边境拒绝和扩大现有出口市场的可能性与企业在农产品出口业务方面的经验有关。与此同时，学者结合伊朗鱼类产品出口，研究食品安全标准（汞限量标准）对鱼类国际贸易格局特别是对发展中国家贸易的影响②。研究利用基于平衡面板数据并结合引力模型，实证数据涵盖2006—2015年间八个主要鱼类产品进口国。研究发现，结合汞限量标准的估计系数来看，包括汞限量标准在内的鱼类安全标准是影响鱼类出口的重要因素之一。此外，国家间的食品安全监管标准的相似性也会增加贸易伙伴国之间的鱼类贸易。双边地理距离、双边贸易协定和实际汇率等其他解释变量对鱼类产品出口具有显著影响。研究结果表明，伊朗的鱼类出口与进口企业的汞限量标准水平呈负相关。因此，调整鱼类产品标准，采用符合进口国实施的汞限量标准要求的处理方法进行生产，对增加伊朗鱼类出口至关重要。③

（五）转基因标准分析

不同国家和地区对转基因生物的公共政策存在很大差异，导致市场分裂并对国际贸易体制提出挑战。日本和欧盟等国对于重要农产品进口企业的转基因法规严格，与美国和阿根廷等出口企业宽松的转基因法规相反。这对发展中国家决定转基因作物生产和监管战略而言不容忽视。尽管在一些亚洲和非洲国家通过转基因作物获得的潜在收益较高，但发展中国家企业也面临着消费者强烈反对转基因作物进入发达国家市场和本国市场的潜在损失。学者们针对转基因生物（Genetically Modified Organisms，GMO）标准进行研究，定量分析转基因标准对农产品双边贸易

① Hatab A A, Hess S, Surry Y, 2018: "EU's trade standards and the export performance of small and medium-sized agri-food export firms in Egypt", *International Food and Agribusiness Management Review*, 22, 689–706.

② Mohammadi H, Saghaian S, Aminizadeh M, et al, 2020: "Food safety standards and their effects on Iran's fish exports", *Iranian Journal of Fisheries Sciences*, 19 (6), 3075–3085.

③ 国内学者的相关研究包括：鲍晓华（2011）发现，在国际谷物贸易市场，进口国食品安全标准、中国食品安全标准均会对中国谷物出口产生显著的抑制效应。宋海英（2013）研究认为，质量安全标准对中国浙江食品出口发达国家市场（如日本等）的贸易促进效应大于抑制效应。谢兰兰等（2017）也提供了关于标准影响农产品贸易的研究综述。

流动的影响①。该研究建立了转基因监管的综合指数，并利用引力模型表明转基因监管的双边差异会对贸易流量产生负面影响。这种负面影响尤其受到标签、批准流程和可追溯性等因素的驱动。政治经济学视角的研究表明，转基因标准对贸易而言为内生。因此，研究处理了可能的转基因标准对贸易的内生性问题，研究结果稳健。也有学者使用引力模型来估计欧盟事实上暂停转基因作物（如禁种转基因植物）对贸易的影响。研究表明，相关禁令以及其他欧洲转基因标准对出口国产生了负面的贸易影响②。在转基因法规方面存在明显差异的国家之间贸易额明显减少。因此，国家间转基因标准的一致化对于促进贸易具有重要意义。有关转基因标准贸易效应研究的主要政策含义在于，转基因标准的全球协调进程将产生重大的积极贸易效应。

此外，卡斯特拉里等（Castellari et al，2018）研究了美国和欧盟的食品加工商和零售商非转基因标准及法规的推动作用。自愿性标准在重塑欧盟和美国的非转基因标签体系方面日益重要。该研究比较了欧盟和美国两个市场中涉及转基因食品生产的有关强制性和自愿性标签方案。研究基于欧盟和美国的转基因标准监管框架对实施私营和公共自愿标准的激励措施进行分析③，强调欧盟和美国转基因监管框架之间的相似性以及转基因领域公共标准和私有标准之间的趋同，并明确了非转基因市场未来发展的潜力。

学者们研究了消费者对转基因食品标签系统（如含转基因与非转基因标签）的看法是否存在差异性④。该研究考察消费者对中国转基因食品标签体系的认知，特别是比较强制性含有转基因标签和自愿性非转基因标签。结合调查数据的分析发现，推动自愿性非转基因标准制度和强制性含有转基因标准制度的因素存在差异性。相对于自愿性非转基因标签制度，消费者认为强制性含有转基因标签这一制度更为重要。如果消费者拥有更客观的转基因食品知识、更关注转基因食品的健康影响、购买

① Vigani M，Raimondi V，Olper A，2012："International trade and endogenous standards：the case of GMO regulations"，*World Trade Review*，11（3），415-437.

② Disdier A，Fontagne L，Cadot O，2015："North-South standards harmonization and international trade"，*World Bank Economic Review*，29（2），327-352.

③ 张华和宋明顺（2015）研究认为，国际贸易中标准的重要性在农产品贸易流向、规模、贸易仲裁和贸易条款等领域均有体现，应从短期策略和长远战略等方面进行应对。

④ Zheng Q，Wang H H，2021："Do consumers view the genetically modified food labeling systems differently？'Contains GMO' versus 'Non-GMO' labels"，*Chinese Economy*，54（6），376-388.

转基因食品的意愿更低以及收入更高，会倾向于认可这两种标签系统均具有重要性。对于那些认为自己食用了转基因食品却未被告知（没有意识到）的消费者而言，会认为强制性的含有转基因标签更为重要。此外，那些认为转基因食品不安全并反对转基因技术的消费者则认为自愿性非转基因标签更为重要。研究结果为实施强制性转基因标签提供了制度视角的支持。

国际法律文书，如《生物多样性公约关于获取遗传资源和公平公正地分享利用遗传资源所产生惠益的名古屋议定书》（简称《名古屋议定书》）和《粮食和农业植物遗传资源国际条约》（International Treaty on Plant Genetic Resources for Food and Agriculture，ITPGRFA），旨在为公平分享遗传资源的利用。然而，许多利益相关者将这些承诺视为商业活动的障碍，而非激励因素。如果情况确实如此，《名古屋议定书》可能弊大于利，并提出一个根本问题：名古屋议定书能否从障碍转化为机遇。舍贝斯塔（Schebesta，2021）研究了私有标准在确保遵守遗传资源和传统知识获取和分享义务方面的潜力，并讨论以消费者为基础的机制，通过使用私有标准以激励《名古屋议定书》缔约方来履行义务，以此作为利益共享的积极驱动因素。这种方法比使用私有标准作为实现工具更进一步，并表明其可以从消费者的角度利用行业优势，特别是附着于产品之上且面向消费者的标签。学者们建议采用该研究策略来解决这一问题。

菲舍尔和海斯（Fischer and Hess，2021）研究了瑞典媒体关于转基因农产品的辩论，考察受媒体关注的农户议题。该研究对瑞典媒体关于转基因的争论进行纵向分析，比较普通媒体和农业媒体对转基因的相关报道。资料主要包括1994—2018年瑞典日报、晚报和农业出版物上发表的近1400篇关于转基因食品和农业的文章。学者们结合内容分析和统计模拟技术，确定数据集中的结构性特征，并识别争论如何随时间推移而转移。研究结果表明，瑞典媒体对农民的重要问题给予特别关注。这场辩论在20世纪90年代中期最为激烈，此后，报告转基因生物的频率总体下降，辩论的负面影响逐渐减少。普通媒体对农民的观点给予了比预期更多的关注。全球发展中国家小农农业和粮食安全始终是全球各方关于转基因辩论的核心，但并未对瑞典的媒体言论产生重大影响。

由于消费者对转基因生物持负面态度，以及不同国家的转基因生物标签立法留下的空间，一些零售商和加工商引入自己开发的非转基因标准，旨在避免其产品中存在转基因生物。戈齐等（Ghozzi et al，2016）应用交易成本法与基于资源的观点，研究非转基因标准对家禽供应链治理的影响。研究旨在了解这些新的零售商驱动标准的实施如何影响供应链的治理结构，以及这种变化的决定因素。学者们对非转基因引入法国和意大利家禽业的案例进行调查研究，主要依据是对供应链五个阶段（从零售商到动物饲料和作物生产）主要参与者开展访谈收集的数据。调查结果表明，非转基因产品的引入对供应链上的交易产生不同影响，通常会导致更广泛的联系。理论相关性取决于观察到的交易和考虑的治理结构类型。基于资源的观点能够解释当观察到这种情况时，供应链治理向分层治理的转变。该研究致力于实证文献，强调采用新标准所产生的上游效应。在理论方面，基于开创性工作，并利用机会主义、潜在优势知识和活动的战略重要性等概念，学者们提出用于确定交易成本法和基于资源的观点下供应链治理结构及其决定因素的比较研究框架。

四、标准与服务贸易分析

（一）审计标准分析

20世纪90年代，英国经济增长势头强劲。与此同时，各界对于企业的持续经营特别是审计标准的关注显著增加。学者们研究了审计报告标准和持续经营审计标准对持续经营披露率的比较影响，并分析新审计报告标准与强化审计程序标准在解释这一变化方面的影响。研究发现，财务困境公司中持续经营修改率的增加与引入对抗性较小的审计报告标准（SAS第600号）直接相关。持续经营程序标准（SAS第130号）对研究结果未有显著影响。学者们认为，该发现突显了标准制定者在寻求加强披露时提升审计报告表述的重要性。

伊拉斯谟等（Erasmus et al, 2013）基于南非与其他特定区域的对比，研究内部审计标准的充分性、使用和遵守情况。研究重点是确定南非内部审计专业实践国际标准的充分性，以及与新兴经济体和发达经济体其他特定区域的标准相比，考察当地实体如何遵守这些标准。开展分析、解释和比较所使用的数据来自美国内部审计师协会研究基金会的公共知识体系问卷调查对象数据库。调查结果表明，该类标准为内部审计师提供了充分的指导，南非受访者的评级最高。南非受访者还表示，与其他特定地区相比，其组织遵守标准的比率最高。该项研究阐明了相关方不遵守标准的可能原因，研究结果对其他新兴经济体的内部审计师以及内部审计研究人员具有价值，可以作为进一步研究的参考。

在当前经济发展条件下，所有者和股东必须获得对实体业务有效性的独立专家评估。面对质量控制要求不断增加的发展趋势，改进审计分析程序的必要性得到证实。有必要确定企业财务稳定性估计的不足之处，并通过比较各系数的实际值和最优值标准以保证企业实体的财务稳定性。项目计划中使用的标准具有通用性，未考虑行业和企业活动的具体情况。在许多情况下，这种对金融稳定的评估实际上并不反映管理问题的实际情况。其原因在于，金融稳定的大多数相关指标由自有资本和借入资本的比率决定，而并未考虑其结构和形成特点。此外，通过比较各系数的实际值和最优值标准，有益于确定实体的财务稳定性。纳扎罗娃等（Nazarova et al，2019）探讨了审计分析程序的本质、层次和类型，确定在乌克兰经济发展条件下审计分析程序应用的特点，研究提高质量控制标准框架内的审计分析程序。在将现代信息技术应用于审计时，相关方需仔细对待软件产品的选择和结果的最终解释。该研究考虑了国民经济不同部门的具体情况，提出金融稳定指标最优值标准的细化和扩展列表。学者们同时建议审计师在评估企业实体（客户）的财务可持续性时考虑其活动特点，并据此调整标准。为提高审计质量，分析程序的使用应足以达到审计之目的，其行为成本应与所获得的结果相关联。从这一视角出发，有必要在审计中更广泛地应用分析程序标准。

在官方的国际贸易统计中，每对国家（贸易伙伴国）之间的年度贸易报告有两次：一次由进口国报告，一次由出口国报告。这一双重报告造成审计问题。凯伦伯格和莱文森（Kellenberg and Levinson，2016）基于逃税、腐败与审计标准研究贸易误报问题。原则上两个报告的贸易价值只应在运输成本方面存在系统性差别，因为进口企业报告的价值包括运费和保险费。但实际上在控制距离和其他标准贸易成本之后，进出口国所报告贸易价值之间的差距随国内生产总值、贸易协定、审计标准、关税和税收、腐败的不同而出现系统性变化。这表明其中存在有意误报贸易数据的问题。这些误报会影响贸易协定和国内财政政策以及对这些政策效力的实证评估。研究提出，在解释贸易报告不足的动机方面除税率分类以外，考虑国内税率、审计和会计标准的力度以及腐败等与政策有关的国家特征等具有重要意义。各国政府和海关当局须考虑这些因素，审查跨国贸易关税和与逃税有关的多样性收入来源。

该研究通过分析进出口企业报告的贸易差异，考察贸易误报的证据。研究策略在一些方面不同于前期研究。第一，使用一组包含数百个国家自2011年以来的总贸易数据，而非特定国家或地区的详细行业数据，研究可检验误报逃税的一般模式。研究结果适用于不同发展水平的各类国家和所有经济部门。第二，研究可对一般结果进行分解，比较富国和穷国以及贸易协定成员国和非成员国的误报逃税情况。第三,研究考察了除关税之外的国家特征,这些国家特征会导致贸易误报,如税收、审计标准、腐败和资本管制等。研究结果发现,对于非区域贸易协定成员国,较高的关税与进口报告严重不足有关。对于高收入的非区域贸易协定成员,其误报逃税的弹性系数是低收入非区域贸易协定成员的三倍。对属于同一区域贸易协定成员的国家对而言,高收入进口国的逃税效应并未完全消失。当大多数国家的平均税率接近零时,逃税并非虚假报告的相关动机。结果表明,各国的发展水平以及它们参与区域贸易协定都会影响到关税规避的效果。该研究还发现,当审计和会计标准较低、出口企业税率较高时,出口少报现象会增加。同样,消除腐败减少了进出口双方的误报,特别是在低收入国家。研究的政策含义在于,从分类税率的角度来看时,与政策相关的国家特征(如国内税率、审计和会计标准的力度以及腐败等)对于解释贸易误报(如少报出口)动机具有重要意义,各国政府和海关当局应考虑这些因素。

此外,会计准则标准产生的有用信息有助于缓解经济体内部的信息不对称。普罗哈兹卡和佩拉克(Prochazka and Pelak,2016)研究了现代会计方法及其与标准制定的相关性。研究区分了会计准则标准的三种功能,即决策有用性、合约和信号。会计职能的理论分类也与其准则标准的制定有关,因为不同的决策任务需要不同的会计信息集。会计准则标准制定者面临挑战,需辨别具体情形下何种功能应优先于其他功能。制定者经过充分考虑的会计成本效益分析,基于会计标准研究的结果为优化会计过程提供有益投入。学者们对国际会计准则理事会财务报告概念框架的分析表明,会计方法会对国际财务报告标准的内容产生影响。

(二)金融标准分析

伊斯兰金融业的快速增长引起国际金融界关注。预计伊斯兰银行业务能够吸引储蓄总额的40%至50%并在全球范围内扩展。伦敦国际金融服务局(International Financial Services London,IFSL)数据显示,2008年底伊斯兰合规资产增长至9510亿美元,较2007年的7580亿美元增长25%,较2006年的5490亿美元增长约四分之三。伊斯兰金融业发展面临标准化问题。为解决该行业存在的问题以及明确政策和治理中的指导方针,推动伊斯兰金融业实践和治理指南的必要性凸显。在这一背景下,国际组织和国际标准制定机构相继成立,如伊斯兰金融机构会计和审计组织(Accounting and Auditing Organization for Islamic Financial Institutions,AAIOFI)、国际伊斯兰评级机构(International Islamic Rating Agency，AIRA）、伊斯兰金融服务委员会（Islamic Financial Services Board，IFSB）、流动性管理中心（Liquidity Management Centre，LMC）等。联合国国际贸易法委员会（Uited Nations Commission on International Trade Law，NCITRAL）在制定国际贸易法逐步协调和现代化国际框架方面的相关作用同样受到关注。尽管这些实体发布的标准并非强制性，但一旦纳入国内条例，这些标准就对参与国主体产生约束力。参与方之间会发生纠纷，如果合同涉及国际贸易因素，还会加剧问题的严重程度。亚科布和阿卜杜拉（Yaacob and Abdullah，2012）采用质性研究方法，提出伊斯兰金融在国际层面的标准化策略。该研究旨在分析相关机构发布的标准对全球市场的法律效力，考察标准缺失所产生的法律后果，并探讨伊斯兰金融在全球化过程中所面临的挑战，提出伊斯兰金融法律框架的规范化建议。

法律不确定性是伊斯兰金融业在国际法律框架下面临的问题之一，缺乏标准化可能导致严重后果，而单方面制定标准可能对国际贸易产生负面影响。学者们针对这一问题进行讨论，目的是阐明制定一项国际标准化条约的基本原理。条约的统一和标准化形成缔约国之间的共识，这不仅有利于促进健全和稳定的伊斯兰金融体系，而且将证明其有效性。研究认为标准是各国的自愿选择，没有约束性价值。伊斯兰金融是全球参与者的一部分，全球市场和各地对伊斯兰金融的兴趣日益增长，迫切需要实现伊斯兰金融的基本金融工具标准化。标准化能够使伊斯兰金融业的未来发展更加顺利，并避免可能的冲突。全球化进程导致的全球市场一体化迫切需要伊斯兰金融业实现国际协调。

该研究表明标准化将对国际参与者产生积极影响。由于伊斯兰金融是国际贸易的一部分，标准化会影响其运作和实践。通过共同协议实现标准化有利于节省时间、精力和资源，使伊斯兰金融从业人员有更多机会专注于金融产品开发等急需领域。实施有关国际金融机构的标准化法律必然会促进其繁荣，推动该行业走向全球。虽然标准以文件的形式提出，但在国际层面承认不同标准规范存在的障碍仍然是突出问题。学者强调单纯的标准不足以推动伊斯兰金融业的发展。标准必须结合全球适用的有效法律制度且来自处理伊斯兰金融问题的公认实体。全球化背景下投资者信心倍增，伊斯兰金融行业应努力制定与立法指南或示范条款相等的指导方针或示范法律供各国采用。这一做法是商业银行可接受的方案，并在伊斯兰金融的全球发展阶段和国际公认的进程中发挥积极作用。标准化的全球实践会带来进一步国际金融机构的增长和发展。在金融领域，学者还研究了内生信贷标准对总量波动的影响[①]。经验证据表明，信贷标准在整个经济周期中会出现波动。在该研究建立的宏观经济模型中，反周期贷款标准作为均衡结果而出现。银行在贷款利率和抵押品要求上展开竞争。企业与银行之间借贷关系的存在会导致利率差和抵押品要求的内生波动。研究结果发现，与没有借贷关系的宏观经济模型相比，内生信贷标准放大了经济体的商业周期，将产出波动率提高了25%左右。为应对内生信贷标准对宏观经济波动的影响，逆周期贷款价值比是较为有效的宏观审慎政策工具。

社会责任标准（SA 8000）是世界上首个旨在促进劳动者劳动权利的可审计社会标准。该认证目前被认为是企业社会责任领域最重要的认证。萨托尔等（Sartor et al，2016）学者首次对 SA 8000 社会责任标准近 15 年的研究文献进行述评。研究样本包括 56 篇涉及 SA 8000 标准关键问题的科学论文，并与 ISO 9001 系列国际标准和 ISO 14001 系列国际标准以及其他企业社会责任标准和行为准则进行比较。论文采用演绎归纳法对资料进行编码，并按发表年份、发表渠道、研究重点、方法论、基础理论、分析单位、样本量、行业和国家等进行分类。研究认为，关于组织层面因素对标准采用的影响、社会责任标准产生的积极和消极结果之间的权衡程度等，依然存在研究的空白领域。目前企业社会责任标准领域中实证研究不足和理论基础薄弱的问题突出，针对这些问题的相关研究有待推进。学者们认为可依据交易成本经济学、代理理论和新制度理论，针对社会责任标准的治理结构、买方和供应商之间的风险分担以及对经营绩效的影响等相关问题进行深入研究。

伊泽诺克和蒂昂（Ezenwoke and Tion，2020）采用文献计量方法研究非洲采用的《国际财务报告标准》（*International Financial Reporting Standards*）[②]。尽管津巴布韦自 1993 年以来较早采用斯高帕斯（Scopus）数据库，但非洲国家关于《国际财务报告标准》的第一份研究文件出现于 2005 年。研究发现，针对《国际财务报告标准》的出版物和引文数量持续上升。相关国家首次采用《国际财务报告标准》的年份与其文献出版量无关。《国际财务报告标准》出版量排名前五位的国家包括突尼斯和埃及，但这些国家尚未采用《国际财务报告标准》。围绕《国际财务报告标准》研究的主要学科领域涉及商业管理、会计、经济学、计量经济学

---

① Ravn S H，2016："Endogenous credit standards and aggregate fluctuations"，*Journal of Economic Dynamics and Control*，69，89–111.

② 或译为《国际财务报告准则》。

与金融学及其他社会科学。在非洲600多家机构中仅有18家机构和21位作者出版了针对《国际财务报告标准》的相关研究。这些机构和作者均来自非洲，如南非、尼日利亚、突尼斯、埃及、乌干达和加纳。研究结果提出的建议包括：第一，提高《国际财务报告标准》研究的可见度，因为约87%的相关出版物为非开放获取；第二，需要更多关于《国际财务报告标准》的学术会议论文等信息，目前会议论文约占11%。另一项研究注意到，2005年以来欧盟采用《国际财务报告标准》并带来收益，但由于制度和激励措施不同，这些标准带来的利益在不同国家之间分配不均。莫拉（Mora，2018）研究了《国际财务报告标准》采用中政治和经济因素发挥的作用。契约理论为研究不同利益相关者游说的经济后果和动机提供了理论框架。该研究考察政治干预对财务会计活动干预的影响，旨在说明政府和政治家在会计属性方面的作用，并从公共利益出发对欧盟标准认可过程中的利益变化进行了分析。研究讨论政治干预如何对金融业发挥作用，认为利益相关方应该妥协，在基于原则的标准和执行之间取得平衡并持续改进《国际财务报告标准》。

亚科布等（Yaacob et al，2018）基于伊斯兰银行业的发展与改革，研究应对巴塞尔银行监管委员会（Basel Committee on Banking Supervision，BCBS）的国际标准。应对国际标准对伊斯兰银行业来说并非易事。巴塞尔银行监管委员会的保护，为伊斯兰银行业采用传统核心银行业务作为通用平台开辟了全面的途径。伊斯兰金融拒绝伊斯兰禁止的活动，被认为是传统融资的可行道德替代方案。为了被业界接受和认可，伊斯兰银行业超越了银行业的核心原则来指导业务和运营。最终，这可能会导致具有争议的法律和伊斯兰教法问题。因此，除了巴塞尔银行监管委员会核心原则外，伊斯兰金融服务委员会还发布了自己的伊斯兰银行业务核心原则。该研究选择的方法是从运营、法律和监管角度进行直接观察和分析。研究发现，迫切需要整合现有机构，而不是重复建立伊斯兰银行业公认国际标准的努力。学者们分析了应用于伊斯兰银行业核心原则的可行性，并提出作为未来研究的参考和指导。该研究提出的建议有助于加强伊斯兰银行体系并维护伊斯兰教法，对于开辟伊斯兰银行监管体系和运营的新出路具有政策含义。

自2005年以来，欧盟采用《国际财务报告标准》带来益处。有证据表明，由于制度和激励措施存在差异，这些标准在不同国家之间分布不均。契约理论可以为研究不同利益相关者的经济后果和游说动机提供理论框架，但关于政治家干预会计活动的研究较为有限。因此，学者基于政治经济视角考察《国际财务报告标准》的采用，特别是政治家和政府在会计标准属性上的作用①。为此，学者对政府以公共利益为名在欧盟认可过程中所做的变化进行分析，研究政治干预如何在金融行业发挥作用，学者认为，利益相关方应妥协，在基于原则的标准和执行之间取得平衡，以通过《国际财务报告标准》改进可比性过程。一套单一的会计标准被认为是实现全球会计趋同的途径。学者基于模糊聚类方法，度量国家会计标准与《国际财务报告标准》的趋同②。鉴于正式协调／趋同在会计行业和全球资本市场中发挥的重要作用，该研究侧重于衡量正式会计标准趋同的路径和方法。基于对衡量任何两套会计标准之间协调或趋同水平现有方法的审查和评估，学者们建议使用新的匹配和模糊聚类分析方法，结合整体和单一标准评估国家会计标准（National Accounting Standards，NAS）与《国际财务报告标准》的趋同进度。分别以单个标准的收敛水平进行聚类，有助于显示进一步的收敛重点。学者们使用该种新方法对中国取得的成就进行评估。研究认为，该种新方法可以更清楚、更具信息性地衡量国家会计标准与《国际财务报告标准》的融合程度。

基于巴林金融市场的现实，萨雷亚和阿尔-达拉尔（Sarea and Al Dalal，2015）研究了巴林交易所上市公司遵守《国际财务报告标准》的程度。通过考察巴林的金融部门是否遵守《国际财务报告标准》，提高人们对金融工具的认识。该研究设计了《国际财务报告标准》中十项要求的披露合规性检查表。若合规程度高，则得分为三分；若合规程度中等，则得分为两分；若合规程度低，则得分为一分。研究样本包括2013年在巴林交易所上市的21家公司。主要调查结果发现，合规程度因行业而异，投资行业的合规程度最高，而保险行业的合规程度最低。这一结果表明，所有上市公司在标准披露要求方面都遵守了《国际财务报告标准》。该研究支持了已有研究的相关论点，同时发现采用《国际财务报告标准》可提高合规水平，并在吸引全球投资者对当地市场的兴趣方面发挥重要作用，尤其是在巴林这样的发展中国家。

从理论角度分析采用国际审计标准对金融市场指标的影响的研究较为有限。埃尔姆加米兹等（Elmghaamez et al，2020）结合国际证据，研

① Mora A，2018："The role of politics and economics in the international financial reporting standards（IFRS）Adoption"，*Estudios De Economia Aplicada*，36（2），407-427.

② Qu X H，Zhang G H，2010："Measuring the convergence of national accounting standards with international financial reporting standards：The application of fuzzy clustering analysis"，*International Journal of Accounting*，45（3），334-355.

究早期采用国际审计标准对金融市场的影响。该研究旨在从创新扩散理论的角度研究早期采用国际审计标准对金融市场指标的影响。学者们结合1995年至2014年期间110个国家的面板数据，应用普通最小二乘回归模型、固定效应模型和两阶段最小二乘回归模型，考察采用国际审计标准的财务后果。研究发现，早期采用国际审计标准对多个金融市场表现产生负面影响，主要包括对市场周转率、市值、股市整合、市场发展、市场回报、股票交易量和股价波动的影响。基于使用创新扩散理论提出的替代措施，研究发现，在采用国际审计标准后，一些财务指标出现显著改善，但仅适用于根据《国际财务报告标准》编制财务报表并同时接受国际审计标准的上市公司。欧洲股市的金融指标在2006年强制采用国际审计标准后出现小幅萎缩。实际影响经验证据提出了关于国际审计标准是如何执行和实施的问题。例如，早期采用国际审计标准的国家可能主要由最近成立的证券交易所主导。这意味着迫切需要确定和应用最佳类型的审计制度，以增加投资者的信任并提高股市信息的可信度，这最终可能会推动金融市场指标的发展。

（三）服务标准分析

服务标准的主要目的是向接受者提供信息，即提高顾客满意度。但为了提高顾客满意度，并不一定通过相互承认标准来实现，因为顾客可能并不熟悉企业应用的不同标准。市场上不断出现新产品，也会对顾客的选择造成影响。认可证书、学历等服务领域标准，为确保服务自由流动能够带来收益提供了支撑。但这些标准要求教育标准应当均具有同等性，否则国内服务企业为了达到更好的服务标准，将会面临来自国外服务企业的不平等竞争[①]。服务具有无形性特征，现有标准的遵循成本可能很高。由于跨境服务标准化仍处于起步阶段，欧洲服务标准相互认可的相关性最终可能会受到限制。相比之下，许多欧洲标准和国际标准存在于制造业，尤其是欧洲电工技术标准化委员会和国际电工委员会发布的电气工程标准以及欧洲电信标准协会和国际电信联盟发布的电信标准。在这些高科技领域中，采用并依赖这些标准的企业将受益于维持现有的欧洲和国际标准。相比之下，在技术发展迅速、产品生命周期短的行业中，长期制定或实施可能不是最先进的国际标准并非有利条件。中高技术企业是主张还是拒绝采用国际标准并不清晰。因此，可以提出以下假设并进行验证，即服务提供者会支持共同标准；受益于众多欧洲标准的

---

① Kerber W，van den Bergh R，2007："Unmasking mutual recognition：current inconsistencies and future chances"，*Marburg Economic Contributions*.

中高技术企业则会选择相互承认标准。

在线旅游评论正在成为影响游客对酒店组织购买前评估的强大信息来源。这一趋势突出表明，需要更好地理解在线评论对消费者态度和行为的影响。鉴于这一需要，学者们研究了在线酒店评论对消费者服务质量归因和企业控制服务提供能力的影响。有研究考察网络评论对消费者服务质量归因的影响及酒店服务标准的控制[①]。学者采用实验设计考察了框架、原价、评级和目标等四个自变量产生的影响。结果表明，在评价一家酒店时，与核心服务相关的评论更有可能诱发积极的服务质量归因。针对核心服务的评论会影响顾客对服务提供可控性的归因，负面评论会对消费者的感知产生不利影响。调查结果强调企业管理核心服务的重要性，以及管理者在解决客户服务问题时迅速采取行动的必要性。此外，学者研究了东盟共同体旅游标准的实施和效果[②]。接受东南亚国家联盟（ASEAN）规则实施社区旅游标准（Community-Based Tourism Standands，CBTS）认证，是改善本地区可持续旅游供应的一种方式。学者通过对关键行业六位专家的访谈进行定性研究，为应对社区旅游标准认证的实施挑战提供建议。研究认为，尽管将社区旅游标准作为一项认证方案全面实施还过早，但东盟社区旅游标准是当地社区的有用基准和战略规划工具，最终会带来该区域社区旅游标准效益、标准和绩效的提高。实施社区旅游技术标准的主要阻碍因素包括缺乏充分的治理、资金有限和社区能力不足。出于为社区旅游标准认证奠定基础的目的，需要首先应对社区旅游标准竞争力和服务提供等方面的问题。

学者基于 ISO 14001 系列国际标准的框架与实施过程研究突尼斯企业社区旅游标准的有效性[③]，该研究分析了突尼斯食品和制革企业的环境分析结果，以确定近期实施的环境管理体系（Environmental Management System，EMS）的影响。通过 ISO 14001 国际标准体系的社区环境管理体系已经成为企业通过与环境相互作用的各种复杂活动来处理环境因素及其影响的主要工具之一。虽然有企业实施并维持正式的环境管理体系，

---

① Browning V, So K K F, Sparks B, 2013: "The influence of online reviews on consumers' attributions of service quality and control for service standards in hotels", *Journal of Travel & Tourism Marketing*, 30 (1-2), 23-40.

② Novelli M, Klatte N, Dolezal C, 2017: "The ASEAN Community-based tourism standards: Looking beyond certification", *Tourism Planning and Development*, 14 (2), 260-281.

③ Turki M, Medhioub E, Kallel M, 2017: "Effectiveness of EMS in Tunisian companies: framework and implementation process based on ISO 14001 standard", *Environment Development and Sustainability*, 19 (2), 479-495.

但其主要涉及相关企业的短期利益，并没有对可持续发展的建议和做法做出回应。研究的重点在于考察突尼斯食品制革企业的环境管理体系有效性与可持续性之间的紧密联系。学者们提出积极主动的环境管理方法，并采用定性和定量相结合的评价方法进行因子分析。研究提供了战略性的社区环境管理标准框架和原则以实现可持续发展，有利于企业提高对环境绩效具有长期明显影响的未来效益。同时，学者们以人力在旅游组织中的作用为切入点，研究质量标准与竞争优势。该研究以饭店、民宿、海滩、旅游公寓、旅行社、旅游信息办公室等六个旅游分部门超过400个旅游组织为研究对象，考察人力效应存在时质量标准的内部化（异质性采纳）与组织竞争优势的关系。研究将培训、激励和员工参与等人力问题纳入分析框架，展示内部化对竞争优势的影响以及人力问题在旅游组织中的作用，推进了考察质量标准内部化对组织运营和业务绩效影响的相关研究。

旅游部门通常具有工作条件不稳定等特点。为促进可持续商业实践和解决劳工问题，许多旅游服务提供商热衷于在其价值链中制定和实施可持续性标准。但关于自愿性标准对当地旅游服务的影响仍存在争议。学者研究了旅游业动态能力建设与社会升级可持续发展标准的潜力与局限[①]，以旅游业劳动力为对象，考察可持续发展标准如何有助于企业层面的能力建设和社会服务的升级过程。研究认为大多数关于可持续性标准的研究都分析了标准实施的可见结果，但在很大程度上缺失了基于过程的观点。该研究将动态能力方法整合到全球价值链研究中，加强了目前对全球价值链内部企业能力概念化和对升级过程的理解。在实证方面，该研究通过纵向混合方法的研究设计，对南非旅游业公平贸易标准进行长达八年的研究。研究结果显示，旅游业的可持续发展标准有助于企业层面的能力建设与提升。政策制定者更应充分地为地方标准制定机构提供资源[②]。

学者基于度假酒店研究质量标准认证对企业经营业绩的影响[③]，该研

---

① Surmeier A，2020："Dynamic capability building and social upgrading in tourism—Potentials and limits of sustainability standards"，*Journal of Sustainable Tourism*，28（10），1498-1518.

② 杨丽娟（2021）研究了中国服务贸易领域的国家标准规模，提出以标准建设推动中国服务贸易发展，加快融入全球价值链。

③ Duman F，Ozer O，Koseoglu M A，et al，2019："Does quality standards certification truly matter on operational and business performances of firms? Evidence from resort hotels"，*European Journal of Tourism Research*，23，142-155.

究采用问卷调查法收集土耳其241家度假酒店的数据，考察ISO 9001系列国际标准认证对企业绩效的影响。学者们采用探索性因子分析（Exploratory Factor Analysis，EFA）和克伦巴赫-阿尔法（Cronbach-Alpha）检验量表，分析比较通过ISO 9001系列国际标准认证的度假酒店与未通过这一国际标准认证的度假酒店之间在酒店经营绩效上是否存在差异。研究首次关注ISO 9001系列国际标准认证如何影响新兴经济体中度假酒店组织的业务绩效。研究结果表明，ISO 9001系列国际标准认证与酒店企业经营绩效之间存在显著关系，但并不存在显著的正相关关系。在劳动力安排方面，餐厅经理通常面临着双重挑战：人员过多意味着劳动力成本过高，而人手不足则会带来服务失误和业务损失的机会成本。大多数运营商寻求依靠个人经验和判断来确定旨在保持服务质量和限制劳动力成本的时间表，但学者们针对特定韩国餐厅的分析发现，这一目标难以实现①。该研究考察如何安排餐厅员工以最大限度地降低劳动力成本并满足服务标准。学者们提出基于整数规划（Integer Programming，IP）的劳动力调度模型，通过保持适当的兼职与全职员工比例来解决人员配置和调度问题以及服务标准。使用适当的约束条件，该模型用于韩国首尔的一家全球连锁餐厅。与现有时间表相比，优化后的时间表有助于餐厅降低总体劳动力成本，同时确保适当的服务水平。

公共兽医服务部门应培养应对疾病的技能。多国财政部官员对此提出具有挑战性的问题，其行使重要任务以确保支出在服务公共利益方面高效。学者研究如何为公共兽医服务提供资金以确保其符合国际标准②，该研究分析了此类问题的示例，以及准备此类审查的系统和策略，包括使用世界动物卫生组织兽医体系服务绩效评估（Performance of Veterinary Services，PVS）工具。最后从九个国家的兽医体系效能评估和兽医体系效能评估差距分析任务中得出经验教训和观察结果。同时，澳大利亚供水领域的一系列改革促使行业和监管机构要求采用客观的方法来评估客户服务标准的增量变化。学者们研究了城市供水客户服务标准的选择建

---

① Choi K, Hwang J, Park M, 2009: "Scheduling restaurant workers to minimize labor cost and meet service standards", *Cornell Hospitality Quarterly*, 50（2）, 155–167.

② Stemshorn B, Zussman D, "Financing for public veterinary services to ensure that they meet international standards", *Revue Scientifique Et Technique-Office International Des Epizooties*, 31（2）, 681–688.

模方法①，该研究探讨如何使用选择模型来估算与城市供水属性相关的隐性价格。应用多项式和随机参数模型的结果表明，年水费增长和未来中断频率是最重要的属性。基于最佳模型的隐含价格置信区间表明，客户愿意支付水费，以实现供水中断频率较低的目标。在中断期间提供替代供水和通知中断对受访者来说并不重要。选择建模被证明是一种有用的技术，可以为行业和监管机构提供制定标准的额外信息。

学者们研究了制成品分销调查标准在国际服务管理中的作用②。人类因素和技术管理研究所与弗劳恩霍夫工业工程研究所合作，在资本货物行业运营的国际环境和服务业潜力不断增长的背景下进行该项研究。学者们分析了标准在服务国际化中的作用，并提出应用的示例领域、益处和行动建议。此外，学者们研究了物流服务标准化、企业运营效率与经济效益③。物流服务标准化是中国供给侧结构性改革战略的重要组成部分，旨在有效改善供给侧，降低交易成本，实现经济活力。为探索物流服务标准化战略的政策效应，以物流服务标准化改革试点为准自然实验，利用2012—2017年中国A股上市公司数据，分析物流服务标准化对运营效率的影响，探讨微型企业的企业绩效和投资活动。结果表明，物流服务标准化提高了企业的运营效率，这对于制造业企业、劳动密集型企业和市场化程度较高的地区尤为重要。同时，物流服务标准化对运营效率与企业绩效、运营效率与企业投资之间的关系发挥了积极的调节作用。物流服务标准化的实施促进了运营效率对企业绩效和投资的积极影响。研究结论可为政府相关部门根据实际情况进一步完善物流服务标准化提供参考，帮助企业积极引进和实施物流服务标准化。

五、小结

标准与贸易问题是国外标准经济学学术研究关注的前沿问题之二。围绕这一问题，主要包括国际标准与贸易分析、标准一致化与贸易分析、标准与农食贸易分析和标准与服务贸易分析等四个方面的内容。国际

---

① MacDonald D H，Barnes M，Bennett J，et al，2005："Using a choice modelling approach for customer service standards in urban water"，*Journal of the American Water Resources Association*，41（3），719-728.

② Spath D，Morschel I C，Zahringer D，2007："Manufactured goods distribution investigation of the role of standards in international service management"，*ZWF Zeitschrift fur Wirtschaftlichen Fabrikbetrieb*，102（4），206-210.

③ Jiao R，Zhao G，Wang F，2019："Logistics service standardization，enterprise operation efficiency，and economic effects"，*Transformations in Business and Economics*，18（3），168-190.

ISO 系列标准、环境标准、质量标准和技术标准的贸易效应是国际标准与贸易分析的核心问题。南北标准一致化、区域标准一致化、国际标准一致化，以及标准一致化与全球价值链是标准一致化与贸易分析的核心问题。TBT 和 SPS 措施、私有标准、最大残留限量标准、食品标准和转基因标准等是标准与农食贸易分析的核心问题。审计标准、金融标准以及服务标准等是标准与服务贸易分析的核心问题。

对 ISO 9000 系列质量管理标准、ISO 14001 系列环境管理标准的分析，是国际标准与贸易问题领域的主要方向之一。学者认为实施国际标准有利于开发供应链上的关键流程。代表性研究区分了国际标准在本国和贸易伙伴国扩散对双边贸易的影响，发现国际标准的正面效应来自信息效应、共同语言效应，负面影响主要来自成本效应、进入壁垒效应。最终影响取决于何种效应占据主导地位。此外，贸易伙伴国的经济发展阶段、贸易伙伴国的贸易份额、贸易伙伴国的标准遵循能力等，是国际标准贸易效应的主要影响因素，其他关于环境标准、质量标准、技术标准的研究遵循同样的研究思路，但更具针对性，如低碳燃料标准、空气污染标准、乳制品和水果标准、卫生监管标准、生产和产品标准等。这些研究同样关注具体标准对贸易的作用机理以及会对标准—贸易传导路径产生影响的其他关键因素。学者们通常将这些关键因素表述为标准遵循能力、合规能力等。

标准一致化与贸易是近十年来出现的热点研究领域。关于电子产品领域、农产品和食品领域的标准一致化，均有研究文献不断出现。2015年左右的研究文献多侧重于考察一国如果积极采用国际标准，是否会促进贸易。这方面的代表性文献主要关注发展中国家通过实现与国际标准一致化，是否会增加其向发达国家的出口。研究认为与国际标准保持一致是实现外国市场准入的有效途径。发展中国家标准具有受众合理性和来源合法性，开始进入发达国家标准主导的关键领域。区域标准一致化对发展中国家向发达国家的出口产生了负面影响。

标准一致化与贸易领域近三年的研究表现出细分化、细致化的特征，即在检验标准一致化影响贸易的同时，选定具体产业部门、区分标准类型，强调影响的异质性并充分考虑何种因素会有利于放大标准一致化贸易促进效应的发挥。标准一致化与全球价值链也是新兴的研究领域，核心观点本质上沿袭经典文献关于国际标准共同语言效应的论述，并结合相关实证研究针对制造业领域（尤其以电子产业为代表）和农产品领域的研究结论，即越高级的部门中标准的信息效应越大，越初级的部门中标准的成本效应可能越明显。因此，如果能够充分发挥标准一致化的正面影响，那么标准一致化就有利于各国参与全球价值链，并且通过积极的标准活动攀升全球价值链。企业社会责任标准也可作为企业、社会、政府行为体和新监管机构的治理工具。

农产品和食品领域是研究标准影响贸易的重要领域之一，因为农食标准与人身安全、生命健康密切相关。尽管标准如何影响农食贸易的讨论依然在持续推进，已经得到较多支持的结论，包括：各国政府制定的公共强制性标准通常因国家而异，会增加贸易成本从而妨碍农食贸易。经验研究发现，公共标准降低了贸易发生的可能性，降低了以出口衡量的贸易价值和贸易商品种类。除WTO框架下的TBT和SPS措施以外，私有标准、转基因标准等，也成为国外标准学研究的热点领域。主要涉及欧盟、日本、挪威等农食标准较为严格的地区，以及强烈依赖于海产品、农产品贸易出口的智利等发展中国家。更严格的标准既会产生贸易成本，也存在需求提升效应，整体影响取决于何种效应占主导地位。食品标准对农业贸易具有异质性影响，表现为食品标准会减少进口，但贸易伙伴所占比重增加会减小贸易额下降的幅度。标准与服务贸易领域是新兴研究领域。除审计标准、金融标准外，旅游服务贸易等领域中标准的作用，日益引起研究者的兴趣。研究也证实了服务领域的标准化能够带来一国服务贸易的竞争优势，并提高可持续发展能力。

此外，值得关注的问题是，尽管标准对贸易的影响得到了相关研究的证实，也有学者开始关注其中可能存在的反向因果关系，并对此进行研究。如学者开始关注一些效应之间的抵消关系，并考虑标准影响贸易的内生性。研究针对贸易是否会削弱产品标准这一问题进行分析，针对一类在消费者购买之前质量是不可观察的产品，分析贸易是否会对国家最低质量标准产生影响。研究考虑了两种标准设定制度：制度一，监管机构按规定收取贸易份额；制度二，监管机构充分考虑其影响贸易份额的能力。研究发现，在该模型中标准并非保护主义工具。如果标准保持自给自足的价值，通常适用贸易收益。但贸易可导致私有标准以福利减少的方式进行调整，如果一个国家的监管当局采用第二种制度而非第一种制度，那么该国的福利水平会更高。在考虑标准贸易关系内生性的情况下，内生性会导致农药最大残留限量标准贸易效应的方向发生逆转。

第六章　国外标准经济学学术研究的
前沿问题之三:标准与创新研究

一、标准与知识传播分析

《标准化经济学》(2010)报告明确了标准有助于创新的路径,但提供的证据较为有限。报告强调了以下观点:第一,标准有助于在市场形成阶段建立焦点、凝聚力和临界质量。第二,计量标准为创新性生产企业向消费者证明产品符合企业所声明的创新性提供可能。第三,标准推动最先进技术和最佳实践的知识编码和知识传播。第四,开放标准有助于实现创新导向经济增长的竞争性过程①。简言之,标准是微观经济基础设施的重要组成部分,标准促进创新并有效地消除不良结果的产生。学者们对标准活动的作用也存在争议,如标准更多地限制还是促进创新。从微观经济基础设施建设的角度来看,这两项活动密不可分。通常任何关于微观经济基础设施的假设都会为用户带来机会,但也会在一定程度上限制用户选择。有学者曾将标准化描述为自由与秩序之间的流动,并讨论标准化与柔性之间的联系。标准化会限制一些活动,但标准化的结果有助于创建微观经济基础设施,并有助于此后的经济贸易活动和创新活动。标准并不单一表现为通过对特定市场的特定技术来定义规范进而限制多样性。标准有助于新技术在市场上实现可信度、关注度和临界质量。此外,科学设计的标准也能够减少不利后果。

在《标准化经济学》(2010)报告中,学者将标准对创新的作用类比为修剪果树以促进丰产。修剪果树会限制树木的生长,但同时有助于收获健康的果实,如同标准化同时具有限制和促进创新的作用一样。相关研究使用了社区创新调查的数据来分析这一问题,即标准是支持还是限制创新。研究结果证实,标准促进创新但也会形成约束。有参与调查的受访者表示标准阻碍了创新。但结合对创新企业的调查结果显示,多数企业认为标准是帮助企业创新活动的重要信息来源。标准可能会对一些创新活动产生限制作用,而这些限制并不一定阻碍创新本身。标准的信

---

① Swann, 2010: "The economics of standardization: An update report for the UK department of business, innovation and skills", ISO Research Library.

息效应和约束效应通常同时发生。最具创新精神的企业往往善于在标准中寻找信息，这些企业也在持续不断地推动标准化的边界。

研究还讨论了标准的信息传播和约束作用是否受到标准存量规模和标龄的影响。研究发现，存量标准的信息含量随有效标准的数量增加而增长，在一定程度上也随存量标准的平均年龄而增加。但该信息递增效应也存在限度：标准包含的信息含量在某一点之前有上升趋势，在超过某一点之后，日益陈旧的存量标准的信息含量开始降低。有关标准的约束作用也发现了类似的非线性关系，新旧标准对创新存在两种约束：第一种是标准可能将创新者锁定在旧系统中，第二种是标准对创新者提出挑战。学者利用数据对这些假设进行检验，包括对上述结果的一系列扩展和稳健性分析。研究认为，仍不能确定存量标准的最佳年限这一概念是否明确，但信息效应和约束效应之间的正相关关系保持稳健①。标准也会被纳入法规。为遵守法规，企业需要调整和创新各自做法。在该种情形下，企业必然受法规约束。充分考虑标准和法规是成功企业遵循的常识之一，布林德（2004）指出，传统观点始终认为标准和创新相互矛盾，但同时承认标准可通过多种方式促进创新。学者把标准比喻为催化剂，即能够改变化学反应速率但自身化学性质不变的物质。学者将这些观点进行总结，认为标准和创新研究仍存在不足和问题②。

标准对创新存在催化作用。第一，标准化过程缩短了研究成果、发明和创新技术的上市时间。第二，标准本身有益于促进创新产品的扩散，这对创新的经济影响尤为重要。第三，标准为公平竞争提供平台，进而促进竞争和创新。第四，兼容性标准是全球移动通信系统等通信网络产业创新的基础，这些产业正快速进入标准创新研究领域。网络产业中的标准也有助于以新技术替代旧技术，如实现前向和后向兼容，并允许新旧技术共存。新的平台标准通常是下游市场创新的基础（如全球移动通信系统作为众多移动服务的平台等），但同时也是上游市场创新的基础。除此之外，标准反映了用户需求，能够促进早期采用者购买和推广新产

---

① 金（King，2006）考察了与上述关于使用标准作为信息来源的规定相类似的法规所施加的约束模式。研究表明，那些利用标准来帮助其实现特定目标的相关方在某种程度上会受到标准的约束。此外，斯旺（2010）认为，标准的告知和约束作用具有互补性，这一结论得到了现实的支持。标准文件提供了有关最佳实践的指导和规定，能够确保严格的质量控制并实现兼容性和最低性能水平的规范。因此，如果企业希望获得标准化带来的好处，标准就将不可避免地限制企业的活动。

② Swann，2010："The economics of standardization：An update report for the UK department of business，innovation and skills"，ISO Research Library.

品。标准规定了产品在健康、环境和安全方面的最低要求进而促进信任，尤其是消费者对创新产品的信任。

斯旺和兰伯特（Swann and Lambert，2010）针对标准的信息作用和约束作用进行实证研究。研究发现标准的告知作用和约束作用之间的基本正相关关系也适用于一些基于国家的调查。该研究发现，认为标准能促进创新的受访者通常要比那些认为标准不能创新的受访者更具创新性。学者为这些结果提供了进一步的解释①。首先，标准具有多重目的、多重领域的特征。旨在编码知识的标准可能主要体现信息性，侧重健康和安全的标准则通常具有限制性。但任何一项标准都可能同时指向多个目的或涵盖多个领域。作为一个标准体系，任何一家企业的一套标准也将成为包含信息和约束的混合体。如果将标准简单假设为信息性或约束性，则容易产生错误的对立。相反，任何一项标准都可能同时具有这两种效果，对于一系列的标准而言更是如此。其次，认为标准促进创新而法规约束创新的企业，通常属于创新性较强的企业。这些企业善于从标准中获取信息，与此同时推动创新边界。相关法规会约束企业但并非阻止企业发展。相比之下，认为法规没有约束力的企业通常不如其他企业更具创新性，因为这些企业并未推动创新边界，因此也没有受到法规的不利影响。斯普尔伯（Spulber，2013）强调技术标准在创新经济学领域的核心作用，提出市场结构和创新效率的内生决定源自标准。

（一）标准与知识编码分析

学者们尤为关注标准在知识编码中发挥的作用，考万等（Cowan et al，2000）认为标准扮演知识编码载体的角色。国际标准的实施印证了类似的观点，有研究以 ISO 9000 系列国际标准实施过程为特定背景进行分析②。以 ISO 系列国际标准为例，ISO 9000 系列国际标准提供了一种可在组织如企业内部使用的通用语言并帮助其实现知识编码过程。ISO 9000 系列国际标准的实施过程分为三个步骤：第一，标准实施的起点；第二，阐明生产过程的实质和行为特征；第三，标准实施对知识积累能力的影响。当标准不一致且实施过程不完整时，有关产品和生产的知识就不易扩散，标准不一致也会抑制知识的传播和交流。学者们认为，

---

① Swann，2010："The economics of standardization：An update report for the UK department of business，innovation and skills"，ISO Research Library.

② Benezech D，Lambert G，Lanoux B，et al，2001："Completion of knowledge codification：an illustration through the ISO 9000 standards implementation process"，*Research Policy*，30（9），1395–1407.

ISO 9000 系列国际标准构成一本代码簿，既是可以用来理解书面文档的词典，也是文档本身。这些标准由公认的标准机构（如国际标准化组织）制定，基于对科学、技术、经验和通常实践等的契约。在选择过程中，相关信息得以确定。通过建立和记录一套解决方案来解决匹配问题。企业可以使用这些解决方案来支持其技术和行为效率。因此，企业增强了自身的知识库，即企业用于其生产目的的集合知识。ISO 9000 系列国际标准代表了在企业内部完成编目过程的中间步骤。当在技术领域或行为领域进行一些调整以满足所需规范时，就会成功采用这些标准。研究讨论了 ISO 9000 系列国际标准的采用过程，并重点讨论它们是否有助于公司的知识编码和知识积累。ISO 9000 系列国际标准可被视为一种代码，必须进行翻译才能在公司内发挥作用，并提供有用的知识。这段代码就像一种新的语言，充当代理人之间的沟通手段以增强彼此交流。当这些代理人在公司外部时，ISO 9000 系列国际标准认证证书将作为公司能力的公开信号。当这些代理人是内部代理人时，该标准可能会成为一种通用语言。

ISO 系列国际标准已成为许多寻求改善其基础设施的组织青睐的系统，它也可以成为在组织内推动创新的出发点。该研究通过 ISO 9000 系列国际标准的知识创建过程描述组织创新，提出集成 ISO 9001 国际标准（版本号：2000）条款的过程模型以探索 ISO 9000 系列国际标准中的知识创造机会[①]。学者们构建了基于 ISO 9000 系列国际标准的综合知识创建系统框架，同时引入社会化、外部化、组合和内部化模式，最终实现客户满意度的组织创新。研究方法结合实证研究，包括带有主题分析的案例研究，以说明拟议标准的框架。案例研究结果表明，拟议标准的框架较易在组织中实施，有利于促进企业的知识传播和知识创造，并有效提高企业竞争力。

国际标准化组织于 1986—1987 年发布 ISO 9000 系列国际标准，具体包括六项标准：ISO 8402《质量——术语》、ISO 9000《质量管理和质量保证标准——选择和使用指南》、ISO 9001《质量体系——设计开发、生产、安装和服务的质量保证模式》、ISO 9002《质量体系——生产和安装的质量保证模式》、ISO 9003《质量体系——最终检验和试验的质量保证模式》、ISO 9004《质量管理和质量体系要素——指南》。ISO 9000 系列国际标准作为质量管理体系和多产的研究领域得到学者关注，围绕 ISO

---

① Lin C，Wu C，2007："Case study of knowledge creation contributed by ISO 9001：2000"，*International Journal of Technology Management*，37（1-2），193-213.

系列国际标准的丰富学术研究成果为积累可靠的科学知识做出了贡献。因此，胡塞因等（Hussain et al，2020）通过考察研究维度的总结性知识、基础动力学、时间进展、当前发展和未来演变等知识结构，研究 ISO 9000 系列国际标准作为科学研究领域对于知识编码的意义。基于爱思唯尔·斯科普斯文献计量数据库搜索，研究主要关注 1987—2015 年期间出版的 ISO 9000 系列期刊文章。结合书目耦合技术和因子分析的研究发现，ISO 标准研究领域具有八个突出的研究方向。研究表明：第一，在 ISO 9000 系列国际标准领域，学者们对一些具体问题的研究更为频繁。如寻求 ISO 9000 系列国际标准认证的组织动机、运营、营销、业务成果以及对成功适应 ISO 9000 系列国际标准至关重要的文化转型等。第二，虽然一些问题已经得到广泛关注和研究，但仍然没有一致性结论。包括：如何理解标准的绩效结果；在获得、注册和维护标准认证方面面临的挑战、经验教训和标准认证的有效性；内部和外部挑战，以及成本和收益之间的权衡。

2015 年 9 月发布的 ISO 9001 标准（版本号：2015）首次包含组织知识作为资源的规范，此后寻求重新认证的组织将需要考虑这一点。关于解决这一知识要求的实际影响，明确的指导方针较少。因此，威尔逊和坎贝尔（Wilson and Campbell，2020）试图确定其理论和实践框架。研究考虑了质量管理和知识管理的互补性。同时，研究对知识如何在不断演变的 ISO 9001 国际标准中出现，以及如何在代表数据、信息、知识的金字塔模型里利用三个顶点元素进行内容分析。最后，学者们确定知识周期为协助组织理解新标准和在实践中要求提供连贯知识结构的应用要求，研究了国际标准中明确和隐性知识所面临的挑战。

学者们认为正式标准实现了知识编码，除了代表创新知识产生的专利之外，标准还可以用来代表宏观经济增长模型中创新知识的传播。标准实现了知识编码并具有公共品性质，因为标准在使用中为非竞争性。因此，布林德等（2022）认为，标准可以成为创新活动的知识来源，并有助于传播和采用新的创新技术。此外，标准化过程本身包括知识的交流和创造。标准化是一个公平的竞争环境，标准化促进技术之间和技术内部的竞争进而导致创新。此外，标准可以促进国际贸易。特别是国际标准的采用，通过支持兼容性、减少贸易壁垒、降低交易成本和向客户发出质量信号，有助于提高企业的出口业绩。研究结果表明，欧洲和国际标准促进了欧盟经济增长，但国家标准在面板中的增长效应并不明确，且没有发现专利显著影响欧盟经济增长的证据。从政策制定者的角度来看，各国对标准化政策的关注日益增加，产业发展战略需要更新并制定欧洲标准化战略。

（二）标准与知识溢出分析

学者研究了标准化中的科学和技术，开展合并知识结构的统计分析[①]，该研究旨在通过识别和分析外部影响，特别是溢出效应来描述标准的知识图谱。学者们应用标准文献数据库并结合聚类分析，基于国际标准分类领域为德国标准创建技术领域组。从方法上讲，这些对象或集群之间的距离由选择的距离标准来定义，而度量距离又由其交叉引用的总和决定。知识图谱方法应用连接聚类方法反映研究对象之间的这些距离，并允许其在二维空间内映射有关数据。该映射结果表明，标准的知识图谱显示其存在如同专利溢出的类似结构。同时，学者们研究标准化和创新研究论文的现状和趋势，探讨该领域的主题和论点[②]。基于论文采用或发表趋势、因子和聚类分析，学者们从科学网数据库检索到528篇标准化和创新研究领域的相关论文。其中，1995年发表约13篇论文；至2008年，这一数量已增加至68篇。这些论文大多发表在经济、管理、环境、化学、计算机科学和电信等六个学科领域。技术创新管理类专业期刊是最集中发表该类主题的学术平台。学者们还提出探索性的分类法，即提供九个主题集群来演示标准化和创新的知识图谱结构和演化趋势。研究结果对标准化领域持续一致的政策实施以及未来标准化和创新研究具有普遍意义。

学者们研究了标准相关出版物的概念，补充了标准必要专利，并以知识利用的概念为框架[③]。学者们通过分析国际标准化组织发布的大约20000个标准的参考列表，确定在科学论文中引用标准同时在德国各类机构工作的学者。这些机构包括高校、独立研究协会、部级研究机构和企业。该研究对这些作者进行了近30次深度采访。访谈旨在讨论在科学出版物中引用标准的过程，以及这一过程的动机、面临的障碍和最终影响。研究结果表明，将标准相关出版物作为研究人员、资助机构、标准制定组织和最终监管机构的新绩效指标，依然存在机遇和挑战。

① Gamber T, Friedrich-Nishio M, Grupp H, 2008: "Science and technology in standardization: A statistical analysis of merging knowledge structures", *Scientometrics*, 74 (1), 89–108.

② Choi D G, Lee H, Sung T K, 2011: "Research profiling for 'standardization and innovation'", *Scientometrics*, 88 (1), 259–278.

③ Blind K, Fenton A, 2022: "Standard-relevant publications: evidence, processes and influencing factors", *Scientometrics*, 127 (1), 577–602.

知识积累被认为是产生持续经济增长的关键因素。因此，知识溢出和外部性都被认为是经济发展的驱动力。标准化是技术进步的重要特征。标准涉及通过减少消费者和生产者之间的市场不确定性来触发创新的采用。如果不使用专利权所涵盖的技术，标准就无法实施。有学者基于专利数据研究技术标准的知识溢出与外部性[①]。现有创新理论和政策模型通常以生产为基础，突出生产者与供应商的关系。由于对技术标准化带来的知识溢出和外部性还缺乏充分认识，研究旨在通过技术标准的内外部知识流动来研究知识溢出[②]。学者们调查了技术标准的定量和定性影响，通过阐明专利技术在技术、组织和行业标准层面上的编码知识溢出来探讨与技术标准相关知识溢出的特征模式，研究如何超越生产和标准以走向区域创新和知识政策[③]。借鉴市场的社会经济方法，该研究重新考虑了这些已有模型并尝试推进对创新和区域动态知识的理解。学者比较研究了全球汽车工业与英国中西部地区创新的高端跑车本地市场的生产和标准，在创新的本地市场中嵌入了特定的供应商—生产者和生产者—消费者关系，由此可以提出解决发达经济体创新问题的政策方法。技术标准在综合技术影响（前向和后向）、广泛的地理范围和较长的时间跨度方面促进了知识溢出并具有高度外部性，特别是在实现技术标准化的情况下。

加洛韦和约翰逊（Galloway and Johnson，2016）研究了环境监管导致企业内部知识溢出的效应，尤其是通过环境监管提高效率的新作用机制。由于各州对未达到国家环境空气质量标准的地区实施更严格的环境法规，因此，如果各地不能完全达到相关质量标准，就会造成监管严格程度的空间差异。学者们使用这种空间异质性来研究企业中发电机的技术效率如何对监管严格程度的增加做出反应。研究表明，严格的监管标准会促使企业提高技术效率，这些增强功能还会转移至企业内的其他部门。在监管严格性增加至少三年以后，监管标准严格性的变化会转化为公司内部溢出效应（约3%～4%），最终转化为企业收益。此外，对工业、城市或农村活动部门的废弃物进行控制并提高废弃管理过程的效率，

① Lee P，2021："Investigating the knowledge spillover and externality of technology standards based on patent data"，*IEEE Transactions on Engineering Management*，68（4），1027-1041.

② Macneill S，Jeannerat H，2020："Beyond production and standards：Toward a status market approach to territorial innovation and knowledge policy"，*Review of Regional Studies*，50（2）：245-259.

③ 杨丽娟（2019）研究认为，标准与知识的传播可以发生在国际、区域、国家、产业、企业、消费者等各层面。

是当今社会面临的主要挑战之一。向循环经济转型成为实现可持续社会所必需的变革模式。学者们从知识可得性和过渡充分性等视角出发，研究如何走向以标准为基础的循环经济①。该研究讨论了现有知识库（理论、方法和经验）是否充分发展以供实施循环经济。研究结果为工业产品生命周期管理提供了实施循环经济的方法论指导，有利于项目管理和产品的设计和开发过程遵循循环经济标准，并能定量评估遵循标准在经济和环境水平上所取得的进步②。

二、标准、网络效应与创新分析

（一）标准与网络效应分析

在信息和通信技术等行业中，标准在确保兼容性方面起着至关重要的作用。这些标准可通过提高网络效应进而支持创新。已有研究提供了基于个人电脑软件行业的例子③。随着莲花（Lotus）1-2-3在MS-DOS时代（即20世纪90年代初）作为行业标准的电子表格软件包的出现，及其决定向第三方软件开发人员开放其部分代码，由第三方软件企业开发的创新附加组件迅速成长为拥有大型网络的体系。

已有文献更多关注标准支持、组织间网络对标准内容和标准实施的影响，然而，很少关注标准的特性和动态对这些网络的影响。因此，学者研究了标准的灵活性（Flexibility）悖论，即标准与组织间网络协同演化的效应④。该研究有助于缩小研究中存在的差距。学者们引入标准灵活性这一看似矛盾的概念，研究标准支持网络的特征与标准本身发展之间的相互作用及其对标准成功实施的影响。学者们展示了标准灵活性如何吸引新的网络成员，促进网络的增长和多样性，这反过来又会对标准的进一步调整产生影响。具体而言，该研究结合了三次标准摩擦以考察这一共同进化过程，即蓝光与高清光盘（HD-DVD）、通用串行总线（USB）与火线（Firewire）、无线网络（Wi-Fi）与家庭射频（HomeRF）。研究结果表明，参与标准化的人员可以通过允许标准的变更来说服非参

---

① Peralta M E，Luna P，Soltero V M，2020："Towards standards-based of circular economy：knowledge available and sufficient for transition?"，*International Journal of Sustainable Development and World Ecology*，27（4），369-386.

② 葛京和宋宏磊（2012）研究认为，创新在标准对国际贸易的影响中发挥调节作用。

③ Swann，2010："The economics of standardization：An update report for the UK department of business，innovation and skills"，ISO Research Library.

④ van den Ende J，van de Kaa G，den Uijl S，et al，2012："The paradox of standard flexibility：The effects of co-evolution between standard and interorganizational network"，*Organization Studies*，33（5-6），705-736.

与标准化的利益相关者加入。与此同时，现有成员可以预期新加入成员将要求进一步对标准进行修改。这些案例表明，共同进化过程的早期时机可以提高标准成功的机会。研究还探讨了该过程中路径依赖的出现以及随着时间的推移限制共同进化过程的力量。该研究结果表明，对于管理者来说，标准的灵活性不应被视为不可取，而应被视为加强组织间网络并有助于标准成功的机会。

　　国际产品标准化使传统的基于价格的竞争成为可能。但是，重新设计成本或网络效应的存在会造成市场摩擦。如果一个既定市场中已经存在不同的技术标准，那么整体标准化的动机就会减弱。这导致产品之间的多属性竞争，通常会减少贸易流量。学者们研究了与国际产品标准不兼容的合理性[①]，该研究认为，使用不同技术的现有企业有偏离国际标准的动机，关心其消费者福利的当地政府也有不强制执行国际标准的动机，甚至可能通过技术性贸易壁垒来评估偏离国际标准的价值。同时，技术标准会受到网络外部性的影响，导致不对称行业结构（寡头垄断或垄断）的锁定情况，偶尔也会造成当前行业标准的持续缺陷（尽管存在技术上可行的替代方案）。有学者研究了标准竞争、标准捆绑和网络外部性导致信息和通信技术行业的路径依赖[②]。该研究以信息和通信技术行业为例，讨论行业间标准捆绑的特殊情况、不同行业内相关标准的网络效应，以及由此对行业结构产生的影响。定性和定量证据均表明，这种现象不仅在信息和通信技术部门较为普遍，在其他部门也存在可能性。学者们基于代理人的仿真模型研究了这一问题。研究结果发现，标准捆绑会加强锁定以及由此产生的影响。

　　关于互联网起源的历史记录往往强调美国政府的投资和高校研究人员的贡献。学者们基于标准、初创企业和网络效应研究了互联网业务（Russell et al，2022）。相比之下，该研究纳入了此前被忽视的参与者：制定标准、评估竞争标准、了解新产品价值的消费者，以及制造销售产品的企业家和私营企业。美国设备提供商（3Com）和思科系统公司（Cisco Systems）等初创企业之所以成功，是因为这些企业满足了快速增长的用户需求，尤其是那些在大型组织中将计算机连接到网络和网络连

---

①　Barrett C B，Yang Y N，2001："Rational incompatibility with international product standards"，*Journal of International Economics*，54（1），171-191.

②　Heinrich T，2014："Standard wars，tied standards，and network externality induced path dependence in the ICT sector"，*Technological Forecasting and Social Change*，81，309-320.

接到互联网的用户。研究认为，20世纪60年代末至80年代末是一个相对短暂但充满活力的时期。当时监管机构对美国企业形成冲击，企业家在新市场中蓬勃发展，工程师为网络和互联网制定行业标准。因此，各方共同努力为开放标准打造了新的流程和制度，进而为网络效应创造了有利条件。这些效应支撑了互联网和数字经济进入发展期。此外，跨国监管网络产生的软法律措施在监管跨境市场活动方面变得日益重要。然而，国内机构在采取这些软法律措施的速度方面差别很大，而且对这些措施在不同司法管辖区的传播方式并未充分了解。学者们基于跨国监管网络中的扩散效应研究网络关系与标准采用[①]，认为现有关于社会化或权力动力学的理论有益于解释特定网络结构模式，纵向网络分析可以用来检验它们的网络效应。学者们进一步研究了国际证券委员会（International Organization of Securities Commissions，IOSCO）《多边谅解备忘录》（*Multilateral Memorandum of Understanding*，MMU）的广泛采用。基于证券监管机构间关系的纵向数据集（2002—2015）（*N*=109），学者们使用随机行为导向模型（Stochastic Actor-Oriented Models，SAOM）预测国内机构采用跨国标准的比率。研究结果表明，标准采用在证券监管机构网络中具有传染性。

在信息技术行业，争夺市场主导地位的斗争十分激烈。标准战的结果决定了市场上特定技术的输赢。学者们研究了标准战中影响消费者转换意图的关键因素[②]，提出建立概念模型，解释驱动消费者在面临不同技术标准的情形下，从一种技术产品切换到另一种技术产品的因素。该模型围绕三种类型的影响进行构建，即推力（Pushing）、拉力（Pulling）和系泊力（Mooring）。智能手机是最受欢迎的移动商务设备，学者们选择其作为研究背景进行专项调查研究以检验提出的模型和假设。研究结果表明，技术相对优势等拉力因素、对产品的低满意度和不确定性等推力因素对消费者更换技术产品的意愿有积极影响。此外，惯性、切换成本和网络效应等系泊因素会对切换意图产生负面影响。惯性和网络效应对推力和拉力因素均有影响。该模型可以为企业制定适当的战略以维护现有的客户群提供参考，并鼓励替代标准的用户进行产品转换。

---

① Van der Heijden M，Schalk J，2020："Network relationships and standard adoption：Diffusion effects in transnational regulatory networks"，*Public Administration*，98（3），768-784.

② Lin T C，Huang S L，2014："Understanding the determinants of consumers'switching intentions in a standards war"，*International Journal of Electronic Commerce*，19（1），163-189.

标准是许多信息技术应用的核心，这些标准的开发过程在信息系统的发展中发挥关键作用。学者研究了信息技术标准发展与供给侧的网络效应[①]，该研究将技术供应商开发信息技术标准的过程建模为供应侧网络效应下的协同进化技术搜索过程，并考察标准开发过程的特征对其结果的影响。研究发现，供应商之间的充分协调通常有助于在最佳可用标准上趋同。但对于复杂的信息技术标准，这种最佳可用的标准并不必然优于其他尚未发现的解决方案，因为协调可能导致搜索范围过窄。研究还发现，对于高影响力的组织，不论是联盟还是财团，都可以协调标准选择，以防止网络效应产生对劣势选择的锁定，并有助于将已知的最佳替代方案设定为标准。但当协调不完善且由一个具有中等影响力的组织或财团控制时，可能会导致技术锁定动态。在这种动态中，供应商坚持次优解决方案，随后无法逆转这种承诺，即使在搜索过程的后期出现技术上优越的替代品。此外，研究发现涉及知识产权（Intellectual Property Rights，IPR）保护和相关模仿成本的悖论，即尽管模仿成本会导致多种标准的出现从而在短期内降低社会福利，但这种效应会通过扩大对后一代标准的搜索筛选而产生有益的中长期效益。

（二）信息标准与数字化分析

信息质量标准有助于企业或企业内的内容开发人员为其客户创建高质量、高价值的内容以及出色的用户体验。学者针对国际商业机器公司（IBM）如何开发和实施信息质量标准研究由社区驱动的信息质量标准，解释该公司的内容开发社区如何创建有意义的标准，以及作为闭环信息质量过程的一部分如何实现跟踪其影响的指标[②]。国际商业机器公司的内容开发人员并非由单个小组来决定具体标准，而是作为一个社区共同工作，从内部和外部来源确定关键需求，用一组关键产品测试标准，然后将标准用于日益增多的产品中。社区驱动的信息质量标准方法使该公司内容开发人员能够创建对各种团队都有意义的标准，确保信息质量的关键方面在整个公司得以解决。通过使用指标来跟踪标准实施和法规遵从性，该公司社区可以看到标准何时起作用，以及何时需要更新标准以满足其客户不断变化的需求。学者认为，实施信息质量标准并非公司信息

① Uotila J, Keil T, Maula M, 2017: "Supply-side network effects and the development of information technology standards", *Mis Quarterly*, 41（4）, 1207–1226.

② Vitas B, 2013: "Community-driven information quality standards: How IBM developed and implemented standards for information quality", *Technical Communication*, 60（4）, 307–315.

质量之旅的终点。这应该被视为一个闭环过程,通过对法规遵从性数据、客户反馈和其他指标的持续分析来推动信息质量的持续改进。

强制企业建立最低级别安全控制的强制性安全标准在包括信息安全在内的许多领域都得到实施。信息安全领域的特点是多个相互交织的安全控制,所有这些控制并非都可以通过标准进行监管。但如果发生安全违规,公司通常会使用遵守现有安全标准来转移责任。学者们研究了强制性标准和组织信息安全。在程式化的设置中,其中一家公司有两个以串行或并行配置链接的安全控件。一种控制由安全标准直接管理,而另一种则相反。研究表明,更高的安全标准并不一定会导致更高的公司安全性。此外,在两种串行和并行配置中,更高标准损害公司安全性的条件明显不同。如果标准合规性导致公司违约后的责任减少,这种责任减少反过来又会削弱标准与公司安全之间的联系。在企业满足政策制定者设定的最佳标准的情况下,若违约对企业造成的损害在社会福利总损害中所占比例更高,且企业承担的责任更大,则企业安全和社会福利都会更高。

建筑物的数字化需要系统地处理各种数量的数据,通过信息分类实现数据结构的协调同质化成为共同愿景。学者们基于构建信息标准的性能,研究建筑信息分类标准在建筑生命周期数字化中的作用,并借鉴了信息技术标准、大数据和建筑信息建模(Building Information Modeling,BIM)的科学技术研究方法[①]。该方法认为信息系统标准性能具有潜在的非线性和多重性。丹麦一家大型医院为期五年的设计过程被视为建筑信息标准,尤其是其中库内克分类系统(Cuneco Classification System,CCS)标准的表现。研究表明,尽管有客户的不同需求,但随着时间的推移,一些建筑信息标准仍在发挥作用。为满足不同的客户需求,可以推出差异化的设计过程。性能标准的这种碎片化被表示为多重性能,包括暂时和间隔的性能。如使用单一标准的扩展设计过程,或使用多重标准的过程设计调整(约减少50%的设计内容)。客户的设施管理系统在设计过程中实现数据的后向构建,促使建筑师和工程师(但不是承包商)使用该分类系统。

信息系统管理旨在为整个组织的各种过程和职能提供系统和解决方案,最终目标是为用户提供工具,以便其能够完成工作。对于信息系统部门来说,目标是开发运行平稳且无意外中断的信息系统,这就要求技

---

① Koch C, Beemsterboer S, 2017:"Making an engine:Performativities of building informa-tion standards", *Building Research and Information*, 45(6), 596-609.

术和系统的稳健性。学者研究了标准和信息系统管理取得成功的关键[1]，认为标准和标准遵从性是开发强健的基础架构的关键。此外，基于标准构建的系统与现有和未来的技术兼容同样不容忽视。标准和信息系统管理取得成功还需要使信息系统具有灵活性，并允许其快速且经济高效地实现修改和调整。

零售业处在数字化进程中，零售价值链参与者对重新定义信息标准和协议的兴趣与日俱增，制造商、批发商和零售商通过这些标准和协议进行协作并共享供需侧数据。汉宁等（Hanninen，2020）回顾和展望了零售业的信息标准，应用概念研究，在零售行业特定背景下考虑信息标准在行业层面战略影响的研究中具有代表性。研究目的在于了解信息标准在零售价值链中的角色，以及标准化程度的提高对零售业的影响。研究阐明了信息标准对零售价值链整合、竞争和协作的战略意义，包括其潜在的益处和不足。研究认为，零售商面临的风险并非来自信息交换领域全球标准，而是由全球大多数领先零售商采用、由全球标准制定机构以及顾问和技术提供商牵头的新兴标准。在此过程中，还可能会出现一些本地信息标准，这些标准只能确保特定伙伴相关事务的互操作性。因此，跨零售价值链运营的组织的管理者需要意识到，全球或本地信息标准可能代表一把双刃剑。

支持互联网通信协议第四版（Internet Protocol Version 4，IPv4）的数据通信协议已经有四十多年历史，其32位地址空间对于互联网来说较为有限。下一代互联网协议第六版（Internet Protocol Version 6，IPv6）具有更大的128位地址空间，但第六版协议与现有的因特网并未实现后向兼容。互联网技术界一直试图将整个互联网迁移到新标准。学者们基于影响第六版协议部署的经济因素，研究了其中的隐形标准竞争[2]。该研究旨在解决有关互联网技术演进的重要但被忽视的问题：世界是否会向第六版协议趋同。该研究为第六版协议的发展和前景提供了经济基础。新版协议的许多推动者认为，如果假定第四版协议地址资源会耗尽，而互联网要发展，新标准就必须成功，并且这种转变不可避免。学者通过研究相关的网络效应并制定转型的经济参数，对影响网络运营商决策的潜在

---

[1] Sirkemaa S, "Standards and information systems management—The key to success: Information Technology Science", *International Conference on Information Technology Science (MosITS)*, 724 (34), 245-251.

[2] Kuerbis B, Mueller M, 2020: "The hidden standards war: economic factors affecting IPv6 deployment", *Digital Policy Regulation and Governance*, 22 (4), 333-361.

经济力量进行建模。研究发现，传统第四版协议将无限期地与第六版协议共存。第六版协议不太可能成为唯一存在的标准。对于寻求发展的网络运营商而言，部署互联网协议第六版具有经济意义，尤其是涉及软件和硬件生态系统主要转换的移动网络。由于缺乏与非部署者的后向兼容性，消除了许多网络效应，这些效应会造成转换为互联网协议第六版的压力。在可预见的未来，各种转换技术以及使用网络地址转换更有效地使用第四版协议地址将支持这两种标准的混合使用。该研究提供了对影响向互联网协议第六版过渡经济因素的更清晰理解[1]。

三、标准、计量与创新分析

（一）计量标准与技术创新分析

计量标准和检测基础设施对经济绩效和贸易的影响在理论层面得到广泛接受。但针对该问题的实证研究有所不足。有学者基于瑞士与德国、法国和英国双边贸易流量的实证结果，研究创新和标准对计量和检测产品贸易的影响[2]。该研究旨在阐明创新能力和技术标准作为计量和检测基础设施的重要组成部分对国际贸易流量和竞争力的影响。为了分析创新技术与计量检测标准以及各自市场之间的直接因果关系，实证分析集中于计量检测技术领先国家的计量检测产品贸易。在对瑞士与德国、法国和英国的贸易流量进行实证分析时，研究遵循了斯旺等研究者开创的研究方法[3]，首次将技术标准作为技术指标纳入英国贸易绩效的评估中。计量和检测产品的贸易流量可以用从1980年至1995年创新能力和标准化程度的指标来解释。创新能力指标基于欧洲专利局的专利申请；标准化程度使用按区域范围不同的国家的技术标准存量。该研究结合四个不同的贸易方程，除了出口和进口函数外，还纳入了贸易平衡和产业内贸易。结果表明，第一，瑞士的创新能力和标准存量均能解释其在这三个国家的出口业绩。第二，特别是瑞士的国际标准存量对从这三个国家进口到瑞士的产品产生积极影响，证实它们在促进总体贸易方面的积极作用。第三，瑞士三大贸易伙伴的出口盈余受到瑞士国际标准存量的积极影响。

---

[1] 杨丽娟（2012，2021）、Yang（2023）研究认为，可以基于技术标准的兼容性和安全性，实现数字贸易网络的分层治理。

[2] Blind K，2001："The impacts of innovations and standards on trade of measurement and testing products: empirical results of Switzerland's bilateral trade flows with Germany, France and the UK", *Information Economics and Policy*, 13（4），439-460.

[3] Swann，2010："The economics of standardization: An update report for the UK department of business, innovation and skills", ISO Research Library.

国际标准成为瑞士出口具有国际竞争力的重要因素。第四，产业内模型的实证结果强调了在与这三个国家的贸易中，即使是国家标准也可能具有一般贸易促进效应的共同观点。

各界日益关注标准对工业制造和创新后发国经济发展的影响。学者研究了标准、创新在后发国经济发展中面临的问题与政策挑战[①]。如果标准化主要被视为一类技术问题，则其能够获得的高层政策支持有限。然而，技术标准对经济增长的贡献至少和专利一样大。作为技术知识传播的关键机制，由于先进国家在专利申请方面的主导地位，技术标准在后发国家已成为专利申请的替代品。后发国家及其企业与发达国家和企业相比，能力和制约因素存在较大差异。研究认为，后发国家应采用更符合后发国国情的标准，强调学习效果和动态能力的培养。这些问题对于理解亚洲国家在标准化领域的崛起至关重要。学者还研究了专利对标准化的关键作用，并认为战略专利会从事实上的行业标准中产生租金，进而会阻碍后发国的经济发展。研究者利用社区创新调查的数据和不同工业部门使用国家计量系统的数据对这一假设进行检验，发现国家计量系统具有明显的正向作用并且在统计上显著[②]。同时，旨在支持精确计量的标准也可支持创新。研究认为，创新者生产具有特定特性产品的动机取决于创新者和客户衡量和验证这些特性的能力。

质量标准和创新活动在提高贸易绩效方面的作用在文献中被广泛关注，奇波利纳等（Cipollina et al，2016）认为质量标准对贸易的净收益受到出口企业创新和遵守这些要求的能力的影响。研究结合60个出口国和57个进口国的样本，对1995—2000年间的26个制造业行业进行分析。研究表明，最具创新性的行业更有可能提高出口产品的整体质量，进而获得竞争优势。这种积极效应取决于产业层面的技术密集程度和出口国的经济发展水平。此外，布林德等（2017）学者研究了不确定市场中标准和监管对创新的影响。该研究在考虑不同程度市场不确定性的情况下，分析了正式标准和监管对企业创新效率的影响。学者们认为，正式标准和监管具有不同效果，其差异性取决于从信息不对称和监管捕获理论分析得出的市场不确定性程度。实证分析基于德国社区创新调查（Commu-

---

① Ernst D, Lee H, Kwak J, 2014："Standards, innovation, and latecomer economic development: Conceptual issues and policy challenges", *Telecommunications Policy*, 38 (10SI), 853–862.

② Swann, 2010："The economics of standardization: An update report for the UK department of business, innovation and skills", ISO Research Library.

· 178 ·

nity Innovation Survey，CIS）进行。结果表明，在市场不确定度较低的情形下，正式标准导致创新效率较低，而规制则相反。在市场高度不确定性的情形下，监管导致创新效率降低，而正式标准则产生相反的效果。研究结果对这两种工具的未来应用具有重要意义，表明正式标准和监管效益在很大程度上取决于市场环境。

2008 年，美国国家标准与技术研究所（National Institute of Standards and Technology and Energetics Incorporated，NIST）与国际电工委员会纳米电工技术委员会（IEC TC 113）合作，对国际纳米技术界的成员进行关于加速纳米电工技术创新的标准和计量优先事项的调查。本内特等（Bennett et al，2009）基于第 113 技术委员会的调查分析，研究了加速纳米电工技术创新的标准和计量优先事项。学者们分析了来自 45 个国家的 459 份调查问卷回复，并以此作为基础，期望推动国际标准组织和国家计量机构就制定纳米电工标准的框架达成共识。所有受访者的优先级排名分布情况表明，在以下五种调查类别中，每种类别中排名的特定项目的相对国际优先级之间存在统计上的差异，即①纳米电工特性；②纳米电工分类法：产品；③纳米电工分类法：交叉技术；④国际电工委员会一般学科领域；⑤线性经济模型阶段。上述五种类别排名项目的全球共识优先顺序表明，第 113 技术委员会应首先关注传感器和制造工具的电子和电气性能的标准和计量，以支持能源、医疗和计算机产品中使用的支持纳米技术组件的性能评估。此外，学者们认为，创新政策的重点已从知识创造和保护（如专利）转向知识传播（如通过开放获取），以促进其实施。这导致日益增长的人员需要创新指标以反映创新产品和服务中知识的实施情况。标准化作为一种开放式创新过程，标准作为其输出，代表着一种新型的创新指标。布林德（2019）研究了作为科学和创新指标的标准化和标准。该研究讨论了将标准和标准化用作创新指标的现有机会，包括输入、规模和输出指标等三个具体示例。研究明确了必须解决的挑战，以缩小与专利数据相比仍然较为重要的数据差距，说明行业和政策决策者如何利用标准化和标准的综合数据库来评估创新政策举措。学者还引入更广泛的质量基础设施概念，以指出标准实施的复杂性及其与创新的密切联系。

（二）标准与计量创新分析

美国联邦政府在本国计量研发方面发挥着重要作用，因为它对国家经济的重要性以及宪法赋予国家标准与技术研究所的权力。然而，保持预算平衡的压力需要仔细规划和优先设置，以赢得对计量研发项目的支持。塞梅尔基安和沃特斯（Semerjian and Watters，2000）研究了计量和标准基础设施对国民经济和国际贸易的影响，并举例说明国家标准与技术研究所工作的意义。来自重要工业成果的典型案例说明计量标准研发为良好规划和资源配置带来回报，研究结果为国家标准与技术研究所主要工作对国民经济的全面影响提供了证据。更为重要的是，学者们发现，当国家贸易关税壁垒降低时，全球公认的一致和准确的计量标准有助于消除任何剩余的技术性贸易壁垒。

在第四次工业革命中，生活水平的显著提高增加了城市固体废物，因此迫切需要实现对其的精确计量。工业4.0标准要求使用准确、高效的边缘计算传感器进行固体废物分类。如果废物管理不当，将对健康、经济和全球环境产生不利影响。所有利益相关者必须明确其在固体废物产生和回收方面的作用和责任。为确保回收成功，应正确有效地分离废物。在非有机废物分类的背景下，边缘计算设备的性能与计算复杂性成正比。现有的废物分类研究使用卷积神经网络（Convolutional Neural Network，CNN）体系结构进行，例如亚历克斯网络（AlexNet），其包含大约62378344个参数，需要超过7.29亿次浮点操作才能对单个图像进行分类。该分类并不适合需要低价计算复杂性的计算应用程序。学者们研究通过增强成像传感器和深度学习模型实现固体废物分类工业4.0标准的精度计量[1]。该研究提出使用移动网络开发的用于固体废物分类的增强轻量级深度学习模型，该模型对于轻量级应用程序（包括边缘计算设备和其他移动应用程序）非常有效。与现有的相似模型相比，该模型在最大函数和支持向量机分类器上的分类准确率分别达到82.48%和83.46%。尽管与更大更复杂的架构相比，移动网络能提供的精度更低，但对于边缘计算设备和移动应用程序更为实用。针对城市固体废物分类，更为精确的计量标准有益于减轻废物对经济社会、居民健康的负面效应。

英国的劳动生产率明显低于许多其他类似的发达经济体，几十年来一直如此。这对英国的国民生活水平产生负面影响。更为不利的事实是，在过去十年中大多数工业化国家的劳动生产率增长停滞不前，尤其是英国。这导致政策重新聚焦于生产率的增长，如历届政府的生产率增长计划和重振产业战略的努力。梅森等（Mason et al，2018）基于数十年英国计量领域的经验教训，研究阻碍英国生产率提升的因素。该研究回顾了

---

① Qin L W，Ahmad M，Ali I，et al，2021："Precision measurement for Industry 4.0 standards towards solid waste classification through enhanced imaging sensors and deep learning model"，*Wireless Communications and Mobile Computing*，67（3），1-10.

英国生产率表现不佳的证据，通过经济计量发展的视角来审查这些证据，特别是借鉴其他国家在计量领域完成的工作，并着眼于未来的关键计量挑战。学者们认为这将有助于更好地了解阻碍英国生产率提升的因素。

为评估计量学在医疗设施中的作用，葡萄牙医院开展了一项研究，以确定和分析与计量溯源性概念有关的问题。费雷拉（Ferreira et al, 2015）基于统计方法的比较研究，考察计量溯源性在卫生保健中的作用评价。研究构建数据集并围绕其展开讨论，该数据集来自一组涵盖44家葡萄牙公立和私立医院的调查问卷。分析的主要结果包括确定适用于认证和认可医院的系列关键指标。检测报告和校准证书是医院要求的主要计量溯源文件。医疗测量仪器的采购与符合性报告取决于医院的类型。维护运营预算被认为是私立医院最相关的问题，但对于公立医院而言，这一问题不如信任供应商那么重要。对于公立医院，购买价格是最重要的要求。对于获得校准测量仪器的医院，只有50%进行内部校准。研究得出结论，对供应商的信任与较低的维护运营总预算有关。医院为获取测量仪器而制定的协议没有反映计量问题，维护运营和计量校准操作之间的良好关系尚未建立。因此，在医疗专业人员和设施的日常考虑中，计量溯源性在很大程度上处于缺失状态。

随着1995年世界贸易组织多边贸易体系的建立，技术性贸易壁垒（TBT）已成为重要的非关税措施之一。技术性贸易壁垒面临的关键问题是，技术法规、标准和合格评定不应被用作贸易壁垒。关于合格评定，《WTO技术性贸易壁垒协定》建议各成员进行谈判以相互承认彼此的合格评定结果，并允许位于其他成员国的合格评定机构参与。帕克等（Park et al, 2010）基于计量科学和合格评定程序，研究计量界在世界贸易组织多边体系下的作用。研究回顾了计量科学在消除技术性贸易壁垒的国际努力中的重要工作，尤其是在合格评定领域。此外，学者们研究了巴西总认证协调会（General Coordination for Accreditation，CGCRE），以及巴西校准和检测实验室在国际计量标准认证中的首席评估员角色[①]。这项工作描述了巴西总认证协调会的人力资源组织、国家计量、质量和技术研究所内外的负责人员和技术评估人员评价校准和检测实验室是否符合特定国际计量标准（ISO/IEC 17025：2005）。结合具体工作进展，该研究

---

① Silva G M P, Faria A C O, Nogueira R, 2014: "The lead assessor role in the ISO/IEC 17025: 2005 accreditation of Brazilian calibration and testing laboratories by the General Co-ordination of Accreditation （Cgcre）", *Accreditation and Quality Assurance*, 19 （2）, 127-132.

提出首席评估员项目以推进计量科学和合格评定程序。该项目包括增加首席评估员的责任，提高实验室认证司满足巴西校准和测试实验室遵循特定国际计量标准认证的能力。

四、环境标准与创新分析

（一）标准与产品创新分析

关于法规或标准是否有助于或损害竞争力存在争论。有学者对这场持续增长的争论做出了实证领域的贡献。虽然研究没有直接检验波特（Porter，1998）在《国家竞争优势》中提出的假设，但其探讨了类似的问题。研究结果认为，超越在遵循标准和提升竞争力之间进行权衡的假设，能够发现发展中国家企业可以遵守与贸易联系日益密切的全球严格标准，且不一定损害其竞争力。遵循标准之所以可能妨碍企业业绩，是因为国家的政治软弱及其有限的行政和技术能力，这会对新技术规范和标准的有效传播构成威胁[1]。印度的做法为这一观点提供了支持。面对贸易伙伴对偶氮染料问题的关注，印度政府迅速做出反应，大幅降低可替代化学品的进口关税，并针对德国的禁运进行技术咨询。这些举措成为印度有关贸易企业转型过程中的重要组成部分。尽管遵循标准对印度外贸企业形成压力，但在这项改革的背景下，印度不仅提高了皮革和纺织产品的生产质量，而且获得了发展和投资特定行业所需的外国资金流入。在此过程中，皮革和纺织业发挥了重要的先行者作用。根据2003年印度政府和联合国环境规划署合作项目中进行的采访，受访者普遍认为印度已经解决了偶氮染料问题。

不同的标准及生态标签涉及不同的信誉与合法性、成本与效益，以及实现可持续发展目标的能力。耶尼帕扎尔利（Yenipazarli，2015）基于标准、成本与价格研究了生态标签标准的经济学。该研究利用霍特林（Hotelling）水平差异模型，研究了生态标签标准影响成本和价格的具体问题。研究发现：①更严格的环境标准要求执行更高的诚信标签不一定转化为产品更高的销售价格；②已贴标签产品所要求的更高价格并不能保证企业将从生态标签标准中获得更高的利润；③为确保符合生态标签标准而检查的每个产品支付的单位审计费用（而非预先支付的参与费用）是企业参与生态标签标准的主要事实障碍。消费者愿意为生态标签产品

---

① Dasgupta S，Agarwal N，Mukherjee A，2021："Moving up the on-site sanitation ladder in urban India through better systems and standards"，*Journal of Environmental Management*，280，111656.

支付价格溢价并非市场溢价产生的充分条件。

只有商品化价值的产品制造商无法获得竞争优势，需要通过产品创新增加差异化价值，包括环保属性。在这种情况下，环境标准有可能鼓励产品制造商进行产品创新。因此，学者们基于日本冰箱零售市场的特征，分析研究了环境标准与竞争优势下的产品创新[①]。该项研究的目的是确定具有环境友好属性的环境标准是否有助于创新进而创造竞争优势。该研究分析了具有反映环境标准的环境友好属性的产品能否获得价格溢价，以及该产品是否出现了与价格大幅下降相关的产品商品化。在实证分析方法上，学者们使用1998—2012年日本零售市场销售的冰箱数据进行特征价格回归。主要研究结果包括：①冰箱制冷的基本价值在过去的15年里被彻底商品化。②不含氟氯化碳且符合环保标准的节能产品具有价格溢价。③每个属性的价格溢价在这一期间都有特定的趋势。这些结论支持这样一种观点，即反映产品环境友好属性的环境标准能够通过价格溢价补偿下降的商品化价值。积极响应环境标准的产品创新有助于创造产品的竞争优势，尤其是在产品商品化的情况下。

针对发展中国家，比滕库尔特（Bittencourt et al，2016）基于对部门学习标准的探索性分析，研究了巴西的学习形式和产品创新程度。该研究旨在拓宽对巴西企业创新动力的理解。为此，学者们构建了学习类型指标和创新程度指标，并对两类指标之间的关系进行计量经济学检验。研究发现了显著的部门差异，主要结论包括：①程度较低的创新几乎完全来自只考虑隐性知识的学习形式；②更高程度的创新来自将编码知识（例如来自先进科技来源的知识）和隐性知识（例如来自客户互动的知识）结合在一起的学习形式；③客户始终是创新过程的重要来源。学者们假设巴西公司有限的动态创新可以用与客户质量需求相关的锁定效应进行解释。该研究提出应承认更复杂客户（对产品创新要求较高）会引导最有潜力的企业技术发展逻辑，同时积极刺激出口以满足创新需求。

查克拉博蒂（Chakraborty，2017）基于准自然试验证据，研究了环境标准、贸易和创新。该研究利用德国1994年对印度皮革和纺织业实施技术法规的自然实验，利用微观企业数据集，考察环境标准对贸易、创新的影响。研究考察了专为印度皮革和纺织设计生技术标准或与贸易有关环境法规的贸易适应和退出效应。研究发现：①环境标准促使新技术

---

① Nishitani K, Itoh M, 2016: "Product innovation in response to environmental standards and competitive advantage: a hedonic analysis of refrigerators in the Japanese retail market", *Journal of Cleaner Production*, 113, 873-883.

和高质量进口原材料显著增加进而增加企业的出口收入。这表现出环境标准的信号效应。②相应的增加仅集中于企业规模分布的上半部分，即第三分位数和第四分位数。③使用进口原材料可以解释企业退出概率低的原因。④有证据表明存在分选效应，即环境标准对小企业的运营具有显著影响。利用皮革和纺织制造业数据来提供证据，发现有关结论与发展中国家环境合规性和贸易竞争力的普遍观点并不一致。研究认为，从事国际贸易的皮革和纺织企业因1994年的偶氮染料条例获得较大收益。这一贸易收益可能是基于信号效应，即通过使用高质量的原材料和技术密集型生产工艺，特别是对规模较大的企业。来自国际市场上买方的管制可能形成贸易壁垒，可被称为隐含的贸易成本，会影响企业生存。通过对企业普通皮革和纺织产品出口概率的调查发现，进口原材料使用率越高，出口概率越低。该研究还发现，德国1994年相关法规产生了引起小企业退出出口市场的排斥效应。

探讨知识许可与产品创新创造之间的关系，展示将知识许可文献与产品创新联系起来的价值，有利于更全面地理解标准许可如何影响创新。克昌特等（Klueter et al，2017）持续关注许可与产品创新之间的关系，研究标准与合作嵌入式许可。该研究认为，企业以不同的方式组织知识许可活动，被许可方在应用和转换许可知识以创造新产品创新方面的关注点存在差异。对1997—2015年555份生物制药行业许可协议文件的审查为该研究的理论框架提供了资料支持。标准许可通常需要简单的知识交换和金钱交换，与更广泛的合作伙伴关系中的知识许可相比，标准许可导致产品创新的可能性相对较小。然而，一旦各方考虑接受许可知识的研发单位（自下而上的关注）和被许可方组织的高层管理人员（自上而下的关注）的关注程度，标准许可则可以带来类似于合作伙伴嵌入式许可的创新结果。此外，福卡特和李（Foucart and Li，2021）基于来自英国制造企业的理论和证据，研究技术标准在产品创新中的作用。该研究从增量创新（渐进式，在技术生命周期内）和根本创新（变革式，在当前技术周期之外）两个维度出发，研究技术标准在企业产品创新中的作用。学者们首先建立理论模型，预测企业可以将技术标准作为一种保险机制来对冲开发新产品的风险过程。这种保险机制有益于促进渐进式产品创新和产品增长，尤其是对于那些远离技术前沿的企业。使用英国制造业公司七年来的加权面板数据，学者们发现研究期内技术标准的使用极大地促进了公司的渐进式创新，同时也降低了其进行变革式创新的动机。该研究还表明，这种关系取决于企业的研发强度，这一结论与理论模型预测一致。

（二）标准与环境治理创新分析

中国山东省制浆造纸工业废水达标区域性政策试验于2000年初取得成功，为今后制定和加强全国水污染治理提供了借鉴，但仍缺乏对政策试验的环境和经济后果进行全面评估的研究。关于清洁水是否会付出巨大的经济代价的问题仍然没有答案，这可能会阻碍政策经验的累积学习和发展。因此，学者们研究了更严格的环境标准对中国经济的影响，提供来自制浆造纸行业区域政策试验的证据[1]。环境管制是否对制造商的经济绩效产生负面影响，需要进行可靠的政策评估。该研究采用工厂一级的经济环境统计和差分设计方法，考察2000年山东省污水处理政策的经济效果。该研究结果显示，在平均水平上，环境管制提高了制浆造纸厂的经济效益。这项规定对总产出、总资产和总利润均具有积极影响，且没有造成就业率出现统计上的显著下降。这些研究发现为环境政策和标准制定提供了参考和经验借鉴。

碳核算标准是环境治理的核心要素。沃尔夫和戈什（Wolf and Ghosh，2020）以实践为中心的环境会计准则分析，将农业纳入碳治理。该研究将标准的产生视为情境和实际行动，并由机会、资源限制和现有基础设施而决定。对这项具体工作的审查，能够揭示相关人员的行为，及其如何组织与特定问题、惯例和资源的具体行动。应用这种以实践为中心的民族学研究方法，学者们研究了玉米生产中一氧化二氮排放量核算方案的制定，尝试将农业纳入碳市场这一更广泛的项目。研究发现，由于缺乏数据、存在知识主张的争论，如果仅将现实世界的异质性用一个模型和一组清洁规则进行描述，则难以创建严格且有效的标准。碳会计准则应该被理解为是临时性且可能不稳定的规则妥协。在实际环境中，碳核算标准的制定和应用可能会面临各种挑战和不确定性。

在低收入和中低收入国家，废水管理主要采取现场卫生（On-Site Sanitation，OSS）的形式。在印度，一般家庭通常在没有监督管理的情况下安装和运行开放源代码的软件系统，很少遵守国家技术标准，这对水源和公众健康构成了风险。达斯古普塔等（Dasgupta et al，2021）研究了如何通过更好的软件系统和国家技术标准提升印度城市的现场卫生水平。该研究回顾了印度对3000户家庭进行的调查，从中获取有关系统

---

[1] Yang M，Yang L，Sun M，et al，2020："Economic impact of more stringent environmental standard in China：Evidence from a regional policy experimentation in pulp and paper industry"，*Resources Conservation and Recycling*，158，104831.

质量和技术标准的新证据，以确定创造可持续城市卫生未来政策取向和实践干预措施。研究认为，一国和地方政府可采取如下措施：①重新进行系统设计，同时满足家庭和环境需求；②促进系统预制，作为分配合规责任的最佳手段，释放开放源代码软件作为安全和长期废水管理解决方案的潜力；③更新技术标准以促进这种范式转变。这些努力有助于提高卫生水平，减少对水资源的负面影响，并改善公共健康。

五、标准、专利与竞争分析

（一）标准与专利分析

标准制定组织制定了"公平、合理和不带歧视性的条款"（Fair, Reasonable, And Non-Discriminatory，FRAND）协议，以防止企业在标准制定后阻碍其他参与者加入。德瓦特里蓬和勒格罗（Dewatripont and Legros，2013）研究了基本专利、技术标准和公平、合理和不带歧视性的条款版税之间的联系。该研究分析了此类协议的后果，特别是对需要现有专利持有人参与技术标准制定的公平性和非歧视性要求。该研究放弃了一般假设，即专利会给行业带来已知益处，或者各方均知道其益处。当专利组合中的专利权使用费不断增加时，公平、合理和不带歧视性的条款协议中隐含的情况即为如此，有关专利质量的私有信息会导致各种扭曲，尤其是鼓励公司对不重要的或贡献较少的专利设定标准。分析结果表明：第一，非标准必要专利（Non-Standard Essential Patents，NSEP）的数量与标准必要专利的数量呈正相关。第二，相对于次优方案，存在过度投资，即无法避免对非标准必要专利设定标准。第三，关于标准必要专利的争议会降低对非标准必要专利设定标准的激励，但同时以降低标准必要专利的产量为代价。第四，减轻这种副作用需要通过更好的专利申请进行过滤和审察，同时增加对非标准必要专利设定标准的成本。

标准联盟提高了标准内特许权使用费的协调水平，但也激发了许可方在标准竞争中的战略响应。学者们研究了差异化标准和专利池[①]，描述在标准范围内形成专利池的动机，并展示专利池的形成和稳定性如何取决于标准之间的竞争。研究考虑基本专利所有者为差异化标准形成的专利池，这些标准可能是使用中标准的补充或替代标准。学者们还研究了联盟标准形成的战略专利池，并表明促进标准兼容性的政策可能会增加

---

① Schiff A，Aoki R，2014："Differentiated standards and patent pools"，*Journal of Industrial Economics*，62（2），376.

或减少福利，这取决于对形成专利池的激励的影响。标准制定中的一个主要政策问题是，事先不太重要的专利通过纳入标准，可能会成为标准必要专利。为了遏制相关做法所创造的垄断力量，大多数标准制定组织要求标准所涵盖专利的所有者做出宽松的承诺，以合理的条款授予许可。这些承诺无疑有利于诉讼。勒纳和蒂罗尔（Lerner and Tirole，2015）研究了标准必要专利。学者们构建分析标准必要专利的框架以确定与缺乏价格承诺相关的多种类型的低效问题，并展示结构化价格承诺如何恢复竞争以及为何该种承诺在市场上自发产生的可能性较小。与此同时，巴伦等（Baron et al，2016）研究了标准必要专利的基本趋势和发展动态，分析受申报标准必要专利约束的技术进步速度和方向。学者们在超过3000个标准样品中观察到连续和不连续的变化。具体表现为：与其他标准相比，包括标准必要专利在内的标准变化更为频繁。在专利所有权集中的情形下，该种差异尤其明显。此外，受标准必要专利约束的标准具有更持续的技术进步模式。虽然标准必要专利的存在与持续标准升级的数量显著增加相关，但受标准必要专利约束的标准不太可能经历不连续的标准替换。若标准必要专利的所有者在标准的技术领域相对更为专业，则标准更难被替换。

尽管日益增多的实证研究使用已申报标准必要专利数据，但该类研究的重点是已申报专利，忽视了标准必要专利申明对特定标准的影响。因此，巴伦和波尔曼（Baron and Pohlmann，2018）还研究了通过使用标准必要专利声明将标准映射到专利（Mapping Standards to Patents Using Declarations of Standard-Essential Patents）的做法。该研究应用新的已申报标准必要专利数据库，讨论将已申报标准必要专利与特定标准文件进行匹配的方法，并提供受已申报标准必要专利约束的技术标准的经验证据。此外，该研究还提出使用已申报标准必要专利的分类，对技术标准与技术类别进行对应的新方法。该方法允许识别其他与标准相关的专利，并提供有关标准和与标准相关专利之间技术关系的关键信息。该研究讨论了利用已申报标准必要专利数据库和标准相关技术类别专利数据，学者们未来进行新实证研究的机会。

移动通信行业的技术标准已经从国家到地区，从地区到全球制定。在当今时代，该行业的全球标准已促成了单一全球市场的形成。然而，鉴于专利制度的性质，标准必要专利为属地性。标准必要专利既可以作为发展机会，也可能构成竞争威胁发挥作用，这取决于其是否在相关国家受到保护。学者们研究了标准必要专利的国际保护[1]，研究了宽带码分多址（W-CDMA）和标准必要专利如何在全球范围内分布。研究发现标准必要专利所有者在其国际业务中的战略、未来机会和威胁。同时，斯普尔伯（Spulber，2019）基于投票和市场研究标准制定组织和标准必要专利。该研究提供了标准制定组织（Standard-Setting Organizations，SSO）选择高效技术标准的条件。学者引入两阶段博弈模型，其中既有投票也有市场竞争。在均衡状态下，即使市场力量来自稀缺的产能和标准必要专利，标准竞争和最终市场结果也为有效。研究表明，与没有标准必要专利的效率较低的标准相比，有标准必要专利的变革创新会产生更大的社会福利。此外，投票权和市场权具有制衡作用。该讨论有助于解释对标准制定组织投票规则、知识产权规则、成员资格和联盟之间差异的实证观察。

学者们认为，标准必要专利的合理使用费应基于专利的事前增值。持不同观点的学者们则认为，专利的事前增值并不足够，合理的特许权使用费更类似于赢家通吃，其应该反映出与获胜技术和不成功替代技术相关的研发成本。诺罗尔（Neurohr，2020）研究了标准必要专利的动态有效使用费。该研究给出的结果支持后一种观点，但附加条件在于，合理的特许权使用费应仅涵盖从事前角度来看效率提高的研发工作是否成功的成本。事前增量价值的概念是确定这些努力的关键，因此也是确定动态有效使用费实际结果的核心。合理的特许权使用费是指能够产生这种动态高效的结果，即动态高效的研发水平。该动态有效使用费有益于平衡创新者产生的成本与实施者和消费者获得的收益。因此，合理的特许权使用费远高于技术的事前增值。赢家的高额利润被输家的损失所抵消，研发产生总净值的较大一部分会分配给标准实施者和消费者。

伯格等（Berger et al，2012）研究了行业标准中基本专利的申请行为。该研究论述了公司在与标准制定相关的基本专利方面的申请行为，讨论申请人实现专利申请与正在开发的技术标准的一致性的动机。基于这些激励结构，学者们假设基本专利的权利要求比对比专利的权利要求更容易修改。此外，学者们认为申请人有动机推迟拨款决定。因此，假设基本专利的未决时间比可比专利更长，这意味着申请人更有可能利用专利申请过程中的灵活性来修改未决专利申请的权利要求。为了进行实证验证，研究使用了欧洲专利申请过程中的程序性专利数据。该研究采

---

①　Dang J W，Kang B，Ding K，2019："International protection of standard essential patents"，*Technological Forecasting and Social Change*，139，75–86.

用一对一的匹配方法，根据技术类别、申请日期和申请人名称的匹配标准，将电信基本专利与控制专利相对应。学者们将这些要素与不持有标准相关专利的公司的专利进行比较。研究发现，更多的权利要求及其修改与基本专利的其他相关特征较为突出。生存分析的结果表明，修正案和索赔的数量越多，参考文献的比例越高，等待时间越长。原因在于，这些因素会显著降低生存分析中的危险率。研究还讨论了专利系统功能的一般含义，并提出解决这些申请策略产生高度不确定性所造成有害影响的方法，学者们认为需制定包括更好的标准协调在内的多样化解决方案。

（二）标准与竞争分析

二十世纪六七十年代大型计算机行业的历史和经验证据说明来自外围公司的竞争及其对国际商业机器公司标准迁移工作产生影响。国际商业机器公司寻求建立新的事实标准，而独立的磁盘驱动器制造商则提供支持混合系统的外围设备。对于计算机主机行业，这些混合系统提高了该公司旧计算机的经济寿命。尽管在这种情况下，该公司能够将其客户迁移到新标准。克里克斯（Krickx，2001）围绕标准迁移和外围竞争，研究外部企业竞争对具有实际标准控制的集成系统企业的标准迁移工作的影响。当系统公司试图将其客户迁移到新标准时，它们可能会失去对其标准安装基础的部分控制，因为其产品供应受到限制。外围设备公司则不会面临这样的限制，因为其提供的产品允许出现系统公司不愿匹配的混合系统。独立公司改进的外围设备使这些混合系统成为可能。这种混合动力系统延长了构成现有标准的产品的经济寿命。

一些学者基于古诺模型开展标准与竞争分析。瓦莱提（Valletti，2000）针对古诺竞争下的最低质量标准，研究对具体行业实施最低质量标准的后果。在该行业中，企业首先承担固定的质量开发成本，然后在数量上展开竞争。研究发现，适度限制的最低质量标准会明确地降低总福利，这与之前文献中假设公司在价格上竞争的发现形成对比。与此同时，技术标准被广泛应用于许多行业，并对竞争产生强烈影响。学者们运用博弈论方法，研究古诺竞争下的技术标准[①]。该研究基于矩阵分析方法，考虑水平差异带来的复杂性。研究发现，统一的技术标准会提高区域优势，但对低技术地区造成损害。具有成本优势的企业受益于最低技术标准，因为最低技术标准将高成本的企业从相应的行业中吸引出来。

[①] Nie P, Wang C, Wen H, 2023: "Technology standard under", *Technology Analysis and Strategic Management*, 35（2），123-136.

通过这种方式，最低技术标准刺激了低技术创新。此外，最低技术标准降低了总产出。由于规模收益率降低的假设，最低技术标准增加了平均成本，而线性成本意味着最低技术标准下平均成本的降低。

学者们基于生产标准、竞争和纵向关系，分析了垂直食品供应链中农民和加工者群体在考虑其竞争行为的情况下对生产标准的集体选择的影响[①]。该研究建立通用模型来分析在垂直链中使用标准限制供应，以及在农民和加工者之间转移租金的战略动机。研究发现，严格标准可以提高农民的利润，但以损害加工者群体的收益为代价。这一情况可能会在三种情形下产生：第一，标准对可变生产成本的影响大于对固定生产成本的影响；第二，对最终产品的需求没有弹性；第三，加工者具有高度的寡头垄断能力。此外，标准竞争是一个受诸多因素和机制影响的复杂过程。学者们应用系统动力学模型研究了标准竞争。该研究借鉴当前的标准竞争动力学理论开发模拟模型，描述企业可用以获得竞争优势的战略因素之间的相互作用。学者们将该模型应用于四个已发布的标准竞争案例，探索其替代结果。模拟结果与已公布的案例一致，表明竞争结果来自原始研究中确定的所有因素的系统性影响。进一步的模拟测试将探索在何种条件下，竞争结果可能会有所不同。该模型为案例中各行业标准竞争战略方面的进一步理论和实证工作提供了基础。此外，施马伦塞（Schmalensee，2009）研究标准制定、创新专家和竞争政策，讨论该领域的最新政策发展。研究使用专利许可和产品市场竞争模型，分析与标准制定组织相关的竞争政策问题。研究认为，竞争政策不应偏向于实践专利持有人，不应偏向于不实践专利的创新专家，也不应要求标准制定组织在制定标准之前在专利持有人之间进行拍卖以确定标准后的特许权使用费率。标准制定组织可以鼓励非正式的事前竞争。反垄断政策不应允许或鼓励专利使用费率的集体协商。

财务会计准则由各国政府授予相当程度垄断权的组织而制定。虽然关于国家与国际垄断的利弊存在着较大争议，但较少有研究关注使用竞争性准则制定组织制定会计准则的利弊。国家层面如美国财务会计准则委员会（Financial Accounting Standards Board，FASB），国际层面如国际会计准则委员会（International Accounting Standards Committee，IASB）。贾迈尔和桑德尔（Jamal and Sunder，2014）研究了会计准则制定中的垄断与竞争。该研究将国家层面和国际层面的标准制定过程与四个以技术

---

① Yu J Y, Bouamra-Mechemache Z, 2016: "Production standards, competition and vertical relationship", *European Review of Agricultural Economics*, 43（1），79-111.

为导向的标准制定组织的过程进行比较，以评估竞争的作用。研究还结合了关于电话垄断和竞争标准的案例研究。电话标准和会计准则标准均从协调中获得收益。在关于授予各自标准制定组织垄断权的辩论中，也使用了类似的论点。研究结果表明，相关组织与政府批准的国际电信联盟开展垄断竞争，改变了电信行业。由于这项标准竞争，消费者才有机会享受免费视频互联网通话和巨大的成本节约。研究进一步讨论了会计准则制定的含义。此外，随着经济前景的改善，借款人的平均违约概率下降。这会影响银行提供筛选服务的盈利能力，并导致银行筛选强度与经济前景的关系呈倒 U 形。学者研究了银行竞争与信用标准，解释商业周期内银行间信贷标准和价格竞争的变化[1]。研究认为，扩张中的低筛选活动在贷款人之间造成激烈的价格竞争，贷款被扩展到了质量较低的借款人。随着经济前景恶化，价格竞争减弱，信贷标准大幅收紧，存款保险可能导致信贷标准的反周期变化。

格鲁尼（Gruni，2017）研究了国际劳工标准和南北竞争。该研究建立在由三国组成的寡头垄断框架内，结合北方国家的劳动管理谈判和南方国家的单一劳动力市场，对劳工标准的经济方面进行建模。研究发现，更高的国际劳工标准不仅会带来更高成本，而且并不会使工人受益并促使其更加努力工作。由于这些联系，北方通过进口税或最低劳工标准监管进行干预，会对南方国家产生不利影响。具体而言，对某个南方国家征收无条件关税以迫使其提高关税并不可取。无条件关税将把生产转移到别国。研究说明为什么发展中国家反对将劳工标准纳入世界贸易组织谈判。然而，劳工标准、关税或最低劳工标准监管对于提高南方国家的劳工标准是有效的，但北方工会的效用可能会下降。将利他主义和人道主义考虑纳入其中，可以减轻无条件关税政策的影响。该研究实证结果表明，跨国公司会选择在劳工标准相对较高的发展中国家进行选址[2]。在双寡头垄断市场上，企业或者在价格上竞争，或者在数量上竞争。公司可能会增加成本，从而增加提供安全产品的可能性。标准可能会纠正企业的安全投资不足。马雷特（Marette，2007）研究了最低安全标准、消费者信息和竞争。该研究探讨内生市场结构下标准对安全标准选择的影

---

①　Ruckes M，2004："Bank competition and credit standards"，*Review of Financial Studies*，17（4），1073-1102.

②　国内学者也针对贸易对劳工标准的影响展开了研究。王铂（2010，2013）研究发现，国际贸易增长对中国制造业的劳工标准具有正面影响；对福建省劳工标准差距的影响则呈现倒 U 形曲线特征。

响。研究结果表明，与标准相关的市场结构（双寡头或垄断）取决于可用信息。在消费者安全的完美信息下，所选标准始终与竞争相兼容。只有在数量竞争和安全改进成本相对较低的情况下，企业过度投资导致的安全标准缺失问题才会出现。在消费者安全信息不完善的情况下，选定的标准往往会导致垄断局面，这对于弥补安全改进的成本至关重要。对于相对较高的成本值，单个标准难以克服由于缺乏信息而导致的市场失灵。

格罗纳特和齐西莫斯（Groenert and Zissimos，2013）研究了发展中国家在环境标准和税收竞争中的后发优势。研究表明，在发达国家和发展中国家之间就环境标准和税收展开的竞争中，发展中国家可能具有后发优势。模型中企业并不一致偏好较低的环境标准水平。学者们将这一特性引入到财政竞争模型中。研究发现四种不同的结果可以通过改变企业的环境外部性边际成本来表征，①措施有效；②发展中国家可能成为逃避发达国家过高环境标准的污染天堂；③发展中国家可能会以低于发达国家的价格吸引公司；④发达国家可能成为污染天堂。

学者们通常根据两个主要方面对规范和标准（尤其是食品标准）进行分析，第一，作为技术或技术专长的竞争性产物；第二，作为市场监管的要素。有研究基于食品标准与中国国际贸易的案例，考察包含竞争要素的食品安全标准和市场法规[①]。该研究运用市场社会学和惯例经济学的理论，认为技术工具、规范和标准不仅为中立，而且是企业和国家之间竞争的重要因素。这一理论框架尤其有助于分析中国在经历几十年的首次学习和使用这些规则之后，当前如何试图重塑国际贸易规则。该分析通过农业食品贸易的两个案例研究而进行。第一个案例，中国双汇公司收购美国的肉类生产商史密斯菲尔德（Smithfield）。尽管美国推动使用莱克多巴胺的全球规范（与中国和欧盟的立场相反），这项收购部分削弱了美国在该领域的成功。第二个案例分析中国如何通过其进口立法的变化，通过标准影响全球食品安全规范的发展，以及国际乳制品市场。研究认为，由于其经济和政治体系的组织调整，中国有能力通过技术、科学、立法等各种手段，以本国生产者的利益重塑国际规范和标准。因此，

---

① Augustin-Jean L，Xie L，2016："Food Safety Standards and Market Regulations as Elements of Competition—Case Studies from China's International Trade"，*Asian Journal of WTO & International Health Law and Policy*，11（2），289-324.

竞争不仅在于价格或质量，而且在于规则和标准的实施①。

六、小结

标准与创新问题是国外标准经济学学术研究关注的前沿问题之三。标准与创新主要包括五方面内容：标准与知识传播分析；标准、网络效应与创新分析；标准、计量与创新分析；环境标准与创新分析；标准、专利与竞争分析。其中，标准与知识编码、标准与知识溢出是标准与知识传播的核心问题。标准与网络效应分析、数字化与信息标准分析是标准、网络效应与创新分析的核心问题。标准与技术创新分析、标准与计量创新分析是标准、计量与创新分析的核心问题。标准与产品创新分析、标准与环境治理创新分析是环境标准与创新分析的核心问题。标准与专利分析、标准与竞争分析是标准、专利与竞争分析的核心问题。

标准是知识编码的载体。国际标准提供了可在组织内部使用的通用语言，帮助其实现知识编码。标准有利于知识编码和知识溢出，技术标准通过促进内外部知识流动实现知识溢出。如果标准缺失或实施不力，关于产品和生产的知识就不容易被编码和传播，与国际标准一致的标准更有利于知识的交流和传输。当前出现了结合宏观经济数据和微观经济数据的相关研究。前者主要以欧盟为研究区，发现国际标准、欧盟标准和国家标准对创新活动的异质性影响，研究结论支持国际标准、欧盟标准对欧盟成员国经济增长率的明显促进作用。后者基于行业、企业和技术等具体数据，提出采用并超越标准，实现区域创新。

标准与网络效应、创新的研究更多集中于信息产业和高技术产业，标准兼容、技术锁定和标准竞争等是这一领域的热点问题，如标准与网络效应分析、数字化与信息标准分析。随着数字化进程加快，全球标准、本地标准对创新的影响日益明显和复杂，信息产业和高技术产业出现了单一标准向多元标准并存的演化趋势。针对标准竞争的研究更加强调标准在整合、竞争与协作中的作用。前期研究主要针对标准影响创新的机理和效应，强调标准对于知识传播、计量和创新的意义，并主要结合容

---

① 国内研究包括：陶忠元（2010）提出，国际贸易中的标准竞争愈益激烈。中国应增强标准思维和意识，重视对国际标准的研究和引进，促进国际、区域标准合作交流。李佳和高胜华（2014）分析认为，美国国内产业标准决定了美国国际贸易委员会的管辖范围，扮演标准看门人的关键角色，充分解释了美国国内产业条款，有益于应对专利权主张实体的扩展。尽管各国无法回避知识产权保护中的超越《与贸易有关的知识产权协定》的标准。杨健（2019）认为合作共赢可以应对该发展趋势。宋明顺和张华（2012）研究认为，专利标准化对推动国际贸易具有积极的促进效应。

器标准、信息标准等进行案例研究。如标准、创新与后发国经济发展面临的问题与政策挑战，质量标准对贸易的净收益受出口企业创新和标准遵循能力的影响。信息质量标准有助于企业创建高质量、高价值的内容以及出色的用户体验。信息系统管理标准旨在为整个组织的各种过程及职能提供系统和解决方案。信息标准在加深数字化转型中扮演关键角色。

近五年的相关研究则侧重于基于零售业和准自然试验方法，考察环境标准对促使企业实现产品创新、流程创新等的路径和作用。如不确定性市场中标准和监管会影响创新，环境标准能够提高企业经济效益和城市现场卫生水平，碳核算标准是环境治理的核心要素等。具有反映环境标准的环境友好属性的产品是否能够获得价格溢价，环境标准有益于鼓励产品制造商进行产品创新。技术标准需要不断更新以促进环境治理范式的转变。技术标准的使用能够促进企业实现渐进式创新。

标准竞争日益激烈，标准经济学应运而生，业已成为全球治理的重要规则手段和国际经贸往来与合作的基础。在标准、专利与竞争领域，学者们针对标准必要专利的讨论成为热点议题。学者通常基于古诺模型、系统动力学模型建立分析框架，并考虑标准摩擦与标准利益的争夺。信息通信行业的标准竞争日益激烈。标准竞争中各方的战略部署和战略响应是相关政策制定必须考虑的依据。技术进步速度、内部竞争和外围竞争等均会影响标准摩擦的结果和发展动态。标准协调、标准一致化难以回避技术实力、利益冲突和竞争优势。不论对于发达国家还是发展中国家，标准都是衡量一国创新活动成果的重要指标。亚洲国家的标准崛起，对发展中国家的标准制定和实施提出了更高的要求。标准不仅有利于宏观经济发展、增加贸易收益，而且能够提高企业的创新效率。但标准这一正面作用的发挥，受很多因素的影响。标准对国家创新活动、对企业创新效率的积极作用更多地受到产业层面的技术密集程度、相关国家的经济发展水平、市场环境和企业遵循标准能力等因素的影响。

第七章　国外标准经济学学术前沿的政策实践研究

一、标准化政策领域与经济学依据分析

（一）标准化政策领域分析

学者认为，当前和未来的标准化政策包含九大领域[①]，包括标准制定流程重组、利益相关者参与、标准教育、更新存量标准、与研究和创新相结合、利用标准为重大问题的解决提供方案、不同政府活动的协调、标准的获取和定价，以及通过标准加强监管。这九大领域反映出标准化政策的多维性，要求综合和协作性的方法来满足社会和经济不断发展的需求。相关标准化政策领域的研究和实践也凸显了标准化政策的持续重要性以及标准化政策领域的动态性和复杂性。随着科技、全球化和可持续发展领域的演进，标准化政策需要及时适应新的挑战和机遇，推动全球可持续发展和促进各利益相关者之间的合作，以确保各方能够从中受益。

1.流程重组

传统和正式的标准制定机构提供了最佳的标准化论坛，以鼓励尽可能广泛的利益相关者群体参与标准化工作、提升标准化进程的透明度，并保证所制定的标准将得到广泛接受。尽管这一现象的发展速度具有优势，但其进程仍存在局限性。特别是在电信业等高科技行业，一些正规机构的标准制定需要较长时间且过程繁琐。在这些领域不同的规范不断出现，财团包括大型商业利益集团已经开始对本领域的关键标准进行定义。标准化进程逐步分成包含正式机构和非正式机构的联合行为，因此政策活动的三个领域受广泛讨论。①如何加快传统的标准制定流程，以便更及时开发能够反映广大利益相关者利益的标准。②多样性体系中如何确保不同的参与者能够相互学习。③正式机构何时应该承认财团标准是正式标准，正式机构是否可以要求在提供有利条件的基础上予以承认。

2.利益相关者参与

关键问题并非标准制定的技术细节，而是标准对所有利益相关者的意义。传统上标准化活动在商业领域开展，尤其是大型企业占主导地位。

[①] Swann，2010："The economics of standardization：An update report for the UK department of business，innovation and skills"，ISO Research Library..

实践层面的标准化专家必须拥有必要的技术知识和资源，才能参与标准制定。但中小企业、消费者、监管者、政府和非政府组织均会受到标准化过程和结果的影响，即使相关者缺乏此类技术知识，标准化依然以各种方式产生影响。标准化是对未来的定义，并影响所有相关者。因此，标准化政策的作用是让更多的利益相关者参与标准化过程，其中也涉及政府支出以支持不同利益相关者参与标准化过程，如支付差旅费和其他费用等。

政府主导的大型标准化研发项目通常会引起各界关注，如韩国和中国等新兴工业化国家实施名为法律标准化的积极国家标准化政策。这些政策通常侧重于与移动通信相关的技术标准，宽带融合网络（Broadband Convergence Network，BCN）项目也计划从一开始就通过实施子项目宽带融合网络标准模型来考虑标准化。宽带融合网络性能在很大程度上使用定性方法评估，但仍缺乏考察宽带融合网络标准模型对标准化政策的研究。有学者考察政府主导标准化政策的有效性[1]，研究评估了宽带融合网络标准模型以检验政府主导的标准化政策的有效性。案例分析结合一项调查并进行访谈，以观察宽带融合网络标准模式的采用率，审查宽带融合网络标准模式的进展。研究发现，根据宽带融合网络标准模型的采用率，需要大量投资的下层采用率较低。由于中小企业的自身原因，上层采用率较高。不同层次的差异化采用率是法律标准化的未预期结果。相反，该研究揭示了基于联盟领导的标准化形式。在涉及多个利益相关者的大型公共部门项目中，标准化政策可能无效。

3.标准教育

相对而言，公众对标准运行的了解较为有限。政府应在教育和宣传方面发挥作用。大中企业的一些管理者或技术人员知道标准的用途，但对标准重要性的理解有待提升。标准会对所有人的生活和各国经济繁荣产生重大影响，利益相关者通常会进一步参与标准化过程。学校、高校及其他高等教育机构在提供有关标准的普通教育领域方面的作用尚未实现。公共活动在促进使用标准和传播信息领域具有重要作用，且与特定环境相关。类似德国标准化学会、英国标准协会等国家标准机构已经成为传播技术知识的强大平台。

---

① Kim H，Eungdo K，2015："Evaluating government-led standardization policy：A case of broadband convergence network standard model"，*Global Business Administration Review*，12（3），49-67.

4.更新存量标准

技术变革的快速进步意味着标准具有生命周期，如同产品具有生命周期。过时、僵化和不恰当的标准可能会危及标准能够产生的有利经济效应。这表明标准目录应保持良好状态和最新状态，不必要的标准和过时的标准应该被删除以免妨碍工作，并及时更换更新版本。更新存量标准有助于标准化体系的灵活性和适应性，以快速应对多变的技术和市场环境。促进标准的持续演进需要积极的行业参与和跨部门协作，以确保标准制定和维护的全面性和包容性。标准的更新不仅是技术进步的驱动力，也是实现创新和提高产品质量的关键因素，对于保持经济竞争力至关重要。

5.与研究和创新相结合

应在标准化、技术、研究团体之间发展彼此交流和合作的机会。鼓励研究人员加入标准制定活动，并积极消除可能存在的分歧。有学者针对标准、创新和教育进行研究①，认为加强标准与研究和创新的联系，让更多的研究人员和创新者参与标准化工作更为有益。如在贸易援助方面，国际标准不仅被强调为国际贸易规则，而且被描述为加强发展中国家供应方能力的重要知识来源。学者们结合欧盟和美国的案例及其对韩国标准政策的影响，研究标准合作与贸易援助②。该研究从欧盟和美国的案例中探讨标准和标准化在贸易援助中日益增长的重要性，并考察其对韩国标准化政策的影响。对欧盟和美国与标准相关贸易援助计划的分析表明，尽管他们对参与利益相关者的目标和范围的定义不同，但价值链上存在着一种共同的多元化趋势。值得注意的是，公共部门实施技术性贸易措施协议的直接法律和监管援助明显转变为私营部门质量改进和创新的更全面的能力建设援助。在韩国，国际标准合作举措可能需要促进与贸易援助的战略联系，采用价值链方法使方案多样化，并进一步加强其作为韩国官方开发援助（Official Development Assisitance，ODA）关键领域的影响力。此外，与国内利益相关方更密切的合作可能会提高标准合作方案的相关性，以促进其与发展中国家的贸易。

---

① Choi D G, de Vries H J, 2011: "Standardization as emerging content in technology education at all levels of education", *International Journal of Technology and Design Education*, 21（1），111-135.

② Zoo H, Lee H, 2014: "Standards cooperation and aid for trade: Cases of EU and Unites States and their implications to Korean standards policies", *Public Policy Review*, 28（3），27-52.

6.利用标准为重大问题的解决提供方案

21世纪，社会依然面临如气候变化、可持续性、公共健康安全、环境污染、社会包容和消费者需求等重大挑战。如果将经济视为极其复杂的系统，则系统中一部分活动可能导致另一部分的不良后果。尽管要求政府机构拥有参与系统规划所需的全部知识并不现实，但缺乏考虑系统特性的经济决策将极易受到市场失灵和系统失灵的影响。标准能够在限制不利影响的领域发挥重要作用。

作为管理环境问题的工具，标准在确定可接受的安全和环境保护水平方面发挥关键作用。从治理角度来看，标准对于将包括工业和环境组织在内的非政府利益相关者纳入制定政策的基准具有重要意义。学者们研究了标准在制定环境政策中的影响[①]，认为在环境政策中使用标准时，应考虑各种因素。政策建议包括：需要考虑在缺乏更广泛监管的情况下使用标准的影响；标准中的经济和实用原理对环境和健康措施的影响；改善标准委员会代表平衡的方法。学者们借鉴以色列关于消费品中环境污染物和绿色建筑的标准，考虑将标准作为环境政策工具的使用如何影响环境问题的监管。该研究使用书面标准、标准化委员会研究资料和约20次深度访谈，对将这些标准用作环境政策工具进行专题分析，突出差异化问题，主要包括：不同利益的代表性与资源可用性之间的联系；可能在专业决策中产生冲突的标准的不同理由；建立共识方法对平衡利益和推动政府政策的影响。

7.不同政府活动的协调

为了使标准化给经济带来最大效益，需要更好地协调各方工作。不同机构制定的标准有时相互冲突或妨碍，如在废弃物管理领域，健康和安全标准可能与环境标准相冲突。英国创新、高校及技能部（Depart-ment for Innovation，Universities and Skills，DIUS）负责英国标准化政策制定并作为代表参加与一般标准化政策相关的欧洲和国际层面的政策讨论，其他政府部门会参与对标准有影响的具体政策讨论。英国创新、高校及技能部发布的关于英国政府标准化公共政策利益的报告指出，英国标准化政策的目的是支持和提供支持创新，促进公平竞争，促进欧洲和国际贸易，保护消费者健康与环境的标准化基础设施。该报告列出的四个具体目标包括：①提供跨政府专业知识，以促进、制定和交付支持有效政府和经济发展的标准化政策。②影响并最大化欧洲和国际标准化政

---

① Goulden S，Negev M，Reicher S，et al，2019："Implications of standards in setting environmental policy"，*Environmental Science & Policy*，98，39-46.

策的有效性，同时确保英国在制定国际政策和实践方面的领导地位和影响力。③确保英国标准基础设施的有效运行，特别是确保政府的财政或其他支持使公共利益最大化。④提倡政府有效和适当地使用标准，并普遍促进公众对标准的兴趣。

以韩国的标准化实践为例，韩国的工业标准化政策是根据政府的发展主义政策引入的工业化战略手段。学者们从标准制定趋势研究韩国工业标准化政策的变化[①]。政府制定标准并使民众强制性地遵守这些标准，这被称为国家领导型标准化政策。因此，政府建立国家标准化体系，并通过工业标准的快速扩展发展为成功的国际标准化。然而，由于加强了民间组织的标准化活动，并积极将其移交给民众，国家领导层在标准制定领域的影响力受到削弱。在最近的调整期内，这种弱化加速了从标准引进期到扩张、保留和再增长期再到再扩张期的渐进过程。尽管如此，由于标准化机构作为国家机构的性质并不占据优势，国家领导和协调作用的限制也没有完全克服。

8.标准的获取和定价

一些情况下标准为免费。但对许多标准机构而言，出版标准并收费是其重要的收入来源之一。没有这项收入，标准机构可能较难筹集充足的资金以资助其活动。争论的焦点在于，标准的定价不当是否会阻碍用户使用。如果标准仅在相对温和的水平上定价，是否还会阻碍一部分用户购买标准的边际倾向，并加强其在标准化工作中的非均衡参与。除了定价标准问题，还有认证认可费用问题。相关方不愿意采用标准的真正原因也许并非标准本身的成本，而是合格评定和认证的成本。

以国家标准和条例的形式解决非歧视性贸易壁垒已成为全球贸易外交的核心。监管机构日益通过相互承认和标准化的准则，跨越国界并尝试从公共部门向私营部门联合授权。尼科莱迪斯和伊根（Nicolaidis and Egan，2001）研究了跨国市场治理与区域政策外部性，承认外国标准的驱动因素并进行考察。该研究分析跨国市场治理的条件，并试图解释这些原则在欧洲、跨大西洋和国际不同治理水平上的具体应用差异。学者们认为，欧洲一体化建设导致区域政策外部性，单一市场的发展改变非欧盟行为者的经营环境，从而产生其和欧盟方面的谈判需求。通过这种战略溢出，欧盟通过出口其模式的核心要素，并从先发优势中获益。同时，国家之间的监管兼容性仅是有效共同治理的部分解释。为解释治理

---

① Jung B，Kim C，2013："The change of South Korean industrial standardization policy based on the trend of standard-setting"，*Korea and World Politics*，29（3），155-188.

模式，还需要考察内部和跨国的制度条件。此外，欧洲监管网络（European Regulatory Networks，ERN）是欧盟层面公共监管非正式协调的主要治理工具。其负责协调国家监管机构，确保在整个欧盟实施统一的监管政策，同时还向欧盟委员会提供特定行业的专业知识。马杰蒂和吉拉尔迪（Maggetti and Gilardi，2011）研究了欧洲监管网络的决策结构和国内标准的采用。欧洲监管网络以标准、规范和指南的形式制定最佳实践和基准程序，供成员国采用。学者们以欧洲证券监管机构委员会为重点，考察安永会计师事务所的决策结构对国内采用标准的影响。研究发现，在金融业规模较大的国家，其监管机构通常在网络中占据更重要的位置，尤其是在新成员国中。反之，网络中心地位与经济主体在国内更迅速地采用标准有关。

9.通过标准加强监管

标准在实现更好的监管方面可发挥作用。自愿采用标准的相关方有权享受较轻的监管制度。在特定环境中，标准成为监管和监察的替代方案，特别是当标准能够有效保障公共利益时。对于单个企业而言，会考虑标准和监管的成本和收益，明确标准和监管发挥作用的环节。如企业是在进入市场之前对产品和流程进行检查，还是在进入市场之后面对这些检查。标准可以作为促进合规性和提高监管效能的重要工具，促进经济活动的可持续性和创新。通过鼓励企业自愿采用标准，政府能够将监管资源集中在更高风险领域，有效维护公众利益。标准也有助于加强监管的透明度和可追溯性，使监管机构更易于跟踪和评估企业的合规性。标准不仅是促进创新和可持续性的工具，也是提高监管效率和公共政策的重要组成部分。

如学者们认为应加强累积污染问题的监管标准[1]。该研究分析在环境损害取决于累积污染的环境且执法社会成本很高的情形下，企业应采取的最优污染标准和执法策略。研究假设有一方监管者和一方具有代表性的污染企业，同时在斯塔克尔伯格（Stackelberg）博弈中相互作用并采取行动，假定监管方允许该企业污染超标并支付相应的罚款。关键因素在于，针对不遵守规定的程度而言，罚款的累进程度如何。研究结果发现，如果罚款具有非线性特征，则适宜根据污染存量设定标准；如果罚款具有线性或几乎线性特征，特别是在环境问题特别有害的情况下，根

① Arguedas C，Cabo F，Martin-Herran G，2020："Enforcing regulatory standards in stock pollution problems"，*Journal of Environmental Economics and Management*，100（3），1-34.

据污染存量设定罚款成为首选。此外，在基于属性的法规下，企业、产品或个人的法规遵从性可能取决于并非法规预期目标的次要属性。伊藤和萨利（Ito and Sallee，2018）研究了基于属性的管制经济学，提供来自燃油经济性标准的理论与证据。研究建立基于属性的法规实施福利后果的理论模型，包括其扭曲成本和潜在收益。使用基于重量的燃油经济性法规的准实验证据来量化这些福利后果。研究发现车辆重量随着燃油经济性标准的变化而增加。

（二）标准化政策的经济学依据分析

1.流程重组

标准制定过程需要重新组织，或者使其运作更快，抑或让更广泛的利益相关者积极参与进来。然而，是否任何这样的重组均会实质性改善问题值得进一步考察。即使假设这样的重组策略存在并将产生净的社会效益，但一些参与者也会认为没有动力与之合作①。可以考虑的两个方案包括：①重新组织标准制定的计划以吸引更多的利益相关者。②重新组织标准制定的计划以加快这一进程。两种方案的结果不同。

在第一种方案下，目前（相对排他性的）标准制定机构的参与者对重组缺乏热情。出于可能对结果失去掌控的考虑，这些标准制定机构的反对会减缓标准化进程。规模经济、信息不对称、外部性或协调等造成市场失灵的要素，会对标准制定重组的动力产生影响。对于风险是否有非常明确的信息，也会对重组产生阻力。存在外部性的情况下，本应从重组中受益的利益相关者之间的协调成本会妨碍这种重组。在第一种方案中，重组在强大的利益集团和分散的利益相关者群体之间产生冲突。后者理应从重组中受益，但在争取重组的过程中面临较大的协调成本。如果重组的净效应是积极的社会收益，则政府就有理由弥补协调失灵，从而支持推动重组。在第二种方案中，假设并非限制利益相关者的参与，而是通过增加会议的频率实现。这种情况下大型标准化机构倾向于重组，因为可以从中获得规模经济收益，并能够更好地管理日益频繁的标准协调会议。对于较小的参与者而言，会议频率的增加成为更大的负担，也会对会议中的提议感到不满。但分散的小利益相关者所面临的高协调成本很难阻止这种重组。

在第二种方案下，与第一种方案一样，市场失灵的根源主要在于外部性和协调成本。但关键的区别在于，市场失灵并不妨碍重组。市场失

---

① Swann，2010："The economics of standardization：An update report for the UK department of business，innovation and skills"，ISO Research Library.

灵可能导致重组动力过大，因为赢家赞成重组，而输家则承担协调成本，这使得输家很难形成有效的阻力。除非重组的净效应是明显的社会效益，否则任何政府活动都将旨在弥补协调失灵，并授权不同的利益相关者影响标准制定。这一选择是对过度动力的适当反应。在此情形下，相关系统失灵彼此存在关联。主要的系统性问题来源于将不同利益攸关方联系在一起的机构薄弱，因为它们面临着高昂的协调成本。这将意味着硬制度和软制度的双重失灵。这一群体还面临弱网络失灵的困扰，并增加了协调成本。在第一种方案下（重组以提高利益相关者的参与度），从现状到新组织存在过度失灵。但在第二种方案下（重组以加快进程），不存在过度失灵。

2.利益相关者的参与

参与标准活动的利益相关者不足，在一定程度上可能存在市场失灵。规模经济、信息不对称、外部性和协调成本等都是市场失灵的来源。参与标准制定也存在规模经济。标准制定活动需要时间且具有成本，多数情况下仅有专门从事标准问题的大型机构和政府机构才能承担这样的分工，个人能否花费大量时间参加此类标准制定会议存在挑战。对于小型企业而言，参与标准化活动的固定成本是否过高，相关问题同样适用于研究人员、消费者和其他相关人员。因此，规模经济能够解释为什么相对较少的利益相关者参与标准化活动，但这是否意味着市场失灵。仅就规模经济本身而言，可能并非如此。规模经济的存在再加上其他因素，会加剧市场失灵问题。

信息不对称问题依然存在。来自大机构的专业标准化人员对标准化活动的重要性充分了解，而其他利益相关者对标准和标准化活动的了解较为有限。一些利益相关方对于标准如何影响自身并不清晰。消费者会将标准与产品或服务内部工作相关的技术问题相联系，但对标准关注不够[1]。由于信息不对称，这些标准化活动的其他利益相关方会低估标准对其利益的重要性，甚至会在真正应该参与标准化活动时选择退出。

外部性也是其中的问题之一。某一特定消费者能够负担起参与标准制定的成本，但其本身可能仅会获得一小部分利益，其他大多数消费者都会从中受益。大部分好处都会作为对其他消费者的积极外部性而产生。这是典型的市场失灵环境。即使参与标准化活动的社会收益超过了社会成本，但参与者的个人参与成本也超过了个人收益。这样就存在搭便车

① Swann，2010："The economics of standardization：An update report for the UK department of business，innovation and skills"，ISO Research Library.

的情况。个人会认为自身参加标准制定并不划算，但希望其他人能这样做，因为后者对个人自身利益更好。理论上在这种情况下，一组消费者可以联系在一起，将这些外部性内在化。这通常被称为俱乐部方案。一些消费者团体在这方面取得了成功。但总体而言，协调成本较高，这也使得俱乐部方案在很多情况下不切实际。

信息不对称、外部性和协调成本等问题，意味着市场失灵与标准化中利益相关者代表性不足问题具有高度的相关性。面对这类导致市场失灵的诱因，规模经济的存在还会使得问题更加严重，如系统失灵会在多大程度上出现。基础设施失灵、制度失灵、交互失灵、能力和学习失灵等，都是系统失灵的根源。20世纪90年代在互联网还处于早期阶段时，有观点认为互联网的快速发展将使各利益相关方更容易参与网上标准化。时至今日，这种设想是否以预期的方式发生，仍然值得商榷①。这种说法与基础设施失灵的观点相一致。但如果由于网络参与成本过高而导致参与标准化活动依然存在障碍，就不再是基础设施失灵的问题，而是制度失灵的问题。一些制度失灵的表现包括难以克服的制度型失误或者官僚制度等阻碍了一国的协调和发展。如果缺乏支持合作和承担风险的环境，就可能缺乏对变革的开放性，进而产生软制度失灵。

交互失灵在一些情况下与标准化活动密切相关。一些大型的标准化制定机构会认为标准化仅是其关注的议程，其他利益相关者可能会妨碍标准化。如果标准的唯一功能是作为专业知识的载体，则这种观点存在可取性。但如果今日的标准塑造了未来的市场，而这与许多利益相关者的合法利益不可分割，那么这一观点存在问题。问题的另一面是网络失灵，即包含广泛利益相关者社区的网络过于薄弱。由于制度失灵和交互失灵，转型失灵也会出现。标准制定机构（以及财团）很可能在某种程度上被锁定在旧的商业模式中，而改变这种模式非常困难。此外，能力和学习失灵也会发生作用。大多数利益相关者对标准如何影响自身的知识较为有限。标准化专业人员了解标准如何影响具体业务，但并不了解标准化活动更广泛的社会和经济影响。市场失灵和制度失灵都为政府扩大利益相关者参与标准制定过程提供了有力支持。有观点质疑标准化中利益相关者的代表性不足是否真如实践中那样重要，即标准仅仅是技术问题，不会影响消费者。也有观点认为，消费者没有能力对标准化问题发表评论，或者无法表达自己的需求。另一种看法则认为消费者参与标

---

① Swann，2010："The economics of standardization：An update report for the UK department of business，innovation and skills"，ISO Research Library.

准化过程（或政府代表消费者参与）起到了减缓标准化进程的作用，但没有实现任何具体目标[1]。研究认为第一种观点是错误的，第二种观点在只关注标准对研究的狭义作用时是正确的。

较大的标准制定者会考虑利益相关者的利益，该观点并不正确。亚当·斯密在《国富论》中谈道："我们的晚餐并非来自屠夫、酿酒师或面包师的仁慈，而是来自他们对自身利益的考虑。"因此，生产者对顾客需要的考虑并非来自仁慈。在竞争环境中，如果生产商比竞争对手更好地考虑顾客的需求，就将赢得市场份额；如果生产者不这样做，就将失去市场份额[2]。正是竞争的力量促使生产者这样做，并使得（开明的）生产者的利益与（被授权的）消费者的利益保持一致。但不能从这一现象中得出生产者和消费者利益相同的结论，显然二者利益不同。如果消费者并没有得到这样的授权或者没有竞争时，消费者的利益可能与生产者的利益相反。

随着太多的利益相关者参与到标准化过程中，可能会导致过程减缓，也未对生产者产生益处。然而，如果当前的技术标准会塑造未来的产品和服务，如果创新的目的是满足真正的客户需求进而促进增长，那么顾客在标准化方向上享有合法权益，必须将其纳入标准化过程中。如果将顾客排除在外，则将面临风险：由生产者主导的标准化所推出的其中一条路径将会导致不符合消费者利益的创新。强大的消费者可能有权阻止这一路径，但相对较弱的消费者则难以实现这一目标。因此，客户的权益需在标准化过程中得到重视，以确保创新和标准的方向符合广大消费者的需求和利益。这有助于建立更加公平和可持续的标准化体系。

在撒哈拉以南非洲的研究和政策议程中，可可部门采用和实施可持续管理做法至关重要。学者们也应用结构方程建模方法，研究农民管理实践对可可生产安全和质量标准的影响[3]。该研究旨在调查喀麦隆西南地区农民的管理措施对可可生产安全和质量标准的影响。采用问卷调查和多阶段随机抽样方法，通过对超过200位农户调查获得分析所需的信息。基于计划行为理论和可可质量方程，该研究通过使用最大似然估计技术

---

[1] Swann, 2010: "The economics of standardization: An update report for the UK department of business, innovation and skills", ISO Research Library.

[2] Swann, 2010: "The economics of standardization: An update report for the UK department of business, innovation and skills", ISO Research Library.

[3] Suh N N, Njimanted G F, Thalut N, 2020: "Effect of farmers' management practices on safety and quality standards of cocoa production: A structural equation modeling approach", *Cogent Food and Agriculture*, 6 (1), 1844848.

的两阶段结构方程建模方法进行实证研究。研究结果表明，采用和实施良好的农业实践和良好的收获后管理实践对可可质量产生积极而显著的影响。因此，改变农民对可持续管理实践的行为和看法对于促进安全优质可可的生产至关重要。此外，持证农民获得溢价，会对农民从可可收益中获得的总体回报产生影响。支付的保费导致整体边际收入增加。因此，这肯定了可持续管理做法提高了许多农民的效率，并导致可可生产获得更多标准认证。政策应着眼于将可持续的、环境友好的管理做法纳入农业发展方案，不断提高农民对可可生产的安全和质量标准的认识，因为这会增加农民的总体边际收入。

3.标准教育与标准推广

有观点怀疑当前是否有必要投入更多的公共资金用于如何使用标准的教育领域。企业是否已经学习到它们需要知道的有关标准对其业务价值的知识。如果这些企业选择很少使用标准，政府如何做出这一决定是否正确的判断，如投入更多的公共资金来促进相关国家对特定标准的使用。政府能否比企业更了解标准的正确使用。将公共资金投入用于对消费者和公共服务部门提供者进行标准教育的理由更为充分。对以上问题的分析需结合市场失灵的主要来源。标准的使用受到规模经济的影响，而规模经济最重要的形式是学习曲线。对于已经了解标准有用性的使用方而言，可能在其使用的下一个标准中更容易发现机制。这种学习曲线的存在是否意味着市场失灵值得讨论。当这种动态规模经济存在时，相对较小的初始投资很可能有助于将标准的新用户带到足够低的使用曲线上[1]。这也与普通消费者、公共部门标准使用者以及其他利益相关者有关。大多数经济主体都是从关于标准价值的有限信息开始，但这种信息不对称是否会导致出现与信息不对称相关的传统形式的市场失灵并不清晰。

如果一家企业不使用标准并因此失去业务，也会产生外部性。这一结果能够使其他更加明智的企业赢得新的业务。但解决这类外部性很难成为公共政策的一部分，因为这些外部性是自由市场竞争的重要组成部分。一些情况下，仍然会产生其他外部性，并可能会影响消费者或第三方。如果一家企业没有使用健康和安全标准或环境标准，就会产生这些后果。在这种情况下，政府政策通常会通过监管来加强标准，使未采用标准者无法在市场上合法销售其产品。其中最相关的外部性产生的原因

---

[1] Swann，2010："The economics of standardization：An update report for the UK department of business，innovation and skills"，ISO Research Library.

在于，公共部门或相关机构未能充分利用标准，进而对消费者和其他利益相关者产生负外部性。虽然市场竞争可能会解决那些未采用标准企业的问题，但公共部门是许多活动的垄断者，因此相关检查在这种情况下可能不起作用。此外，协调失灵并非市场失灵的根本原因。如果由于其他原因导致市场失灵，并且需要某种形式的协调努力来教育和促进，那么分散的利益相关者之间的较高协调成本将意味着俱乐部方案不切实际。协调成本问题越严重，政府行为解决市场失灵的可能性就越大。

在标准教育和标准推广的背景下，制度失灵问题导致一些薄弱环节。在标准教育方面存在一些制度性的缺陷或弱点，可能是硬制度失灵或软制度失灵。虽然在德国和荷兰开设标准化课程、拥有标准化教师和标准化部门，但这些在英国并未出现①。此外在很多核心学科中，很难将标准化课程纳入核心学科主导的课程中。这些制度失灵也可能反映出网络的强弱。核心成员在核心内部具有过强的网络联系，往往忽视外围。而作为一种生存策略，外围往往与核心保持距离。最明显的问题还在于，在标准教育中存在能力和学习失灵。

4.更新标准库存并结合标准研究与创新

学者特别强调必须保持标准库存处于良好状态和最新状态②。现实中通常存在不对称性，因此正常的市场活动不一定能确保标准持续更新，原因在于，标准的使用和相关信息不对称以及规模经济的存在。经常使用标准的一方将很容易地对大量的标准进行分类，并将那些相关的标准与那些不相关的标准区分开来。相比之下，那些很少使用标准的另一方可能会发现大量的标准对其造成困惑。如果有些标准文件已经过时，标准使用者将在区分相关或不相关时面临较大负担。在这种情况下，过时标准的泛滥具有与产品泛滥和专利的灌木丛模式相同的影响。不知情者会被周围产品或专利的扩散所威慑，并决定不进入游戏，而主动者则能看清真实的标准扩散且未被阻止。简言之，过时的标准发挥了一种不对称进入壁垒的作用，但其仅对不知情者产生阻碍作用，并不会阻碍发起人。此外，如果需要完成任务的相关方是分散的小企业或是不熟悉情况的利益相关者群体，则俱乐部方案也将面临巨大的协调成本。

一些系统失灵与此相关。如基础设施失灵。标准库存是支持创新的

---

① Swann, 2010: "The economics of standardization: An update report for the UK department of business, innovation and skills", ISO Research Library.

② Swann, 2010: "The economics of standardization: An update report for the UK department of business, innovation and skills", ISO Research Library.

技术基础设施的一部分。系统失灵则归因为硬制度失灵和软制度失灵。交互失灵在这一情形下并不特别相关，但标准库存过时的趋势和系统未能纠正这一点可被视为过度失灵。能力和学习失灵则与信息不对称有关。简言之，市场失灵的四个根源（规模经济、信息不对称、外部性和协调性）在标准化领域彼此相关，同时还发现一些制度失灵的根源。因此，有强有力的理由要求政府活动以保持标准库存的更新和良好秩序。该理由既基于市场失灵，也基于制度失灵的基本原理。

整合研究和创新人员的意见等对标准化过程进行修改，同样面临挑战。这种融合涉及跨越传统劳动分工界限的交流。规模经济、外部性和协调问题是需要考虑的方面。研究和创新人员可能分散在不同部门或领域，需要高效的资源管理和组织以应对多元化参与者和资源。相关决策需要更好的协调和信息共享机制辨识和管理这些外部性影响，不同部门或团队之间需要明确责任分配和高效的沟通机制。同时，制度失灵、互动失灵和学习失灵等是产生问题的主要根源，可能需要审视和更新制度以支持更有效的协作，建立有效的跨部门互动渠道和文化以促进信息共享。整合过程也表现为持续学习的过程，需建立反馈路经和机制，不断改进决策和流程。整合研究和创新人员的意见以改善标准化过程是一个复杂的任务，需要高效的组织和协作机制，以确保不同部门或团队能够协同努力，实现共同的标准化目标。

5.标准与重大问题的解决

各界日益关注标准在解决重大问题领域可以发挥的作用，包括气候变化、可持续发展、健康与安全、废弃物和污染、社会包容和消费者需求等。这些重大问题通常属于社会、经济或环境问题，并正在对即将到来的生活产生重大而广泛的影响。应对重大问题需要系统思维，以跨越当前研究中人为设定的分工界限。这些重大问题的出现，说明现有分工无法处理这些特殊问题，需要专业组织、机构和政策变革来予以解决。系统思维也反映了明显且不可阻挡的进一步分工趋势。在竞争经济中往往出现劳动分工，如同亚当·斯密在经济学早期所强调的那样，劳动分工提高了生产力。市场运作在现有的劳动分工中表现最好。交易者清楚自身的日常事务，了解他们交易对象的身份和特征，并有助于降低其面临的交易成本。但当重大问题出现时，市场解决方案很难进行管理，也无法在这种分工范围内进行处理。因为对重大问题的解决需要跨越传统界限的交易和协调，存在困难和高昂的交易成本。由于市场失灵而无法找到解决办法，在此背景下政府活动变得愈加重要。

规模经济是产生相关问题的根源之一。如果没有规模经济，分工就不会那么明显，需要系统思维解决的重大问题会更容易处理。从信息角度来看，重大问题的出现与其说是信息不对称，不如说是信息缺乏。外部性在市场失灵的四个根源中最为重要。但出现重大问题时，其最初表现可能是来自经济活动的普遍和不可管理的外部性，这一经济活动之前对现在受到外部性影响的第三方几乎没有影响。如过时的电脑软件被运送到发展中国家时构成重大问题，因为对这些废弃物进行加工的手工业对健康、安全和环境考虑都不加注意，发展中国家的贫困人口由此遭受了巨大的负外部性。

与此同时，标准协调问题与此相关。正是因为协调一致的俱乐部方案难以实现，才需要政府的行动。围绕现有分工组织起来的市场，在处理由于该分工内部矛盾而产生的重大问题方面能力不足。从这一意义上说，在处理重大问题时市场普遍存在失灵。重大问题可以看作是几个系统失灵的结果。当现有的劳动分工变得不可行时，就会看到各种硬制度失灵和软制度失灵。需要管理重大问题的机构并不存在或是极其薄弱。这些制度性失灵在长期内可能源于各种互动失灵，因为劳动分工鼓励某种形式的沟通而不鼓励跨越劳动分工的沟通。从定义上来说，每当现有分工变得不再可行，已经出现重大问题时，就会感受到强大的网络失灵或微弱的网络失灵。前者源自狭窄空间内群体过多交流，后者源自群体之间没有交流或太少。这些问题可以表现为能力不足和学习失灵。标准有助于应对这类重大问题，或者需要的是监管而不仅是标准。如果标准要以这种方式发挥作用，则标准必须是由政府部门和标准化机构适当考虑所有利益相关者利益的过程驱动下产生的标准，而不能是商业驱动的标准，因为商业驱动的标准是劳动分工的产物，而劳动分工本身难以处理重大问题。

实现智能电网乌托邦愿景的迫切需要，使得标准化成为前所未有的政策重点。由于标准是部署的先决条件，美国联邦政府进行干预，以协调和加快标准化活动。武藤（Muto，2017）从自由放任到干预的视角出发，研究美国智能电网互操作性标准的政策叙事特征。该研究使用叙事分析来探讨这种干预政策如何构建。叙事表现为包含英雄情节的故事，并包含需要补救的情形：老化的电网，停电的困扰和独立的电力公用事业，行业现代化受阻。相比之下，未来智能电网的愿景承诺改善能源安全、减少碳排放、可再生资源、绿色创新和就业。学者认为存在的威胁在于，缺乏标准，大规模公共投资面临过早或过时的风险。叙事中的负面角色指缺乏竞争力的小企业。国家标准与技术研究所扮演正面角色，能够充当诚实的经纪人，证明政府可以作为与行业合作的催化剂。该研究为政府干预提供了有力论据，但也因夸大标准的影响、淡化过程的复杂性以及未能概述五年计划以外的政策选择而受到批评。

6.不同政府活动的协调

基于系统失灵可以为政府活动的协调提供合理理由，应确保不同政府机构的各项互动能够得到适当协调。如果发生问题，则协调不仅涉及标准的定价、标准的认可费用等问题，还包括政府机构之间的互动和合作。有观点认为不愿采用标准的真正原因与其说是标准本身，不如说是标准的合格评定和认证的成本问题[1]。需要明确各种硬制度失灵和软制度失灵，避免确保协调的机构惯例不存在或是过于薄弱。制度性失灵在长期内可能源于各种互动的失灵。分工鼓励在特定领域内进行某种形式的沟通，但不鼓励跨越分工的沟通。从系统失灵的基本原理来看，当政府在不同领域之间存在协调问题时，应充分考虑对产生期望可能不一致的标准活动的各种原因，实现更好的监管和公共政策制定。应确保政府机构之间的协调，建立强有力的制度和合作框架以促进跨领域的有效沟通和协作，应对复杂的系统挑战。这将有助于提高治理效能，推动标准制定，从而造福社会。

7.获取标准和定价

即使是在相对温和的水平上，现实中标准的定价也会阻止一些标准的边缘用户购买，并强化标准化活动中的参与不均衡。假设标准都是在互联网上销售，因此提供额外副本的边际成本为零。假设市场需求遵循以下需求函数：

$$X = \beta Price^{-\gamma} \qquad (7-1)$$

式中，β 为比例系数，r 是需求的价格弹性系数。在收益最大化的价格区间（$Price^*$），假设 $\gamma \approx 1$。在高于该价格的区间，$\gamma < 1$。假设在收益最大化价格下，标准的 X^* 份复制品被出售[2]。则可证明，定价市场外边际用户所损失的价值（无谓损失）与标准销售商收回的收入之比，由下式给出：

---

[1] Swann，2010："The economics of standardization：An update report for the UK department of business，innovation and skills"，ISO Research Library.

[2] Swann，2010："The economics of standardization：An update report for the UK department of business，innovation and skills"，ISO Research Library.

$$\frac{Deadweight\ Loss}{X^*Price^*} = \frac{\gamma}{1 - \gamma} \qquad (7-2)$$

式中，$0 < \gamma < 1$。考虑三种情况。①如果$\gamma = 0.1$，则该比值取1/9；损失的价值与恢复的价值相比较小。②如果$\gamma = 0.5$，则该比值取1；损失的价值约等于恢复的价值。③如果$\gamma = 0.9$，则该比值取9；损失的价值远超过恢复的价值。简言之，除非价格弹性很小，否则标准的边际用户退出市场将造成巨大损失。出于这一原因，很多学者关注是否应考虑向标准免费提供的方向发展，或者考虑对标准实行价格歧视制度，即以正常价格出售完整的标准但免费提供精简版的标准文件。价格歧视计划具有一定的吸引力，也是商业领域中常见的方式，例如机票价格、手机使用费等。如果产品或服务是由固定成本较大而边际成本为零的过程生产的，则利润和收入最大化的价格将在某种程度上高于边际成本。因此，仅以这个价格交易将意味着可能丧失大量的销售机会，许多卖家提供的产品或服务有所不同。准备支付较高价格的顾客通常购买高质量的产品，准备支付较低价格的顾客则购买较低质量（或削价版）的产品。以不同价格提供的不同版本的数量越多，标准制定者从市场中获得的收入和价值就越多[①]。

斯旺（2010）进一步讨论了如何运作标准领域的价格歧视计划。标准机构对标准的技术版本（包括所有的技术细节）收取全价，但以低价出售精简版，甚至可能赠送。这两个版本之间的区别可能不仅在于包含的内容。低价格或免费版本可用更易于访问的风格编写，以供边缘用户使用，即不熟悉全文标准中使用技术语言的新用户使用。存在市场失灵或系统失灵的理由在于：如果标准只以一个价格（收入最大化价格）出售，会出现市场失灵。如果标准的出售价格高于其边际成本，一些愿意以边际成本或高于边际成本付费的潜在用户会被排除在标准用户之外，这涉及福利损失。如果不熟悉标准的人员掌握的信息不完整，不确定他们可从标准中获得何种价值，并且因为规避风险而不购买标准，则有可能加剧这一问题。此外，制度失灵的原因来自基础设施失灵和制度失灵，如果标准只能以一个价格出售，则意味着不可避免或不必要的福利损失。

8.通过标准加强监管

依据是否存在市场失灵或系统失灵的论据来证明相关政策选择的合

---

① Swann, 2010："The economics of standardization: An update report for the UK department of business, innovation and skills", ISO Research Library.

理性没有意义，因为监管本身就意味着已经存在市场失灵或制度失灵，所以关键问题在于在已知存在失灵的情形下，自愿标准化是否有利于实现监管目标的更好选择。此外，学者认为使用标准来应对重大问题体现了标准化活动的优先事项①。尽管该领域相对缺乏推进，英国标准协会已经在发展领域尤其是能源管理和可持续事件管理方面做出了各种尝试。标准化与研究的整合同样有待充实，需要平衡各方利益，以解决标准化与研究之间的关系。同时，如果标准能够自由获得，则广泛传播标准将更容易实现，但这样的做法将损害标准制定者的利益。试图调和这两个观点的一种方法是使用价格歧视。通过这一方法，可以更好地实现标准的普及和监管目标的达成，这将为社会和市场带来更大的效益。

在多层次的政府体系中，如何协调联邦和州政府在环境标准制定中的角色是复杂而重要的问题。通常，联邦政府在与各州政府就污染治理对地方经济的成本进行沟通后，考虑制定各州的环境标准。基于该体系，联邦政府负责整个国家政府级别的环境标准，而州政府则负责个别州的环境标准。学者们研究了州际污染外溢与环境标准制定②，采用博弈论分析方法，即在非对称信息下，知晓污染治理成本的州政府向联邦政府报告，而联邦政府最初并不知道真实的成本水平。研究认为，州际污染外溢导致州政府倾向于宽松的环境标准，并使州政府有动机夸大减少污染的经济成本，这可能不符合整体福利。在均衡状态下，州政府将一组可能的成本划分为不相交的子集，并在每个划分的不同成本下向联邦政府报告相同的成本。联邦政府接到报告后，只知道当地成本所属的分区，制定出并不适合本州的环境标准。另一方面，当州政府有权制定地方标准时，从总体福利的角度来看，这些标准是低效的宽松。研究比较了所有州在联邦政府和州政府制定的环境标准下的总福利水平。研究结果表明，当溢出程度较小时，集权制度下的福利水平低于分权制度下的福利水平。需要思考如何在相关方之间建立更有效的协调机制，实现环境标准的最佳平衡。

① Swann，2010："The economics of standardization：An update report for the UK department of business，innovation and skills"，ISO Research Library.

② Huang C，Santibanez-Gonzalez E D R，Song M，2018："Interstate pollution spillover and setting environmental standards"，*Journal of Cleaner Production*，170（2），1544–1553.

二、标准化政策与实施效果评估分析

（一）标准化政策分析

自愿性可持续性标准制定组织（Voluntary Sustainability Standards-Setting Organizations，VSSSO）制定标准，以改善全球化生产网络的社会和环境影响。本内特（Bennett，2017）研究了面向社会自愿可持续性标准的管理问题。可持续性标准制定组织通常被认为具有多方利益相关者治理结构，包括认证产品的生产者，如农民、工匠和工人。该研究提出，将认证产品的生产企业纳入治理为可取。但对33个可持续性标准制定组织章程的分析表明，约67%的参与者并不包括生产者，最多25%的参与者希望保证生产者有投票权或席位，18%的参与者则给予生产者否决权。研究认为，生产者传统上被视为边缘化的声音，但如果可持续性标准制定组织不能将其纳入，则标准的管理是存在问题的。

利普和格罗特（Lippe and Grote，2017）基于泰国园艺业的选择实验，研究影响全球良好农业操作认证标准采用的决定因素。研究采用选择实验的方法来预测泰国园艺生产者的标准中的私有标准，即全球良好农业操作认证的推广。研究基于泰国主要产区400家园艺生产企业的原始数据。混合Logit模型估计表明，受教育程度高、对环境和社会要求有较高认识的园艺生产企业更有可能采用全球良好农业操作标准认证。在高价值市场渠道和公共产品农业实践标准方面的经验，也是促使园艺生产企业采用全球良好农业操作标准认证的关键要素。认证成本和记录保存以及培训所需时间是标准采用的主要障碍。在此背景下，研究建议相关方组织更多的教育活动或利益相关者的研讨会，以增加泰国园艺生产企业采用标准的可能性。组织研讨会并定期讨论将使生产者之间以及与顾问进行富有成效的互动，最终在标准实施和农业日常实践之间建立重要联系。

食品安全和质量审计由于各种原因在食品行业得到广泛应用，用于评估管理体系、获得某些食品安全和质量标准的认证、评估场所和产品的状况、确认法律合规性等。由于食品卫生事件频发，消费者对食品安全和质量问题的关注日益增加，促使公共和私营食品部门制定各种食品安全和质量标准。科特萨诺普洛斯和阿瓦尼托扬尼斯（Kotsanopoulos and Arvanitoyannis，2017）综述了审计、食品安全和食品质量标准在食品工业中的作用，认为这些标准既有优点也有缺点，其有效性取决于多个因素，如审计员的能力和技能以及在具体案例中使用的标准。尽管该行业不断投资开发和改进这些系统，但在欧洲和美国每年食源性疫病的数量依然相当稳定。这表明需要采取额外的措施和技术或采取不同方法，进一步提高食品安全和质量管理体系的有效性。研究分析了审计和食品安全与质量评估体系在食品工业中的作用，并描述了在欧洲（特别是英国和希腊）、美国、澳大利亚、新西兰和亚洲使用的主要食品安全与质量标准。

奥尔科斯和帕洛马斯（Orcos and Palomas，2019）以 ISO 14001 系列国际标准在世界范围内的扩散为例，研究民族文化对环境管理标准采用的影响。该研究旨在探讨民族文化如何解释 ISO 14001 系列国际标准在不同国家间扩散的不均衡。研究关注了全球领导与组织行为有效性（Global Leadership and Organizational Behavior Effectiveness，GLOBE）项目开发的两个文化维度，即绩效导向和制度集体主义。学者建立了包含 1999—2016 年期间 52 个国家的 ISO 14001 系列国际标准扩散信息的数据库。研究所涉及的国家约占全球 ISO 14001 系列国际标准认证的 90%。这些信息来自公开的数据来源，包括国际标准化组织每年公布的国际标准化组织调查数据、世界银行的世界发展指标、全球项目的文化层面以及遗产基金会提供的经济自由指数。研究发现，绩效导向和制度集体主义都会影响 ISO 14001 系列国际标准的扩散，绩效导向会减缓 ISO 14001 系列国际标准的扩散，而制度集体主义会加速 ISO 14001 系列国际标准的扩散。该研究还发现，绩效导向的减缓效应随着时间的推移而减弱，而制度集体主义的加速效应则逐渐增强。

勒梅耶等（Lemeilleur et al，2020）研究了咖啡农户遵守可持续发展标准的激励措施。该研究旨在探讨咖啡农户参与需要改进农业实践的认证计划的动机。学者在巴西米纳斯吉拉斯州 250 位巴西咖啡农户中进行了一项选择实验。研究结果表明，现金和非现金支付都可能激励咖啡农户参与认证计划。除了价格溢价外，长期合同和技术援助等激励措施也将鼓励生产企业采用生态认证计划。结果还发现，非现金支付在一定程度上可替代价格溢价。研究的局限性在于，与巴西咖啡农场的人数相比，大型咖啡生产企业在样本中的代表性过高。但学者们认为把重点放在这些生产企业方面具有合理性，因为大型咖啡生产企业通常是个别采取战略的人，而小农户是由集体战略（如合作社）所影响的。鉴于巴西农民普遍难以获得农村推广服务，技术援助具有合理性。研究认为应结合私营和公共战略，并鼓励采用可持续的做法。

查克拉博蒂等（Chakraborty et al，2020）研究了印度在全球汽车工业和产品标准领域的经济和监管经验，旨在分析印度的国内政策改革是否充分，是否需要符合更严格的国际标准。研究发现，在符合1998年联合国欧洲经济委员会（United Nations Economic Commission for Europe，UNECE）规定的标准后，印度与这些国家在汽车零部件和汽车产品方面的相对贸易都有所增长。此外，贸易伙伴国对印度出口的价值贡献有所上升。另一方面，联合国欧洲经济委员会成员国在印度贸易篮子中的相对份额有所下降，共同缔约方的趋势也呈现异质性。未加入任何联合国欧洲经委会协定的国家在印度贸易中所占份额呈上升趋势。研究认为，汽车产品标准的差异会对印度的贸易流动产生至关重要的影响。从短期来看，向联合国欧洲经济委员会伙伴国和非成员国出口已经成为一种主导战略，并强调中等质量部门的专业化。但这一举措的长期稳健性值得慎重思考，特别需要关注印度是否需要加入联合国欧洲经济委员会协定来维持其出口增长①。鉴于对开放的不同看法，汽车业早前成为欧盟—印度双边贸易和投资协定（European Union-India Bilateral Trade and Investment Agreement，BTIA）缔结的障碍，该协定自2007年开始谈判，关税优惠本身可能无法为一国提供必要的市场准入。

印度自2010年以来一直在与东盟深化贸易一体化，而东盟则推进了相关的标准制定工作。鉴于该种情况，学者提出印度的政策选择可以包括：①加入联合国欧洲经济委员会。从长远来看，印度可能会考虑采用符合其经济利益的某些核心标准。这一举措有助于印度向联合国欧洲经济委员会成员国提供更大的出口流量。在这方面，尽管印度尼西亚和越南并未正式成为任何协议的一部分，但仍符合选定的欧洲经济委员会标准。②尽管印度通过现有贸易集团获得关税优惠，但一些区域全面经济伙伴关系成员国的贸易不平衡并未得到改善。印度出口企业经常采用最惠国路线而不是优惠路线，以避免与合规相关的复杂性，这是造成贸易表现不佳的部分原因②。东盟—印度自由贸易区中的标准和相互承认协定合规性条款与其他以东盟为中心的双边自由贸易协定与《区域全面经济伙伴关系协定》（Regional Comprehensive Economic Partnership，RCER）成员国的可比条款相比也较弱。这突出了原产地规则（Rules of Origin，ROO）改革和相互承认协定的必要性，可能会提高总体贸易潜力，特别是在汽车行业。③在短期内，鉴于标准的共同性，印度应努力增加对联

---

① 印度汽车行业一直受到高关税壁垒的保护。
② 基于标准经济学理论，杨丽娟（2022）、Yang（2024）研究提出通过完善中国国家标准体系，积极推动国内国际贸易的双循环格局。

合国欧洲经济委员会成员国和消费品安全委员会的出口。从长远看，需探讨与某些核心标准的一致化，以促进总体出口，在区域贸易协定内尤其如此。

自愿性有机标准制定组织依赖于公众对其标签的信任，即相关产品使用有机方法进行生产。自愿性有机标准制定组织通过基于第三方对有机标准合规性的验证框架来创建和维护这种信任。如果自愿性有机标准制定组织提出的附加声明无法得到其保证框架的支持，则可能存在问题。阿斯丘伊等（Ascui et al, 2020）研究了有机农业标准中针对可持续性要求的保障措施，调查了三个自愿性有机标准制定组织提出的关于有机农业可持续性的主张，并与其标准中的保证条款进行比较。该分析涵盖澳大利亚，该国拥有全球53%经认证的有机农田，并通过纳入国际有机农业联盟（International Federal of Organic Agriculture Movement，IFOAM）标准在国际范围内扩展。全球范围内有49个有机标准与国际有机农业联盟标准相关联。研究发现，虽然这些标准通常包含支持可持续性主张的原则和要求，但在大多数情况下，除了排除合成化学投入和转基因生物核心主张外，相关标准缺乏明确的核查手段。这种保证差距造成消费者心理反弹的风险。研究提出可采取两种措施以减轻该种风险，即①通过加强标准内验证；②采用新的农业信息和通信技术支持除标准认证过程之外的其他诉求。

作为管理环境问题的工具，标准在确定可接受的安全和环境保护水平方面发挥着关键作用。从治理的角度看，标准对于包括工业和环境组织在内的非政府利益攸关方参与确定制定政策所依据的基准也具有重要意义。高尔登等（Goulden et al, 2019）研究了标准在环境政策制定中的意义。该研究借鉴以色列关于消费品中环境污染物和绿色建筑标准，探讨了标准作为环境政策工具的使用如何影响环境问题的监管。对使用这些标准作为环境政策工具的专题分析突出了不同议题，包括不同利益的代表性与资源的可获得性之间的联系；在专业决策中可能产生冲突的标准的不同原理；建立共识方法对平衡利益和推动政府政策的影响。研究得出结论，在环境政策中使用标准时应考虑多种因素。学者们提出的政策建议包括：①需要考虑在缺乏更广泛监管的情况下使用标准的影响；②经济和实用主义理论对标准中环境和健康措施的影响；③改善标准委员会代表平衡性的方法，以确保标准在环境政策制定中更好地发挥作用。这些措施将有助于提高标准的透明度和可行性，保证其在环境政策中的有效实施和监管。

促进企业社会责任的公共政策可成为国家用来促进跨国企业及其全球供应商创造社会价值的工具。有学者研究了中国企业社会责任标准与全球生产网络产业政策，并以纺织服装行业为例，阐释在战略耦合目标转变的背景下，中国首个企业社会责任管理体系的实施过程①。研究关注的关键问题为如何解释中国本土企业社会责任标准的出现。在中国出口导向型贸易增长的视阈下，该种企业社会责任标准的出现如何适应更广泛的政策目标。该研究认为，需要在产业政策目标不断变化的背景下看待中国企业社会责任标准的出现，以此提高本国参与全球生产网络的社会价值和经济价值。具体而言，中国企业社会责任标准的演变与全球公共网络从结构耦合向功能耦合的转变相对应，这与加强当地技能和技术的政策有关。

发展中国家的劳动密集型农产品在国际贸易中因质量安全事件而表现不佳，其中农药残留问题尤为突出。学者基于直接干预还是间接支持，研究了合作控制措施对农户实施质量安全标准的影响②。为提高合作社的食品质量和安全，研究引入三类控制措施，包括结果控制、过程控制和社会控制。以采前间隔标准（Pre-Harvest Interval Standard，PHIS）为基础，选取农户的采前间隔标准实施率、与采前间隔标准的绝对距离和相对距离三个指标，评价农药使用的适宜性、农药残留的减少和农产品安全性的提高。利用随机抽样调查数据，实证分析控制措施及其组合对食品质量安全标准的边际效应。实证结果表明，实施过程控制即统一的生产标准或统一的农业投入品供给，可全面提高农民的采前间隔标准实施率。而结果控制（安全检查）和社会控制（奖惩激励或培训）的效果仅限于其他措施。学者们建议合作社结合农户的特点、实施条件和控制措施的效果，制订可持续的经营计划，以提高食品质量和安全，增强国际市场竞争力。该项研究的发现有助于改善农产品质量和安全，为发展中国家农户获得更好的市场准入机会提供参考。

在许多地区，可再生能源目标是主要的去碳化政策。大多数地区还对可再生能源技术的制造和部署提供补贴。其中，一些做法可能引起世界贸易组织争端。费舍尔等（Fischer et al，2018）研究了战略技术政策

① Braun-Munzinger C，2019："Chinese CSR standards and industrial policy in GPNs"，*Critical Perspectives on International Business*，16（2），165–185.

② Zhou J，Yang Z，Li K，et al，2019："Direct intervention or indirect support? The effects of cooperative control measures on farmers' implementation of quality and safety standards"，*Food Policy*，86（3），150–167.

作为可再生能源标准的补充,分析了一种下游能源使用产品,该种产品为竞争性生产,但并未跨地区交易,如电力或运输。由一组有限行使市场权力的上游供应商提供一种可用的可再生能源技术。在多重市场失灵(排放外部性和不完全竞争)、可再生能源市场份额作为约束性气候政策的要求以及国际设备贸易的情况下,讨论绿色产业政策的理论基础。可向下游能源供应商和上游技术供应商提供补贴,且每个都存在权衡。补贴可抵消上游供应商对可再生能源替代品的供应不足,但随着投资组合标准的成本降低,补贴允许污染性发电扩大。下游补贴提高了所有上游利润,排挤了外国排放量。上游补贴增加了国内上游市场份额,但却扩大了全球排放量。在两个区域模型中,如果两个区域都以全球碳成本来衡量排放量,那么从全球角度来看,非合作选择的战略补贴可能为最优。但如果这些地区充分低估了全球排放量,则限制上游补贴的使用可提高福利。

(二)主要标准化政策实施机构分析

从组织管理角度来划分,全球标准组织可分为两类。第一类是政府属性的标准组织,如国际标准化组织、国际电工委员会、国际电信联盟等,均需要国内主管部门参加这些标准组织[1]。第二类是市场化的标准组织。通常由大企业发起成立,从成立到运作都为自组织形式,没有政府的行政干预。比如电气与电子工程师协会、国际互联网工程任务组、欧洲电信标准协会等。运作核心理念是产业界从产业需求出发,采取自下向上工作方式。在欧盟,产品标准制定是具有复杂竞争性的领域。[2]

1. 国际标准化组织

国际标准化组织成立于第二次世界大战以后,总部设在日内瓦,负责制定标准以促进全球贸易。该组织是一个初步的混合参与者[3],是由国家标准制定机构组成的联合会。国际标准化组织成立于1947年,其组织形式受瑞士企业法管辖。国际标准化组织的主要利益相关者是工业部门,并为政府和私营国内机构提供专业知识。国家层面的标准制定机构可能在结构上存在显著差异:其中一些为政府机构,如法国标准化协会;另

---

① 如中方通过国家标准化委员会(SAC)参加ISO/IEC等国际标准化活动,通过主管的工信部参加ITU等国际标准化活动。具体规定见国家标准化管理委员会出台的《参加国际标准化组织(ISO)和国际电工委员会(IEC)国际标准化活动管理办法》。

② Shepherd B, Wilson N L W, 2013: "Product standards and developing country agricultural exports: The case of the European Union", *Food Policy*, 42 (2), 1-10.

③ Fontanelli F, 2011: "ISO and codex standards and international trade law: What gets said is not what's heard", *International and Comparative Law Quarterly*, 60 (4), 895-932.

一些为私营机构，如英国标准协会或美国国家标准协会①。国际标准化组织的目的是在除电子工程和电信外的所有领域采用全球技术标准。随着时间的推移，国际标准化组织的管辖范围正在扩大，并已推出与环境保护（ISO 14000系列国际标准）和社会责任（ISO 26000系列国际标准）相关的国际标准体系标准。只有国际标准化组织成员才能参与决策并参与规范制定程序的每个阶段，如接收草案、提供意见、投票通过。相反，非政府组织只能充当联络组织，这种地位使它们能够观察和评论委员会的工作。在标准获得相关方通过之后，程序的限制性继续存在。这些标准不可供普通公众自由使用，但可供购买。ISO国际标准制定过程通常不如国际食品法典委员会颁布的国际食品法典标准开放和透明。国际食品法典标准主要是作为国家约束力法规的模式，国际标准化组织的主要任务是通过自愿标准，会员国则决定如何在国内实施这些标准。无论具体国家是否实施或纳入国家法律，标准认证方法保障了ISO系列国际标准有效的基本要求。

国际标准化组织是全球规模最大、影响力最强、权威性最高的三大国际标准组织之一，于2020年发布了《国家标准化策略》报告。《国家标准化策略》是国家确保其国家战略重点得到相关国家和国际标准支持的政策路线图。它由国家标准机构协调，该机构确保与国家环境最相关的正在制定的标准，以提供有效的资源分配资源。国家标准化策略的核心内容在于：基于国家的经济、社会和环境优先事项，即明确与国家总体战略保持一致，并强调有效利用资源进行标准开发。国家标准化策略直接涉及国家统计局的中期和长期远景，可作为加强国家质量基础设施的工具。报告阐述了国家标准化战略的框架、重点、实施路径与相关政策，致力于加强标准化策略与国家总体发展策略的一致性，提高标准化工作与一国社会、文化、经济、生态发展和建设的协调性。报告创新了全球国家标准化策略研制的方法论，凸显标准的战略性定位、国际性属性、技术性特征。

国际标准化组织制定了一套开发国家统计系统的方法。该方法提供了制定国家安全标准的建议和工具，描述如何从国家角度和有关国家的具体情况来更好地解决这一问题。有必要适当地确定国家优先事项，同时考虑到国家的经济、贸易、社会和环境优先事项和需要。对于一国特别是发展中国家，何种组合是其能够承受的，并且是适当的，回答这一

---

① 美国国家标准协会是一个由私人成员和联邦机构官员组成的私营组织。

关键问题是该方法的核心。该方法采取前瞻性做法，将国家的优先事项与相关利益攸关方结合起来。侧重于制定最需要的标准，并为实现联合国可持续发展目标建立平台。国家标准化战略框架有助于确保标准制定将涉及各种利益相关方。

为应对实现2015年气候变化《巴黎协定》和联合国2030年可持续发展目标面临的挑战，需要开展实质性的国际合作。国际标准可成为重要工具之一，为迅速发展的能源效率和可再生能源市场提供框架和指导，改善其对全球气候和能源获取目标的积极影响。学者提出，应增强国际标准制定与缓解全球气候变化和增加能源获取之间的相关性[①]，发挥标准的作用。该研究介绍了2014年国际标准化组织能源效率和可再生能源战略咨询小组对37个国家的378个标准制定者和政策制定者进行的主要调查结果。该项调查代表国际标准化组织首次系统地寻求外部投入，确定能源效率和在再生能源资源市场的政策和标准化需求。调查发现，政策制定者和标准制定者之间存在一定程度的脱节，对制定有效标准造成潜在的障碍。学者们提出，在标准制定的早期阶段应支持决策者更多参与并改进标准制定的结果。标准之间以及标准与相关政策之间需要开展更多的对话和更富有成效的协调，从而为更广泛的政策协调目标做出积极贡献。

2.欧盟标准化组织

欧盟标准化组织是由欧洲各国标准机构于1961年成立的跨国协会。每个成员国设定国家层面的自愿性标准和强制性标准，而集中的欧盟标准化组织也有权制定跨国应用的标准。欧盟标准化组织的标准必须被所有欧盟国家采用，并且实施效力在任何冲突或不一致的国家标准之上。除补充欧盟协调指令的工作外，欧盟标准化委员会还积极与国家和行业机构协商，独立制定相关标准。如欧盟标准化委员会制定了大量标准，包括上万项标准和批准文件，另有多项在编制中。相比之下，欧盟委员会在其新方法下发布的协调指令较少。在欧盟农产品和食品领域中，少数产品类别突出表现为所观察的标准相对集中，如HS 4（乳制品）、HS 11（碾磨产品）、HS 12（油籽）、HS 15（脂肪和油）、HS 19（谷物或牛奶制剂）、HS 20（蔬菜、水果或坚果制剂）等。欧盟标准化组织制定和实施一体化标准为欧盟内部市场的发展和顺畅运作提供了坚实基础。这

---

① McKane A, Daya T, Richards G, 2017: "Improving the relevance and impact of international standards for global climate change mitigation and increased energy access", *Energy Policy*, 109（2）, 389-399.

些标准不仅有助于消除内部壁垒，促进跨国贸易，还确保了产品的一致性和质量。欧洲标准化委员会积极参与标准制定工作，有助于确保各国的标准协调一致，进一步强化了欧盟的市场竞争力和全球影响力。这一模式可以为其他地区和国家提供可借鉴的经验，以推动国际标准化和贸易发展。

3.英国标准协会

英国标准协会是英国的国家标准组织，承担为了社会、各级政府、企业和公众的利益而满足相关各方对标准需求的责任。同时，英国标准协会在制定英国标准和整合国际标准方面发挥主导作用。英国标准协会的消费者和公共利益部门一直在积极展示标准如何造福消费者。同样，英国标准协会的大部分工作都关注于教育公共部门有关标准价值的问题。学者们研究了基于英国标准协会战略演进的标准机构国际化[①]，从英国标准协会的官方网站收集2013年至2016年的年度报告，并选择14个绩效指标来评估英国标准协会的发展。研究发现，在研究期的五年中，英国标准协会的工作重点都是确定集团在全球化趋势中的地位，以提高本组织参与国际事务的能力，这也是自1998年以来英国标准协会的长期战略规划。同样，标准库存应保持最新和相关的原则也被充分体现在英国标准协会政策和实践中。虽然英国标准协会活动的目的是教育相关方如何了解标准的好处，但该研究发现，市场上更大的问题在于消费者和政府对各类标准缺乏了解。

4.伊斯兰金融国际标准制定机构

国际标准的制定以共识为基础。一些国际公认的机构为伊斯兰金融机构制定共同的监管标准[②]，包括国际伊斯兰评级机构（International Islamic Rating Agency，IIRA）、伊斯兰金融服务委员会、国际伊斯兰金融市场（International Islamic Financial Market，IIFM）和伊斯兰金融机构会计和审计组织（Accounting and Auditing Organization for Islamic Financial Institutions，AAOIFI）等。这些机构在伊斯兰金融领域发布准则和实践建议，以解决国际标准问题。除上述机构外，伊斯兰会议组织国际伊斯兰金融学院也能发表权威意见。这些机构在发展伊斯兰金融并使其达到更标准化的水平方面发挥重要作用。由于标准或准则具有说服力，因此

---

① Song Z T，Wang X B，2018："Study on the internationalization of standards bodies：Based on the strategy evolution of BSI"，New York：IEEE，1037–1043.

② Yaacob H，Abdullah A，"Standards issuance for Islamic finance in international trade：Current issues and challenges ahead"，*Procedia social and behavioral sciences*，492–497.

不强制要求遵守已公布的标准，但学者之间特别是马来西亚和中东国家学者之间的意见分歧仍然存在。

全球化是进入标准制定组织的主要驱动力。面临合作和竞争以及标准化过程日益复杂的地理环境，全球复杂环境引起了学者的关注。有学者研究了进入标准制定组织的驱动因素[①]，认为标准制定组织是复杂环境的一种形式，在这种环境中主动、自愿地合作开发新的标准。尽管有研究试图了解参与标准制定组织的基本理论，但目前对影响进入标准制定组织倾向的层面特征知之甚少。学者们将2011年德国社区创新调查的数据与2010年至2013年间德国标准化协会技术委员会的企业参与数据合并，利用这一独特的数据并解决内生性问题，研究企业进入正式标准制定组织技术委员会的驱动因素。研究结果显示，对于向市场引进新产品或服务的企业，加入标准制定组织技术委员会的可能性增加，而吸收能力没有显著的正向影响。最后，专利对创新的保护进一步提高了加入标准制定组织技术委员会的可能性。

（三）标准化政策实施效果评估分析

针对欧盟陆上风电的推广项目，学者对选择上网电价还是可再生能源组合标准[②]进行分析。该研究对欧盟28国2000—2014年间适用于陆上风电的上网电价和可再生能源组合标准政策进行实证分析，为决策者提供信息。该研究主要关注三方面的问题：①与没有监管支持的情况相比，这些政策是否确实增加了陆上风电发电能力；②何种政策决定了大多数陆上风力发电容量；③政策设计要素对陆上风力发电容量的影响。研究结果表明，只有上网电价政策及其主要政策设计要素（合同期限和电价）对装机容量有显著影响。有必要在可更新的投资组合标准政策中建立风险更低的框架，以增强投资者的信心。

可再生燃料标准规定每年使用可再生燃料的等级授权，低碳燃料标准特定的年度碳强度降低，而燃料特定授权较少。因此，惠斯坦斯等（Whistance et al，2017）研究了加利福尼亚州低碳燃料标准与国家可再生燃料标准的相互作用。这两项政策在减少温室气体排放方面的目标相似，但实现这些目标的方式不同。研究使用美国和世界其他地区农业和能源市场的部分均衡结构模型来模拟相互作用，结果表明，这些政策相

---

① Blind K，Lorenz A，Rauber J，2021："Drivers for companies' entry into standard-setting organizations"，*IEEE Transactions on Engineering Management*，68（1），33–44.

② Garcia-Gonzalez D L，Tena N，Romero I，et al，2017："A study of the differences between trade standards inside and outside Europe"，*Grasas Y Aceites*，68（3），1–22.

辅相成，因为满足其中一项要求的合规成本在存在另一项政策的情况下较低。此外，这两项政策相结合创造了空间转移，即使整体可再生燃料使用保持相对不变，加州也会转向使用可再生燃料。与此同时，可再生能源组合标准存在于美国29个州和哥伦比亚特区。维瑟等（Wiser et al，2017）评估了美国可再生能源投资组合标准的成本和收益。该研究首先在国家层面上综合评估现有可再生能源组合标准政策的收益和成本；其次假设这些政策会广泛扩展，并使用评估相同的指标。根据对可再生能源技术进步和天然气价格的假设，现有的可再生能源政策在2015—2050年间按现值计算，将电力系统成本增加多达310亿美元。扩大的可再生能源部署方案产生的增量成本从230亿美元到1940亿美元不等，具体取决于所采用的假设。改善空气质量和减少气候破坏的货币化价值超过了这些成本。基于假设，现有的可再生能源组合标准政策产生了970亿美元的空气污染健康效益和1610亿美元的气候损害减少效益。根据扩大的可再生能源组合标准方案，健康福利总额为5580亿美元，气候福利为5990亿美元。这些方案还以减少用水的形式产生效益。可再生能源组合标准项目并不能代表实现空气质量和气候效益的最具成本效益的途径。尽管如此，研究结果表明在考虑外部性时，美国的可再生能源组合标准项目在全国范围内具有成本效益。

自20世纪90年代中期以来，由于1992年《能源政策法案》（*Energy Policy Act，EPA*）的授权，美国建筑能源标准的采用率和严格程度不断提高。目前关于商业建筑节能标准所产生节能效果的证据基于工程模拟，但工程模拟并不能说明实际采用标准后的实际行为。帕皮诺（Papineau，2017）研究了评估建筑能源标准成本效益的框架，利用商业建筑能源标准采用中的准实验变化来估计标准对实际耗电量和成本效益的影响。在《能源政策法案》鼓励采用能源标准的州，所有新的非住宅建筑均按照商业标准来建造，每个服务工人的用电量降低约12%，商业总用电量降低约10%。此外，将早期采用者和从未采用者纳入分析会导致节能效果下降。《能源政策法案》鼓励采用新能源标准的州，实现节电量占预期节电量的3/4，2010年节电成本约为每千瓦时7.7美分。

加拉蒂等（Galati et al，2017）以森林认证（Forests For All Forever，FSC）标准为例，研究了意大利林业自愿环境认证的动机、采用和影响。世界各地制定了若干私人自愿计划，以解决以森林为基础的工业中的环境问题。利用调查数据，该研究分析了促使意大利林业企业实施森林认证标准的主要因素，以及该标准对经济和组织结果的影响。研究结果提供的证据表明，该标准是促进负责任的森林管理和衍生产品可追溯性的工具。首先是信号机制推动企业家采用森林认证标准，其次是道德和伦理原因。在森林认证标准产生的影响方面，学者们将公司与获得符合计划要求的认证所需的更高运营成本进行比较，最终发现这些成本仅得到部分补偿，而非通过认证产品的销售价格上涨；由于公司有能力建立新的业务关系，销售额随之增加。

以中国垃圾焚烧发电行业为例的研究考察了上网电价与可再生能源组合标准的政策效应。上网电价和可再生能源组合标准是促进可再生能源电力产业发展的最热门的监管政策，二者可在可持续能源方面为扩大国内工业活动提供支撑。研究运用系统动力学方法建立了上网电价和可再生能源组合标准方案下中国垃圾焚烧发电行业的长期发展模型，并运用情景分析方法进行案例分析。该模型显示了各因素之间复杂的逻辑关系，同时也评估了两种政策工具在产业发展中的政策效果。研究结论可为学者研究不同国家的类似问题提供参考，有助于了解上网电价和可再生能源组合标准方案下垃圾焚烧发电的长期可持续发展模式，为决策机构提供参考。结果表明，在完全竞争的市场环境下，受到可再生能源组合标准配额比例、可交易绿色证书有效期、罚款机制的约束和作用，实施可再生能源组合标准能够促进中国垃圾焚烧发电行业的长期快速发展。

学者研究了综合管理体系中环境与社会标准对企业经济绩效的影响[1]，旨在分析包括经济、社会和环境标准在内的管理体系整合对经济绩效的影响。数据包括认证企业的报告和经济绩效指标的二级数据，并对两组样本企业进行比较。核心组由在经济、环境和社会（ISO 9001 和 ISO 14001 以及 OHSAS 18001）三重底线维度上进行认证的企业组成。对照组由相同规模和行业的企业组成，但没有与社会和环境层面相关的标准。核心组和对照组的比较分析采用非参数方法，如中位数检验和结构方程模型。研究结果显示，与控制组的其他公司相比，以三重底线模型为视角并拥有整合管理系统的企业（核心组）表现出更好的经济绩效。研究还表明，工业领域，尤其是在能源、化工和石化、服务和运输部门中，这种影响尤为明显。

由于 ISO 14001 系列国际标准的优势，许多科威特私营和上市企业计划获得 ISO 14001 系列国际标准认证。学者们针对科威特的 ISO 认证企业

---

① de Nadae J，Carvalho M M，Vieira D R，2019："Exploring the influence of environmental and social standards in integrated management systems on economic performance of firms"，*Journal of Manufacturing Technology Management*，30（5），840-861.

进行问卷调查，研究 ISO 14001 系列国际标准认证对科威特企业绩效的影响①，评估科威特的 ISO 14001 系列国际标准的有效性。研究结果表明，受访者表示从应用 ISO 系列国际标准中获得诸多收益，包括改善环境绩效和增加进入新市场的机会。大多数企业表示，采用 ISO 14001 系列国际标准可获得更多资金，提高公众形象，并有助于减少监管罚款和许可证成本。实施环境管理体系提高了员工、顾客和业主的环境意识。

尽管许多研究分析了公平贸易或雨林联盟等可持续性标准对发展中国家小农户的影响，但大多数研究并未充分说明认证和非认证农户之间的系统差异。经过认证的农民通常以合作社的形式组织起来。已有研究仅从少数合作社抽样，较难把认证效应和可能的合作社效应分开。因此，在考虑合作效应的前提下，学者研究可持续性标准是否也有利于小农户，提供来自科特迪瓦的证据②。该研究通过从大量合作社中随机抽样来解决这一问题，更好地刻画现有制度的异质性。研究从科特迪瓦种植可可的农户处收集和使用数据，这些农户在公平贸易认证和非认证合作社中被组织起来。采用工具变量的回归模型表明，公平贸易对可可产量、价格和生活水平均发挥了积极且显著的作用。在控制合作特征后，这些影响仍然显著，但回归系数的力度发生变化。研究结论包括：①在科特迪瓦，公平贸易认证使农民从经济上受益。②更普遍意义上，合作特征与认证和相关结果共同相关，在评估小型农场部门可持续性标准的收益时需要考虑到这一点，避免产生偏误。与此同时，学者研究了向印度尼西亚的棕榈油小农户推广可持续发展标准是否具有收益③。这项研究针对印度尼西亚苏门答腊占碑（Jambi）的棕榈油小农户，对小农户引进可持续发展标准进行成本效益分析。研究地区中可持续性标准被定义为一套源自印度尼西亚可持续棕榈油计划的棕榈油管理实践。印度尼西亚可持续棕榈油的经济和环境效益来自 2010 年、2012 年和 2013 年收集的 185 个棕榈油小农户的面板数据集。学者探讨了引入可持续棕榈油计划的两个基本策略：①传统推广活动；②农民田间学校。计算结果表明，与传统的农业

---

① Al-Kahloot E, Al-Yaqout A, Khan P B, 2019: "The impact of ISO 14001 standards certification on firms' performance in the state of Kuwait", *Journal of Engineering Research*, 7 (3), 286–303.

② Sellare J, Meemken E, Kouame C, et al, 2020: "Do sustainability standards benefit smallholder farmers also when accounting for cooperative effects? Evidence from Cote d'Ivoire", *American Journal of Agricultural Economics*, 102 (2), 681–695.

③ Ernah, Parvathi P, Waibel H, 2020: "Will teaching sustainability standards to oil palm smallholders in Indonesia pay off?", *International Journal of Agricultural Sustainability*, 18 (2), 196–211.

推广活动相比，农民田间学校方法产生更高的经济回报率。该分析得出的主要结论是，印度尼西亚政府应该进行投资，以支持小农户大规模采用可持续棕榈油计划标准。

学者基于巴西的咖啡认证，研究遵守社会标准及其对社会公平的影响①，分析了符合社会绩效标准（认证必须达到的社会结果）和程序（管理）标准之间的关系，以及这种关系对农场和更广泛社会公平的意义。研究认为社会绩效合规性与农场层面的公平相关，而小农场与大农场的相对合规性与公平相关。认证的管理要求往往被认为是不成比例的负担，对于小的、资源贫乏的生产者，认证会对公平造成障碍。学者进一步研究管理标准如何影响不同规模农场满足认证社会绩效要求的能力。研究分析了435个认证审核，涵盖2006—2014年雨林联盟认证的所有巴西咖啡农场，即80家个体农场和23个农场组。原则上通过集体认证，小农户可从规模经济中受益。研究分析显示，在遵守程序（管理可持续性计划）和社会绩效标准之间存在统计上显著的正相关。这种相关性在群体中比个体农场强。集团农场的合规性在统计上与单个农场相当，表明集团认证正在实现其预期的目标，即认证农民的社会经济水平。随着时间推移，认证农场的平均合规性有所提高。研究结果表明，在提高小农户的整体社会可持续性绩效方面，管理要求发挥了重要作用，团体认证可帮助资源贫乏的小农户实现这些要求。

在后期生产阶段适用的标准是否也会对贸易有所提高这一议题仍存在争议，因为不同部门对标准的反应有所不同，如全球良好农业规范为初级生产的专用标准之一②。对下游私有标准进行调查，有利于更全面地了解食品标准对贸易的影响，这项研究旨在阐明出口国选择私有标准如何影响整个目的地市场的出口业绩。研究结果表明，全球良好农业规范认证对进入欧盟15国市场的初级生产商具有很高的相关性③。尽管私有标准的使用普遍增加，但在非欧盟市场上，私有标准的重要性并未得到一致观点。如对计划进入美国市场的初级生产者而言，与全球良好农业规范具有竞争性的其他标准可能更为相关。因此，需要对欧盟以外的市

① Maguire-Rajpaul V A，Rajpaul V M，McDermott C L，et al，2020："Coffee certification in Brazil：compliance with social standards and its implications for social equity"，*Environment Development and Sustainability*，22（3），2015-2044.

② Shepherd B，Wilson N L W，2013："Product standards and developing country agricultural exports：The case of the European Union"，*Food Policy*，42（2），1-10.

③ Andersson A，2019："The trade effect of private standards"，*European Review of Agricultural Economics*，46（2），267-290.

场和全球市场以外的私有标准进行实证研究，并开展多国研究以比较不同标准的贸易效应。由于目前缺乏关于私有标准的数据，该类研究较难进行。关于私有标准和贸易的研究对于那些在标准和目的地市场之间做出决策的生产者来说尤为重要。随着研究人员获得数据质量的提高，研究结论将进一步深入。

与此同时，针对家庭财富对采用和遵守全球良好农业规范生产标准的影响，学者们提供了来自肯尼亚小农户的证据①。出口市场的园艺生产被认为是撒哈拉以南非洲农村社区增长和就业的动力。为了使农业企业具有竞争力和盈利能力，要求小农投资于食品安全和生产标准，如全球良好农业规范。但常见的情况是，小农户无力支付资金，影响其对食品安全生产标准的遵守。同时，农民可利用家庭资产为农业企业融资。该研究考察家庭财富对食品安全认证标准采纳的影响，使用从肯尼亚479位小农户收集的截面数据。调查结果显示，49%的家庭属于富裕家庭，51%的家庭属于贫困家庭。对全球良好农业规范认证意愿的实证研究表明，加入全球差距相关农民团体对富裕农民获得全球差距认证地位有显著影响。农民团体促进联合投资，以降低投资于全球良好农业规范资产的成本，如分级棚、保护装置、淋浴间、包装箱、土壤测试套件等并建立食品可追溯系统。与贫困农户相比，富裕农户的财富指数要高得多，这表明富裕农户可以很容易地筹集资本投资来填补缺口。向全球良好农业规范认证的买家出售大豆显著地使农民能够遵守预期的认证生产标准。

针对澳大利亚的水效率标签和标准计划，学者开展了环境和经济方面的评估②，讨论了澳大利亚水效率标签和标准（Australia's Water Efficiency Labelling and Standards，WELS）计划的评估结果。水效率标签和标准属于国家层面由政府运行的计划，要求室内用水设备和器具符合水效率标签。该计划还对一些产品规定最低标准。评估考虑了自2006年该计划实施以来，提高贴有这一水效率标签产品所产生的环境和经济影响，并对未来20年进行后向预测。该项研究估计了水、能源、温室气体和公用事业费用的节约以及与该计划相关的成本。评估显示，水效率标签和标准是澳大利亚城市水管理的重要组成部分，2017—2018年全国节水

① Gichuki C N，Han J，Njagi T，2020："The impact of household wealth on adoption and compliance to GLOBAL GAP production standards：Evidence from smallholder farmers in Kenya"，*Agriculture-Basel*，10（2），1-15.

② Fane S，Grossman C，Schlunke A，2020："Australia's water efficiency labelling and standards scheme：summary of an environmental and economic evaluation"，*Water Supply*，20（1），1-12.

112亿升，2036—2037年节水231亿升。澳大利亚水效率标签和标准最大的经济效益来自减少水加热的节能。在过去30年中，这些节能措施预计还将累计减少5350万吨温室气体的排放量。2017—2018年，由于世界经济体系推动的水资源效率，澳大利亚人平均每人每年节省约30美元。整体上评估表明水效率标签和标准计划对澳大利亚较为有利，不论在目前和未来都有显著的净效益。

瑞士一项广受欢迎的倡议反映了公众对农业生产负面影响环境的关切，该倡议提出严格加强环境交叉遵守标准。饮用水倡议（Drinking Water Initiative，DWI），建议将相关的直接付款限定在①保护生物多样性、②不使用任何杀虫剂、③使牲畜适应农场的饲料能力、④不定期或预防性地使用抗生素的这类农场上。学者以瑞士这一严格的交叉合规标准为研究对象，考察严格标准对农场和部门层面的经济和环境影响（Schmidt et al，2019）。基于递归动态、代理的农业部门模型，研究评估了该倡议对农业和部门层面的环境和经济指标的影响。来自这两个团体的利益相关者、倡议的支持者和反对者参与该项评估。研究发现，将更严格的环境标准纳入交叉合规体系，会导致更多农场选择退出：对于33%～63%的肉类和家禽农场以及51%～93%的蔬菜／果园／酒厂农场而言，放弃直接付款更为有利。但大多数反刍动物养殖场（87%）符合标准。尽管不合规的农场类型与最严重的环境影响有关，但研究发现，该倡议对瑞士部门一级的水质产生积极影响，如无农药耕地比例增加约70%～92%，永久耕地比例增加约11%～52%，氮盈余减少。以卡路里计量的农业总产量有所下降（12%～21%），引起农业进口增加。如果当前直接支付预算完全流向合规农场，且这些农场获得价格溢价，则预测合规农场的平均收入将增加2%～34%，否则将根据具体情况减少6%～22%。敏感性分析表明，价格不确定性对农业收入的影响最大。

学者们研究了国际技术标准化经济评价模型[①]，提出一种国际标准化经济评价模型以支持技术开发和标准化的决策过程。学者们利用所有权成本（Cost of Ownership，COO）模型来分析技术开发和标准化的预期收益和成本，建立四个潜在情景，将所提出的模型应用于射频识别技术的具体案例。根据每种情景分析预测利润，对每种国际标准化情景进行评估。该研究还考虑各种参数设置的影响以进行敏感性分析。该研究对引

---

① Kim Y，Kim H S，Jeon H，et al，2008："Economic evaluation model for international standardization of technology"，*IEEE Transactions on Instrumentation and Measurement*，58（3），657-665.

导公司选择能够带来最大利润的最佳技术开发和标准化战略具有政策含义。此外，学者们从地方产业角度对可持续旅游标准的实施效果进行评估[1]。地中海可持续旅游标准（Mediterranean Standard for Sustainable Tourism，MSST）是欧盟为东南欧旅游目的地和当地企业制定可持续认证计划的一项倡议，研究探讨了地中海可持续旅游标准实施不成功的原因。根据2007年参与创建地中海可持续旅游标准的当地旅游专业人士的意见进行分析，该研究评估该标准在希腊罗德岛的可信度和适用性。研究结果表明，文化、政治和社会经济背景的结构性特质影响当地旅游业对旅游可持续性的看法。根据调查结果，认证过程不完整、旅游企业无法遵守技术和运营要求、地方治理不足以及对地方当局和旅游机构的普遍不信任感破坏了标准的实用性和采用。研究认为应及时应对旅游目的地的不断变化和挑战，为旅游专业人员提供切实可行的利益，提高当地收益，并为游客提供优质服务。

三、标准化政策议题与贸易议程分析

（一）标准与欧盟普惠制分析

随着标准数量增多、规模变大，关税和配额等传统贸易壁垒的重要性下降，标准在贸易政策议程中的相对重要性增加[2]。贸易政策日益成为关键的政策工具之一，以实现诸如环境保护或劳动权利保护等非贸易目标。这一趋势可用欧盟积极推行的贸易治理活动来描述。通过贸易实现全球治理，可通过提供额外的关税优惠来实施，以此作为批准和有效执行一系列国际人权、劳工、环境和政治文书的激励，如《普惠制条例》。欧盟委员会的报告指出普惠制（Generalized Scheme of Preferences，GSP）面临的挑战，学者们不断关注私有治理机制在其中可能发挥的作用。学者们基于优惠幅度法，研究欧盟普惠制对东非水果和蔬菜出口的影响[3]，评估了普惠制计划对肯尼亚、坦桑尼亚和乌干达向欧盟出口农食产品的影响。以优惠幅度作为普惠制计划的代理变量，并基于贸易加权最惠国税率与从价税等值之间的差额进行计算。零膨胀泊松估计量用于控制过

① Gkoumas A，2019："Evaluating a standard for sustainable tourism through the lenses of local industry"，*Heliyon*，5（11），1-12.

② Ganslandt M，Markusen J R，2001："National standards and international trade"，*The Research Institute of Industrial Economics working paper*.

③ Lubinga M H，Ogundeji A A，Jordaan H，et al，2017："Impact of European Union Generalized System of Preferences scheme on fruit and vegetable exports from East Africa：A preference margin approach"，*Outlook on Agriculture*，46（3），213-222.

度分散和零贸易流量，时间固定效应用于控制异质性。结果表明，欧盟普惠制计划促进了东非三国的大豆出口以及乌干达的胡椒出口。但该计划并未推动肯尼亚芦笋出口、坦桑尼亚蔬菜出口，以及从乌干达向欧盟的香蕉出口。

有学者研究将自愿可持续性标准纳入普惠制可能发挥的作用，以及这一实践面临的挑战①。该研究基于来自不同利益相关者群体的核心专家的访谈并结合对ITC标准地图（ITC Standards Map）数据库的分析。学者评估了自愿可持续性标准和欧盟普惠制之间具有的互补性。主要的研究问题集中在自愿可持续性标准在欧盟普惠制中能起到何种作用。为了回答这一问题，学者提出可通过两种方法将自愿可持续性标准整合到欧盟普惠制中，其中一种方法为强制性而另一种方法则为自愿性。第一种选择方式（方案一）是，以获得自愿可持续性标准认证作为进入欧盟市场的条件，即普惠制受益产品在进入欧盟市场之前需要获得自愿可持续性标准认证。第二种选择方式（方案二）是，对获得自愿可持续性标准认证的产品给予关税优惠。在这种情况下，如果获得了自愿可持续性标准认证，则认证产品能够获得额外的关税优惠（如较低关税或取消关税）。对于这两种选择，都需要一种方法来认证自愿可持续性标准，该方法必须符合GSP、GSP+及除武器外全部商品免关税、免配额（Everything But Arms，EBA）的条件。该种认证应建立在三类要求之上：实质性要求（参照有关普惠制公约）、程序性要求（包括监测和投诉规定）和供应链要求。对这两项选择的评估认为，两种方式均面临挑战，尤其是方案一。此外，如果根据方案一或方案二将自愿可持续性标准整合到普惠制方案中为可行，则可考虑将自愿可持续性标准整合到普惠制方案中的第三个方案。第三种选择性质有所不同，是将自愿可持续性标准纳入普惠制的报告机制，要么依靠自愿可持续性标准提供的相关信息，要么通过记分卡或路线图对普惠制国家采用自愿可持续性标准的情况进行评估，作为定期评估普惠制的一部分。这种方法具有三个优点。第一，不会导致普惠制计划的重大改革。第二，仍然为自愿性，但可鼓励各国政府促进采用自愿可持续性标准并提供奖励。第三，逐渐引入可持续生产和可持续发展理念，使普惠制受益者进一步走上可持续发展和生产的轨道。

将国际贸易和劳工标准联系起来是使各国遵守其尊重核心劳工标准的国际义务的途径之一。根据欧洲联盟的普遍优惠制（欧盟普惠制），缅

---

① Marx A，2018："Integrating voluntary sustainability standards in trade policy：The case of the European Union's GSP scheme"，*Sustainability*，10（12），4364.

甸 1997 年和白俄罗斯 2006 年的贸易优惠因使用强迫劳动和侵犯结社自由而被取消。学者们基于欧盟普惠制下制裁的有效性，研究如何将国际贸易和劳工标准联系起来[1]。该研究重点考察欧盟普惠制计划以及将欧盟贸易政策与核心劳工标准联系起来的动议。基于两个案例研究，学者们调查欧盟制裁对目标国家的贸易影响，并分析普惠制制裁的有效性。研究发现，利用欧盟普惠制制裁违反核心劳工标准的国家的效果较为有限。然而，制裁可以有效地表明对核心劳工标准等一套特定价值观和规范的政治承诺。制裁还可能阻止其他国家实施违法行为。

自 2008 年以来，大多数欧盟双边和区域贸易协定都包含所谓的贸易和可持续发展章节。此类可持续性章节通常包括对劳工组织核心劳工标准的承诺，并提供具体的监测机制，以确保遵守。然而，一些观察员对这些条款在法律和体制改革之外的实际执行潜力表示担忧。作为克服这一合规差距的手段之一，学者们探讨了在贸易协定中纳入现有的自愿可持续性标准如何加强对欧盟贸易协定中劳工条款的监测和执行。根据 2013 年欧盟—哥伦比亚贸易协定运作案例研究的经验，学者们认为，将自愿可持续性标准与贸易协定中的劳工条款联系起来，可以显著提高这些条款的效力。将劳工规定与经认可但独立的自愿可持续性标准的监测和审计机制相联系，可以帮助缩小监管差距，增加规定的可信度，并帮助克服实施国的能力挑战。将自愿可持续性标准纳入贸易协议也为公共监管机构提供了机会，要求其在设计和程序方面加强自愿可持续性标准的质量。

贸易政策通常被认为是追求劳动规范、环境标准和人权的关键杠杆。欧盟更是如此，其在贸易中行使广泛市场力量和专属权限，但缺乏成熟的外交政策。近年来，各方持续要求使可持续发展条款可执行，并更频繁地实施贸易制裁。学者们研究了欧盟广义优惠计划的后发展视角[2]。从后发展的视阈来看，该研究围绕贸易可持续性关系质疑欧盟的可执行性论述，特别关注普惠制背后的条件。欧盟普惠制有"大棒"（取消优惠关税）、"胡萝卜"（降低关税）和日益具有侵入性的监督机制。根据贸易发展相关文献，学者们对构建欧盟普惠制的论述提出疑问。从经验上看，

① Zhou W F, Cuyvers L, 2011: "Linking international trade and labour standards: the effectiveness of sanctions under the European Union's GSP", *Journal of World Trade*, 45 (1), 63-85.

② Orbie J, Alcazar A S M I, Sioen T, 2022: "A post-development perspective on the EU's Generalized Scheme of Preferences", *Politics and Governance*, 10 (1), 68-78.

基于观察欧盟以及柬埔寨和菲律宾的政策精英在2014年以来两次普惠制改革周期中产生的面向公众的文本，学者们对这类框架进行分析。研究认为，欧盟和两个目标国政策精英的主导话语行为凝结成一个全球预设，即除欧盟普惠制之外别无选择，进而消除反霸权观点，剥夺对话和伙伴关系等变革概念的激进潜力。这一提法要求真正致力于监管和改革的人员进行研究，以平息各方对欧盟贸易制裁理所当然的看法。

（二）标准与最惠国待遇分析

科利尔和文纳布尔斯（Collier and Venables，2007）提出，贸易优惠（Trade Preferences）是促进发展中国家出口多样化的方式之一。但此类计划几乎完全专注于关税，没有考虑非关税措施（包括产品标准等）带来的贸易成本，忽视了供给方面的制约因素所发挥的重要作用。为应对这些贸易成本，相关政策需重新将重点放在贸易优惠的部分。因此，最惠国待遇（Most-Favored-Nation-Treatment）是促进发展中国家出口品种增加的一种可能手段。相关研究以亚美尼亚为对象，建立包含21个部门的可计算一般均衡模型，评估与欧盟签订《深入全面的自由贸易协定》以及进一步的区域或多边贸易政策承诺对亚美尼亚的影响[①]。研究发现，与欧盟达成自由贸易协定会给亚美尼亚带来实质性的益处，这种益处来自协议的深层次方面。按重要性排序，收益的来源依次是：①贸易便利化和降低边境成本；②服务自由化；③标准一致化。如果与欧盟达成一项并不深入的协议，即仅使用关税，特别是在商品的优惠关税自由化方面，可能会给亚美尼亚带来较小的收益，原因主要在于世界其他地区在制成品方面丧失各种技术而导致生产力损失。长远来看，改善亚美尼亚投资环境有望带来更多贸易收益。与独联体国家签订服务协定只会带来较小收益，但通过多边方式扩大服务自由化会带来巨大收益。

欧盟投入了大量资源，协助其新成员国制定标准；同样，欧盟也对可能与之建立自由贸易协定的国家分配资源以解决该问题。因此，科利尔和文纳布尔斯（2007）认为，作为深入和全面的自由贸易协定的结果，这些成本将出现下降趋势。对于那些将在欧盟销售产品的企业，在经过企业调整和亚美尼亚开发国家质量基础设施后，研究假设亚美尼亚企业在欧盟销售产品的生产成本将下降。研究发现，亚美尼亚向欧盟出口农产品的成本从生产成本的15.8%下降到11.8%，向欧盟出口制造业产品的

---

①   Jensen J，Tarr D，2012："Deep trade policy options for Armenia：The importance of trade facilitation，services and standards liberalization"，*Economics-The Open Access Open-Assessment E-Journal*，6，14-36.

成本从生产成本的21.6%下降到16.2%。研究估计,在满足欧盟标准设施和国家质量基础设施的开发方面,这些设施的成本将使成本降低约2%。由于独联体市场主要受俄罗斯GOST标准强制认证影响,研究认为相关成本将主要影响出口欧盟的亚美尼亚企业而非欧盟以外的市场。

该研究数据集包含211家能够观察到全部变量的企业。小规模的非随机抽样只包括参与国家标准化的德国企业,其中大多数为大型出口企业。所有协变量的因变量二元变量的均值差异表明,认为国际标准是《跨大西洋贸易与投资伙伴关系协定》内较好解决方案的企业($N=143$),不同于活跃于国际标准化委员会、拥有250多名员工并从事服务业的企业,后者认为正式标准对于所有与业务成功相关的因素都很重要。选择特定欧盟—美国标准的受访者占少数(20%)。在超过40家企业的样本中,几乎三分之一依赖非正式标准,而另一部分则参与国际标准化。这一群体中更高比例的企业使用正式标准来提高生产力和竞争力。在相互承认标准方面,比国家正式标准和非正式标准更重要的是成为标准的倡导者,企业可以利用这些标准创造竞争优势并在相关行业运行。研究发现,对于认为正式标准对市场准入较为重要的企业而言,国际标准是其有利选择。在广泛实施国际标准方面,来自市场准入和互操作性的收益最高。认为正式标准对提高生产力和降低成本较为重要的企业,期望通过执行国际和双边共同标准来实现这些目标。这些标准由国际和双边协商制定,但并非通过相互承认标准来实现。高标准能够为出口企业创造竞争优势。企业参与国际标准化活动与企业选择优先执行国际标准正相关。依赖非正式联合标准的企业会对双边标准进行评级,并通过相互承认标准来统一标准。这一解决方案与执行国际标准相比耗时更少,企业也更容易实现一体化。

自由贸易产生宏观经济收益,同时出现赢家和输家。为调和这种紧张关系,历史上各国政府用社会支出补偿全球化的失败者,以换取对自由贸易的支持,即所谓的嵌入式自由主义妥协。在新自由主义时代,各国政府还可采取哪些政策来加强对全球化的支持成为焦点。在双边贸易自由化浪潮中,特惠贸易协定(Preferential Trade Agreement,PTA)消除了关税和非关税贸易壁垒,为解决社会标准等各种非贸易问题提供了方法。大多数南北特惠贸易协定都有条款规定,南方贸易伙伴必须解决国内劳工和环境问题,才能从北方获得贸易特权。这些条款可在安抚失败者和反对自由贸易的公平交易者方面发挥重要作用。

学者们评估特惠贸易协定中的社会标准对个人自由贸易偏好的影响,

对贸易协定中的社会标准与自由贸易优惠进行实证研究[①]。基于原始调查实验数据研究发现，发达工业化国家的受访者在被询问特惠贸易协定是否应包含社会标准时，更倾向于支持自由贸易。受访者在如何看待这些社会标准上也存在差异，虽然研究发现嵌入贸易自由主义妥协的证据，而公平贸易规范最为突出。学者们针对特惠贸易协定中的社会标准以及公众对贸易的态度提出假设：如果发达国家签署包含社会标准的特惠贸易协定，则与没有签署此类包含标准贸易协定的情形相比，发达国家的个人将更倾向于自由贸易。皮尤研究中心（Pew Research Center）全球态度调查的外部效度检验同样支持该假设。学者们认为其中发挥作用的两种机制包括：①嵌入式自由主义重铸机制（机制一），如果发达国家签署包含社会标准的特惠贸易协定，则发达国家的低技能劳动者将比没有此类标准时更倾向于自由贸易。②公平贸易机制（机制二），如果发达国家签署包含社会标准的特惠贸易协定，发达国家的高技能劳动者将与没有此类标准的情形相比更倾向于自由贸易。

学者们进一步分析了为何公民会将社会标准与对自由贸易的更大支持相联系，并讨论两类机制的运行基础和实践意义。机制一提出的观点是与重铸嵌入式自由主义妥协，机制二指公平贸易规范。将调查样本分为发达国家贸易自由化的赢家和输家，有助于考察社会标准如何影响国家各自支持自由贸易的可能性。如果自由贸易的输家或者全球北方国家的低技能劳动者或失业者将社会标准与对自由贸易的支持联系起来，就为重铸嵌入式自由主义机制提供了支持。如果自由贸易的赢家或高技能劳动者和安全就业者将社会标准与支持自由贸易相联系，则公平贸易机制就得到支持。研究将高技能劳动者视为受过高等教育的个人，将低技能劳动者视为未受过高等教育的个人，相关研究结论与此前关于高学历者公平贸易规范的研究和证据保持一致。

贸易协定的设计与公民的自由贸易优惠之间存在何种关系，贸易协定中的社会规定能否促进公众对全球化的更大支持。随着民主政府越来越多地参与双边或区域贸易协定谈判，对这些问题的回答至关重要。与此同时，政府面临日益增长的预算限制无法采用传统的社会支出政策来缓解贸易混乱。面对近期保护主义、民粹主义的兴起及其对全球系统稳定的潜在负面后果，如何激励的问题也尤为紧迫。旨在保护劳动力和环

---

① Bastiaens I，Postnikov E，2020："Social standards in trade agreements and free trade preferences：An empirical investigation"，*Review of International Organizations*，15（4），793–816.

境的特惠贸易协定中的社会标准是维持和支持发达国家贸易自由化的重要制度机制。全球北方国家的民众认可贸易协定中的劳工和环境条款，并可能支持包括此类保护的自由贸易协定。

双边主义是全球贸易体系的既成事实，将社会标准纳入临时贸易协定将对当前经济秩序的稳定和合法性产生强有力的积极影响。结合原始数据和皮尤全球态度调查数据的有序概率单位回归发现，发达国家的社会标准在平衡经济开放和社会关切方面较为有效。因此，这些国家的政治领导人和贸易谈判可借此增加对自由贸易的支持。社会标准可以先发制人以应对社会混乱，同时也安抚关心自由贸易道德方面的公平贸易者。调查证据还表明，发展中国家的个人将这些规定视为变相削弱其竞争优势的保护主义准则，这与这些国家的政策精英在多边贸易层面上看待这些标准的方式相同。考虑到双边主义是全球贸易体系的既成事实，将社会标准纳入临时贸易协定可对当前经济秩序的稳定和合法性产生强有力的积极影响，但前提是发展中国家的成员必须充分了解其积极影响。寻求发达国家和发展中国家公民之间关于公平贸易的共同语言，是试图从新重商主义攻击中拯救自由贸易的决策者们的首要任务。这种合作和共识的建立将有助于促进全球贸易的可持续发展，促进全球经济的繁荣。应确保在实施这种合作时，注重平衡各方的需求和利益，社会标准的纳入不应成为贸易障碍，而是促进世界贸易的公平和可持续发展。

（三）标准与国际贸易法分析

国际贸易法中的标准急需明确。研究认为，国际标准通过世界贸易组织的认可而具有约束力[1]。通过对《WTO技术性贸易壁垒协定》和《实施卫生与植物卫生措施协定》中所确立推定制度的分析可以发现，国际标准实际上被用作贸易保护的天花板而非贸易基石，从而违背了其原有精神。这些国际标准代表正式编纂和商定的标准，用于采取最少的贸易限制措施，是监管制度和贸易诉讼机制之间最低程度的妥协。因此，世界贸易组织体制内国际标准的性质在一定程度上被扭曲。对世界贸易组织不成文惯例的研究同样认为需要明确的法律标准[2]。世界贸易组织中涉及不成文惯例挑战的争端有所增加，阿根廷贸易政策成为该国不成文

---

[1] Fontanelli F, 2011："ISO and codex standards and international trade law：What gets said is not what's heard", *International and Comparative Law Quarterly*, 60（4），895-932.

[2] Valles C, Pogoretskyy V, Yanguas T, 2019："Challenging unwritten measures in the World Trade Organization：The need for clear legal standards", *Journal of International Economic Law*, 22（3），459-482.

进口措施的成功挑战。不成文惯例面临诸多挑战且这种趋势还会继续，但对一项不成文惯例提出索赔并非易事。这些措施没有体现在任何法律、行政法规和司法决定中。因此，它们的存在和准确的内涵并不确定，必须用证据加以证明，而这些证据未必是现成的。不成文惯例的不确定性使申诉人、被申诉人和世界贸易组织裁决人的争端解决过程更加复杂。在质疑、辩护和裁决不成文惯例方面存在困难，关于这一问题的研究也相对较少。研究进一步讨论了可作为不成文惯例提出疑问的贸易关切类型，以及在世界贸易组织中用来质疑这些贸易关切的不同法律特征或分析工具。鉴于确定如何最好地推进、辩护和裁决针对不成文惯例的索赔的重要性，该研究回顾了可被定性为不成文惯例的贸易关切类型。学者们还讨论了与挑战性书面措施相比在挑战不成文惯例方面做法的异同，对此类问题的不同法律分类，即对一般和预期适用的规则或规范、持续行为、总体措施或仅仅是作为或不作为的索赔进行详细说明，并解释这些法律分类如何可以用来应对不同类型的不成文惯例，包括为此目的所需的证据类型。研究旨在提供明确的路线图，说明如何应对不成文惯例议题挑战并捍卫不成文惯例。

瓦莱斯等（Valles et al, 2019）进一步探讨了在对不成文惯例提出挑战时遇到的实际困难以及如何克服这些困难。学者们认为，在对不同类型的不成文惯例提出疑问时必须适用的正确法律标准缺乏明确性，在澄清适用的法律标准和证明存在不成文惯例所需证据类型方面仍需推进。根据对所有涉及不成文惯例的争端的详细审查，依然缺乏明确的法律标准，在对不同类型的不成文惯例提出疑问时必须适用这些标准。一方是对通常和预期适用的规则或规范提出疑问的法律标准，另一方是对正在进行的行为提出疑问的法律标准，这二者之间的分界线并不清楚。在美国《反倾销法》中，上诉机构澄清了预期适用的要求并不意味着申诉人必须证明未来适用的确定性，因为每项措施都可能在未来被撤回或修改。但这种澄清模糊了这两种分析工具之间的区别。在上诉机构评估阿根廷进口措施对日本进口措施挑战有关贸易要求（Trade-Related Requirements，TRR）之后，总体措施和本身索赔之间的区别并不清楚。这些法律标准之间缺乏明确区分，可能是许多申诉人就同一不成文惯例提出替代性申诉的原因。如果要继续这种挑战不成文惯例的趋势，就必须更加明确地规定在应对不同类型不成文惯例的挑战时必须适用的法律标准。专家组还需要更清楚地了解哪些证据可证明存在不成文惯例。申诉人、被申诉人和世界贸易组织的裁决者在确定如何以最佳方式对涉及不成文惯例的争端提出疑问、进行辩护和做出裁决方面，依然需要做出努力。

全球化使企业和法律提供者的关系日益密切。企业家在律师协助下可完成复杂的国际交易或建立跨国关联公司网络。这一做法能够隔离风险，促进本地业务交易，并调整本地化的所有权结构。但这些全球化活动也会促进诸如国际司法管辖区购物、洗钱、逃税，甚至为恐怖主义提供资金等违法活动，由此产生的挑战削弱了各方在国际市场上竞争和追求道德行为的能力。学者们研究了国际商业和法律伦理标准的框架①，拓展了基于国际商业和法律伦理的分析框架，并关注全球化如何影响商业伦理和法律伦理，以及国家利益在形成适用的道德和法律标准方面所起的特殊作用等②。

有学者从将劳工标准纳入全球贸易法的视角出发，研究欧盟—韩国自由贸易协定中的劳工标准③。欧盟在与伙伴国家的自由贸易协定中包含关于劳工权利的条款，其中一项劳工条款被添加到欧盟和韩国之间的自由贸易协定中。该研究将该劳工条款视为欧盟将劳工权利纳入国际贸易法的一种尝试。学者研究认为，劳工条款确实包含一些创新的特征，这些特征巩固了劳动法在国际贸易协议中的地位。然而，该劳工条款仍然侧重于政治合作和努力界定国家可执行的法律义务。原因在于，该条款第一部分的例外情况、劳动权利义务的模糊性以及缺乏强制执行机制。此外，有学者基于利用贸易法进行治理改革，研究《WTO技术性贸易壁垒协定》对私有标准制定的影响④。私有产品标准是私法的产物，但以各种方式受到国际贸易法的影响。该研究探讨世界贸易组织法律，尤其是《WTO技术性贸易壁垒协定》对私有标准制定机构治理的影响。学者概述世界贸易组织法律适用于私有标准机构的方式，并考察根据《WTO技术性贸易壁垒协定》对这些机构的措施提出疑问的程序途径，分析

---

① Gaughan P H, Javalgi R R G, 2018: "A framework for analyzing international business and legal ethical standards", *Business Horizons*, 61 (6), 813-822.

② 国内研究认为，技术标准许可贸易已成为全球多边贸易的关键组成元素。来自单边的技术标准定价规则易引发诉讼，因此，马—德 (2019) 提出应建立标准必要专利许可费由市场定价的规则。李伯轩 (2020) 认为世界贸易组织法律制度对产品标准趋同产生了抑制效应，中国（作为出口大国）面临被动接受进口国产品标准的不利局面。

③ Gruni G, 2017: "Labor Standards in the EU-South Korea Free Trade Agreement Pushing Labor Standards into Global Trade Law?", *Korean Journal of International and Comparative Law*, 5 (1), 100-121.

④ Mataija M, 2019: "Leveraging trade law for governance reform: The impact of the WTO Agreement on Technical Barriers to Trade on private standard-setting", *European Review of Private Law*, 27 (2), 293-317.

《WTO技术性贸易壁垒协定》对标准机构治理最大的潜在影响。研究认为，世界贸易组织法律对私有标准制定机构的治理产生的有意义影响难以在直接执行中找到，间接机制可能会更有成效。其中包括在公法增选标准或司法化标准的情况下，依赖国家对私有标准机构的影响；为《WTO技术性贸易壁垒协定》国际标准规则提供的激励措施；通过标准机构的自愿接受、私法裁决甚至私人执法来利用《WTO技术性贸易壁垒协定》规则。

（四）标准与《WTO技术性贸易壁垒协定》分析

日益增长的农业贸易提高了对农产品安全的关注，因为食品供应链相互连接日益密切，疾病和病菌跨境传播的风险陡增，对农药、食品添加剂或药品残留的严格要求的质疑也不断增加。这些风险会影响到依赖畜牧业的农户生计，可能对国内和国际市场产生破坏性影响，并要求有关方采取贸易政策措施，在不施加不必要贸易限制的情况下解决食品安全问题。希望参与动物产品贸易的国家采用《实施卫生与植物卫生措施协定》和《WTO技术性贸易壁垒协定》以维护动物和人类健康及环境，这些措施在全球范围内受世界贸易组织确立的基本规则或行为准则的指导。

《WTO技术性贸易壁垒协定》旨在确保标准和技术法规不会对国际贸易造成不必要的障碍。该协定第2.4条要求各成员国使用相关国际标准作为其技术法规的基础。在涉及进口限制的国家技术法规受到专家组或上诉机构质疑的情况下，被告一方如果可证明其按照国际标准采纳了这些协定，则将享有遵守世界贸易组织的可反驳推定。此外，如果一国认为有关国际标准对追求某种合法目标无效或不适当，该国在采取技术性贸易壁垒措施时可能会偏离这些标准，并选择适当的保护级别。但如果索赔一方能够证明被告所无视的标准事实上有效且适当，则其对这种偏离的质疑将是成功的。《WTO技术性贸易壁垒协定》须符合非歧视和最低限制的基本原则，《实施卫生与植物卫生措施协定》在于调和自由贸易与食品安全机制扩散之间形成的紧张关系[1]。

贸易协定和贸易措施是被认为有利于贸易的政策工具，提供成员之间某种程度的协调。学者们基于对贸易和卫生与植物检疫标准的演变讨

---

① Fontanelli F，2011："ISO and codex standards and international trade law：What gets said is not what's heard"，*International and Comparative Law Quarterly*，60（4），895-932.

论贸易协定的作用①，研究分析了农业食品贸易和《实施卫生与植物卫生措施协定》在参与协定的国家内的演变过程。学者们通过设计非连续的回归方法，考察协定批准是否影响贸易和SPS措施的演变，并量化SPS措施的贸易效应。研究还提供了在协定出台前后以及最受监管的农产品之间相关效应的差异。研究结果表明，贸易协定倾向于增加贸易，减少成员之间摩擦的政策措施。涉及不同地理经济领域的贸易协定之间存在监管不平等，在协定批准后，SPS措施的存在和重要性在发展中国家之间变得相关，而SPS措施在发达国家和发展中国家之间的普遍性则变得不那么严格。研究还发现，贸易协定和贸易措施仅在总水平上加强贸易。针对特定产品的分析表明，谷物是唯一受益于贸易协定和《实施卫生与植物卫生措施协定》共同影响的部门②。在协定内统一SPS措施可增强贸易监管的确定性，进而有利于避免对贸易成员造成扭曲。

在适用《WTO技术性贸易壁垒协定》时，被质疑的文书应归类为技术法规还是标准是面临的首要问题。根据相关条约语言，这两项文书都可以设定产品特性，如标记或标签要求，区别在于是否必须遵守。这句话的含义在墨西哥诉美国金枪鱼Ⅱ案（DS381）中受到质疑，最终以有利于墨西哥的方式解决了这一问题。有专家小组持不同意见，即将海豚安全标签计划归类为自愿标准，其依据是明确的测试结果。然而，多数专家组和上诉机构倾向于采用更灵活、更不可预测的方法，将该措施归类为强制性技术法规。由此，学者研究了《WTO技术性贸易壁垒协定》下的技术法规和标准③。该研究质疑《WTO技术性贸易壁垒协定》涉及的技术法规和标准是具有灵活性和有益发挥积极作用的领域，还是更倾向于清晰和可预测性的领域。学者的这种考虑在判例法和学术辩论中较少出现。研究认为，如果技术性贸易壁垒在适用的实质性义务及其执行方式方面对技术法规和标准采取了不同做法，那么对有争议的措施进行分类就具有重要意义。

贸易自由化辩论中的技术壁垒，指通过调整和适用不同的标准、技术法规、认证程序和检查制度，阻碍商品和服务自由贸易的贸易要素。

---

① Gaetano Santeramo F，Guerrieri V，Lamonaca E，2019："On the evolution of trade and Sanitary and Phytosanitary Standards：The role of trade agreements"，*Agriculture-Basel*，9（1），44-60.

② 王婉如（2018）研究认为，如果贸易国之间技术标准的差距较小，则降低技术标准壁垒有益于增加中国的对外贸易规模。

③ Davies A，2014："Technical regulations and standards under the WTO Agreement on Technical Barriers to Trade"，*Legal Issues of Economic Integration*，41（1），37-63.

从行业角度来看，标准具有双重含义：标准可以提高经济活动的有效性，有助于占领市场；然而，这一起初备受关注的标准也会成为后发参与者需要克服的技术壁垒和自由贸易体系的障碍。特别是，韩国企业对标准和技术法规作为技术壁垒的作用持何种观点并不清晰。针对这一问题，有学者研究了中小企业对标准作为技术性贸易壁垒的认识及韩国标准化政策方向①。该研究旨在以韩国中小企业为研究对象，考察标准作为贸易壁垒的认可程度，中小企业是否认可标准作为市场占有率的衡量标准，以及如何提高中小企业对标准的认可。基于文献资料，研究涵盖技术壁垒的概念和趋势，同时考察标准和国际标准化活动的概念。通过对151家韩国中小企业的调查，实证检验了韩国企业对于标准作为贸易壁垒的认识和利用情况，以及对提高这种认识的支持系统的满意度。学者就韩国中小企业如何提高对标准作为贸易壁垒的认识以及作为标准制定者的职能提出了政策方向。与此同时，基于对全球价值链的关注，有学者研究了技术性贸易壁垒和卫生与植物卫生标准对韩国出口的影响②。该研究考察了卫生与植物卫生标准和技术性贸易壁垒对韩国出口的影响，并考虑全球价值链参与。利用2000年至2014年的产品进口数据，该研究发现进口国的两类措施对韩国出口的异质性影响取决于韩国不同行业参与全球价值链的程度和地位。研究结果表明，对于全球价值链参与程度较高的行业而言，两类措施的贸易限制效应较小。对于处于全球价值链相对上游生产阶段的行业，这两类措施的贸易限制效应更大。

《WTO技术性贸易壁垒协定》要求各国政府使用国际标准作为监管的基础，但在标准的选择和使用方式方面仍有一定的灵活性。义务和灵活性之间的这种相互作用在世界贸易组织的各个专家论坛上引起关注，包括委员会工作、谈判和争端解决领域。学者们基于国际标准和《WTO技术性贸易壁垒协定》，研究如何改善监管治理③。该研究将世界贸易组织有关工作的这三个不同方面结合在一起，以说明国际标准辩论的核心议题。在其分析框架中，学者们概述了《WTO技术性贸易壁垒协定》本身的学科性质；描述在世界贸易组织中进行相关讨论的场所和方式；并

---

① Kim Y, 2008: "The recognition of SMEs to standard as technical barriers to trade and the standardization policy direction", *Korea Trade Review*, 33 (5), 1–23.

② Eum J, 2021: "Effects of Technical Barriers to Trade (TBT) and Sanitary and Phytosanitary Standards (SPS) on Korean exports: Focusing on global value chain", *Korea Trade Review*, 46 (6), 1–19.

③ Wijkstroem E, McDaniels D, 2013: "Improving regulatory governance: International standards and the WTO TBT Agreement", *Journal of World Trade*, 47 (5), 1013–1046.

探讨国际标准在何种情况下有助于监管趋同，及其面临的挑战。研究建议，可以通过重新关注国际标准化机构使用的程序和更加强调标准本身强大的技术或科学基础，从而促进更大程度的监管趋同。同时，在《WTO技术性贸易壁垒协定》中，标准是规定产品和生产特性的自愿文件，其合规性是区别于强制性技术法规的关键法律要素。然而，标准缺乏足够明确的定义，导致监管不确定性。有学者研究了《关贸总协定》/《WTO技术性贸易壁垒协定》中标准的起源、演变和适用[①]，从发展的角度考虑标准的概念，考察在《关贸总协定》/《WTO技术性贸易壁垒协定》谈判期间其含义的文本演变。主要调查结果表明，自《关贸总协定》草案首次纳入该术语以来，该术语在整个谈判过程中，特别是在东京回合期间欧洲经委会/国际标准化组织的协调过程中，得到了实质性修改。也有一致的证据表明，该概念已发展为《WTO技术性贸易壁垒协定》中的特定内容，尽管其逐渐偏离技术法规的概念。

世界贸易组织体系下的国际标准超越行业标准的功能，承担社会基础设施的功能和争夺贸易霸权的工具，新贸易方的要求正在成为《WTO技术性贸易壁垒协定》中与标签相关的争端。贸易的基础源自国家或偏远地区之间的不平衡，不仅在贸易中如此，在普通商业中也是如此，造成这种不平衡的原因是生产要素的不平衡。在传统的生产要素中，使用土地、劳动力和资本、环境等新元素也被添加进来。作为有效商品贸易的技术基石，标准正将其影响力扩大到社会基础设施领域，摆脱确保工业产品质量一致性或统一性的辅助角色。学者研究了世界贸易组织技术性贸易壁垒体系中与贸易方有关的标准保障[②]，认为贸易受双方标签标准的影响。作为重要举措之一，标准专利成为各国争夺经济霸权的有用工具，也是支持新兴超级互联社会的信息和通信产品的生产和质量指南，并通过新的贸易标准指导贸易形式。新的利益相关者要求私营部门和消费主体在制定新标准的过程中发挥作用，并切实履行这一责任。因此，各类标准的作用可以被归入交易目标产品、促进或减少贸易交易的主题范畴。

出于解决非关税贸易壁垒问题，肯尼迪回合后开始讨论国际标准。国际标准的内容开始与东京回合《标准守则》中的《WTO技术性贸易壁

---

① Kim M, 2018: "The 'standard' in the GATT/WTO TBT agreements: Origin, evolution and application", *Journal of World Trade*, 52 (5), 765-788.

② Joung J, 2020: "A study on securing standards with trade parties in the WTO TBT system", *The Journal of Korea Research Society for Customs*, 21 (4), 179-202.

垒协定》相似（Kyungwoo，2019）。随着《实施卫生与植物卫生措施协定》与《WTO技术性贸易壁垒协定》共同在乌拉圭回合签订，国际标准的范围扩大，并开始在《服务贸易总协定》（*General Agreement on Trade in Services，GATS*）、《装运前检验协议》和《政府采购协议》中加以规定。《世界贸易组织协定》中有关国际标准的规定主要在有关非关税贸易壁垒的规则中加以表述，其中《WTO技术性贸易壁垒协定》可被视为有关国际标准的最基本协定。在与《WTO技术性贸易壁垒协定》有关的案件中，欧共体沙丁鱼案和墨西哥诉美国金枪鱼Ⅱ案对国际标准进行了不同定义。

为了解释《WTO技术性贸易壁垒协定》第2.4条和第2.5条，需要进一步澄清国际标准的定义。学者基于历史视角，研究《WTO技术性贸易壁垒协定》与国际标准的定义。关于国际标准含义的讨论最早于1970年11月进行。当时各方已经讨论了标准一词的定义，并开始对国际标准一词的定义产生兴趣。起草者试图通过标准制定组织的性质来理解国际标准一词的含义。1971年12月的"罗杰斯草案"首次引入国际标准的定义。在东京回合中，出现如何将草案中的国际标准定义与欧洲经济委员会术语中的国际标准定义相协调的问题。1975年9月，来自芬兰的贝格霍尔姆（Bergholm）报告了欧洲经济委员会／国际标准化组织定义的适用性。1976年11月，贝格霍尔姆提出可以从定义列表中删除的术语，如国际标准、标准化机构、国际标准化机构和区域标准化机构等。贝格霍尔姆认为，可以从定义清单中删除的术语应根据《维也纳条约法公约》进行解释，并且这些术语的一般含义在大多数情况下与欧洲经委会／国际标准化组织的定义相同。这些可以删除的条款可以被视为从《WTO技术性贸易壁垒协定》中删除国际标准定义的起点。然而，在东京回合《标准守则》中，贝格霍尔姆可删除国际标准定义的论点没有得到反映。世界贸易组织成员表示，《WTO技术性贸易壁垒协定》中有关国际标准的条款在消除非关税贸易壁垒、消除国际贸易不必要的障碍和促进贸易方面发挥了作用。《乌拉圭回合多边贸易谈判成果最后文件》提出，敦促缔约方政府在广泛的贸易领域中最大限度地采用国际标准。

（五）标准一致化的实施方案分析

世界贸易组织的协定鼓励但不要求成员国使用国际标准。使用国际标准能够有效地改善发展中国家的市场准入机会。尽管自愿性标准在世界贸易组织协定中的地位并没有明确，相关研究结果突出自愿性标准的重要性。现有协定主要适用于强制性标准，无论自愿性标准是否实现一致化，均将对国际贸易产生重大影响。因此，需要在政策层面开展进一步工作以应对自愿性标准的贸易影响。值得注意的一项补充政策是产品标准的国际一致化（Shepherd，2015）。该研究为两个重要命题提供了实证支持，即人均收入水平较低的出口国，标准对外国出口企业的负面影响更大；这些负面影响可通过进口国采用与国际标准一致的标准来减轻。在政策方面，应充分考虑国际标准一致化在世界贸易体系中发挥的作用。

出口多元化是许多发展中国家面临的重要政策选择。通过将品种增长和多元化等同起来，能够证明国际标准一致化可成为发达国家进口市场帮助支持发展中国家出口多元化的一种方式，也突出了贸易便利化等政策的重要性。研究的政策含义包括：第一，强制性标准和自愿性标准均会对世界贸易产生影响，因为这些标准改变了生产成本，无论是法律上还是事实上。第二，标准的国际差异会增加成本，从而限制贸易。但标准的差异可能是对不同国情和偏好的合理反映。第三，标准一致化是消除标准国际差异的有效方式之一。标准一致化对所在区域内的出口企业有利，在某些情况下对其他区域的出口企业也有利。但如果标准一致化会导致相关方遵循过于昂贵的标准，则一致化并不总是有益。第四，确保区域标准一致的方法之一是使区域标准与国际标准一致化，如欧盟采取的与国际标准化组织发布的标准一致化的协调方案。第五，对于欧盟以外的国家而言，与不符合ISO系列国际标准的特定标准相比，与ISO系列国际标准保持一致的欧盟标准对贸易的限制作用要小。这些影响对发展中国家尤其重要，因为在发展中国家，标准引起的竞争力劣势可能成为出口的严重障碍。第六，除了促进贸易的集约边际之外，标准一致化还会在特定情况下促进贸易的广延边际。这一发现对发展中国家具有重要意义，因为这意味着与国际标准保持一致会促进发展中国家实现出口多元化。产品标准及其贸易效应领域实证工作的主要障碍在于可用数据有限。虽然世界银行欧盟标准数据库提供了有关纺织品、服装和鞋类部门的信息，但有必要从地域和部门两个维度加以拓展。基于扩大的数据基础开展工作，可以考察国际标准一致化是否能够影响区域出口多样化，这是贸易广延边际增长的一个重要领域。

学者们研究了亚美尼亚的深层次贸易政策选择，考察贸易便利化、服务和标准自由化的重要性[①]。该研究针对亚美尼亚建立包含21部门的

---

① Jensen J，Tarr D，2012："Deep trade policy options for Armenia: The importance of trade facilitation, services and standards liberalization", *Economics-The Open Access Open-Assessment E-Journal*，6，20120001.

可计算一般均衡模型，以评估亚美尼亚与欧盟签订的《深入全面的自由贸易协定》以及进一步的区域或多边贸易政策承诺对亚美尼亚的影响。研究发现，《深入全面的自由贸易协定》将有助于欧盟给亚美尼亚带来实质性收益，但该收益来自协定的深层次方面。学者们预测，与独立国家联合体（Commonwealth of Independent States，CIS）签订服务协定只会带来很小的收益，但通过多边方式扩大服务自由化会带来显著收益。在研究设定的情景下，研究结果发现亚美尼亚仅会从优惠减少与独联体国家的服务壁垒中获得很小的收益。与欧盟实现区域自由化带来的收益要更大，因为与大型工业化国家开展的贸易和外国直接投资相关的技术扩散量更大。研究模型中，这反映为品种数量的相对大幅增加。商品和服务的非歧视性自由化所产生的收益将是单独与欧盟进行商品和服务优惠自由化的三倍左右。可拓展的研究方向包括有效地审查《深入全面的自由贸易协定》产生的分配和贫困后果。也有学者将类似模式应用于世界其他地区，如关于俄罗斯加入世界贸易组织的案例分析。学者们认为，与欧盟达成合作意向仅注重货物优惠关税自由化的浅层次协定，可能会给亚美尼亚带来较小的损失，因为世界其他地区制造产品的各种技术损失造成生产力损失。从长远来看，投资环境的改善能够带来更多收益。贸易便利化和降低边境成本、服务自由化和标准协调是亚美尼亚参与自由贸易协定主要的收益来源。

在公共政策辩论的背景下，影响企业偏好的层面特征会影响到《跨大西洋贸易与投资伙伴关系协定》内实现标准一致化的替代方案。备选方案包括实施共同标准、在国际或双边范围内制定标准，以及相互承认标准。学者们研究了标准在欧美贸易协定政策议题中[①]的作用。实证分析则基于德国标准化的面板数据。研究确定了三个维度，考察企业面对各种标准一致化解决方案的选择行为，包括：第一，具体因素，如规模、行业和实施标准的动机；第二，竞争环境，即相对于其他市场参与者的地位；第三，技术环境，即企业经营所处的动态市场。研究旨在探讨层面的特征，这些特征影响实施统一国际或双边标准的偏好，而非在跨大西洋贸易与投资伙伴关系框架内相互承认现有标准。研究发现，对适用于所有企业的潜在协调解决方案的实用性的平均评估通常为无效。德国的偏好因其企业特点而异，而特定群体的强烈意见推动了整体局势。平均而言，美国和欧洲财务报告准则采用国际标准是德国企业的最佳选择。

---

① Blind K，Mueller J，2019："The role of standards in the policy debate on the EU-US trade agreement"，*Journal of Policy Modeling*，41（1），21-38.

这与理论模型的观点一致①，即当两国之间的成本差异较低时，协调标准的优势较高。尤其是那些认为美国标准是出口的主要障碍的大企业和服务业企业，更有可能投票赞成国际标准。这种选择也适用于那些从广泛实施标准中获益的企业，这些标准的形式包括更容易的市场准入、技术互操作性、生产率的提高和成本的降低。相反，这种好处不能通过相互承认现有标准而产生。

对国际标准的偏好与德国公众强烈反对《跨大西洋贸易与投资伙伴关系协定》以及其他欧盟国家的企业一致，因为由于美国企业的强势地位，通过承认要求较低的美国标准或通过制定更接近美国偏好的共同标准来降低国家标准的威胁下降。相互承认的主要驱动力之一是中高技术行业存在成熟的欧洲标准。欧洲标准的应用与竞争优势的实现相关，为理论模型提供了进一步的支持②。此外，参与非正式财团的企业可能会提倡这一选择，因为他们认为接受现有标准会更快地整合市场。尽管德国和欧洲的公众代表普遍认为实行相互承认几乎不可行。但民主党的受访者对这些益处的期望很高，这反映出相关人士均认为相互承认是次优解决方案。值得注意的是，从事标准化工作的德国企业并不认为美国标准的认可程度会下降，因为美国单个州仍有可能实施额外的进口要求和具体标准。

平均而言，调查对象通常拒绝制定特别的欧盟—美国标准，特别是中高技术行业中企业的负面评价，这些企业更倾向于采用现有的区域和国际标准③。因此，基于双边谈判构成一种结合正式和非正式进程优势的快速协调的替代方式，依赖非正式联合体中快速决策的企业更有可能投票赞成这一选择。双边贸易谈判还提高了标准的质量，为申请人提供相对优势与全球竞争对手竞争。与此同时，欧盟—美国的特定标准有助于从各国的共同性中获得成本削减和生产力提高方面的益处。选择特定的欧盟—美国标准，可能与优先采用国际标准无关。统一具体国家的非关税制度不能成为国际谈判的一部分，但它们可在双边协定的范围内加以考虑。因此，如果标准并非唯一的贸易壁垒，该做法会成为有利选择。双边谈判的结果是国际标准与相互承认标准的混合解决方案，二者结合

① Lutz S，Pezzino M，2012："International strategic choice of minimum quality standards and welfare"，*Journal of Common Market Studies*，50（4），594-613.

② Lutz S，Pezzino M，2012："International strategic choice of minimum quality standards and welfare"，*Journal of Common Market Studies*，50（4），594-613.

③ Blind K，Mueller J，2019："The role of standards in the policy debate on the EU-US trade agreement"，*Journal of Policy Modeling*，41（1），21-38.

两种解决方案的优势。混合解决方案在经济理论上并未得到较多关注，更多出现在《跨大西洋贸易与投资伙伴关系协定》有关的公开辩论中。

研究结果表明，为了消除因特殊国家标准而产生的贸易壁垒，并不存在适用于一切场合的解决方案。每一种选择都服务于特定目标，对特定类型的企业具有成本或效率优势，而对其他企业的效应则相反。研究确定了影响企业对各种协调解决方案偏好的三个维度的决定因素，即①企业的特定因素，如规模、行业和应用标准的动机；②竞争环境，即企业的市场地位；③技术环境，即企业经营所在市场的动态。在《跨大西洋贸易与投资伙伴关系协定》框架内统一标准应允许谨慎选择适当方法，并结合具体领域做出不同选择。出于这一目的，各方应设法确定、制定和促进有关标准、技术法规和技术规范的贸易便利化举措，以及符合性评估程序。除了针对特定行业的问题外，还涉及受《跨大西洋贸易与投资伙伴关系协定》影响最大的竞争和技术环境方面的差异[1]，以及公共辩论中反对者的关注。[2]

学者们研究了贸易协定和标准的深层次协调[3]，考察当各国内生决定标准和关税时，自由贸易协定和关税同盟如何影响多边贸易协定。研究发现，提高标准降低了交易商品的负消费外部性，但增加了企业成本。标准协调的深度自由贸易协定可能是多边自由贸易与最大化世界福利的国际标准的绊脚石，而标准的深度关税同盟则构成贸易发展的基石。作

---

① Chan A T, Crawford B K, 2017: "The puzzle of public opposition to TTIP in Germany", *Business and Politics*, 19（4），683-708.

② 国内学者研究认为，在新一轮高标准改革开放进程中，中国（上海）自由贸易试验区成为理想的试点。该试验区可以作为自由贸易园区，也可以成为高标准自由贸易区以应对《跨太平洋战略经济伙伴协定》(TPP)、《跨大西洋贸易与投资伙伴关系协定》。张燕生（2013）认为，定位不同，中国（上海）自由贸易试验区先行先试的重点也有所不同。杨丽娟（2015）研究发现，国家标准量的平稳增长和国家标准体系的逐步完善能够为繁荣丝绸之路经济带贸易、实现对外贸易与生态环境的共生发展提供技术支撑和实践指导。通过积极建设国家标准化体系，丝绸之路经济带沿线各国可以在国际、区域和国家层面就技术标准的制定和实施开展多层次交流合作，推动丝绸之路上的贸易便利化，实现生产导向贸易发展。高振等（2019，2020）的系列研究提出，中国应基于标准合作和标准协同，积极促进"一带一路"上的农机贸易发展和农业产能合作。具体实施方案可以包括：推动互相认可农业标准；与"一带一路"国家在农业标准领域开展对标分析和标准比对研究；翻译农业相关外文标准；建立标准协同合作平台；协助"一带一路"国家开展农业标准化建设；对中国农业标准进行海外推广示范；提升农业标准领域的国际一致性水平等。杨丽娟等（2021）发现，标准一致化促进了中国与"一带一路"国家的农产品贸易。Yang and Du（2023）、Yang（2022）进一步研究认为，该效应具有明显的异质性。

③ Kawabata Y, Takarada Y, 2021: "Deep trade agreements and harmonization of standards", *Southern Economic Journal*, 88（1），118-143.

为扩展分析，学者们还考虑了企业生产成本的不对称性，以及国家间负外部性和跨界外部性的意识。与此同时，学者们研究了俄罗斯供应链管理标准与欧盟要求的标准协调进程①。该研究考察俄罗斯联邦供应链管理标准与欧洲标准的协调问题，旨在确认国际贸易量的增长直接取决于适当物流设施的可用性及其管理的假设。学者们基于实证分析结果支持了假设，即对外贸易量直接取决于俄罗斯联邦供应链管理标准是否符合国际要求。该研究就俄罗斯联邦供应链管理标准协调提出若干建议。这些措施包括通过使用信息技术和共享数据库简化清关程序，提高业务透明度和效率等。

技术标准的统一往往被提倡作为消除技术壁垒的手段之一，这种壁垒会减少国际贸易带来的福利收益。有机标准目前在国际上尚未统一。学者们研究了消费者偏好与有机标准的国际协调。如果国内有机标准反映了消费者的口味喜好，且消费者对这些标准有强烈的偏好，那么统一到一个共同的标准会减少消费者从有机产品中获得的好处。通过消费者调查，联合分析用于探讨美国、英国和加拿大消费者对有机食品的偏好，结果表明，这三个国家的消费者对现行的国家有机标准没有强烈的意愿，国际协调可能是合理的食品政策目标。由于标准的应用，经济效率的提高为生产者和消费者都带来经济利益。因此，各组织须意识到标准给其运营带来的益处。学者们研究组织规模是否在标准和标准化实践中发挥重要作用②，讨论组织在正式标准化过程中可以实现的标准化效果的具体类别，目标是根据组织参与正式标准化所能获得的效果，按规模对组织进行排名。从塞尔维亚标准化研究所的专家调查中收集的数据，构成该研究对微型、小型、中型和大型组织的标准化指标进行多维度分析的基础。使用偏好顺序结构法与交互辅助几何分析法对不同规模组织的标准化效果进行最终排名。分析表明，微型组织表现最好，因为它们比其他规模的组织更灵活。相比之下，其他类型的组织对所有标准的显著偏好较低。所有观察到的组织都有可能实现标准化的效果，尽管方式有所不同。

共同农业政策是欧盟法律遗产中最具活力的部分，也是一体化的驱

---

① Shestak V, Konstantinov V, Govorov V, et al, 2021: "Harmonization of Russian supply chain management standards with EU requirements", *Regional Science Policy and Practice*, 1 (1), 1-19.

② Rakić A, Milošević I, Filipović J, 2021: "Standards and standardization practices: Does organization size matter?", *Engineering Management Journal*, 56 (8), 1-11.

动力。农业部门在欧盟整体经济中的作用和意义是确保人口健康、农村发展和环境保护。农业政策之所以出现，是因为长期以来一直在讨论西欧国家的国家农业政策需要相互协调，以确保第二次世界大战后向欧洲人口提供更多的粮食。学者们研究了对塞尔维亚农业政策与欧盟标准协调化进程的担忧①。由于农业对经济稳定和可持续发展的特殊重要性，协调国家政策与欧盟共同农业政策至关重要。在一国加入欧盟过程中采用和适用的法律和体制安排中，必须充分尊重国家农业的特殊性，否则，将对那些无法满足欧盟要求的国家农业综合企业产生深远影响。该研究采用分析和比较的方法讨论欧盟在这一领域的标准、塞尔维亚农业政策与欧盟标准的协调程度，特别强调共同农业政策谈判文书中第11章以及加入欧盟过程中的体制和立法限制。

学者们从多边主义与区域主义视角出发，研究标准政策与国际贸易②。该研究构建了国内标准政策协调模型，分析了国内标准政策是否能够在国民待遇原则下带来区域和多边标准协调。学者们重点关注影响最终产品特性的强制性产品和工艺标准，以控制负的消费外部性，如车辆排放控制和安全标准、农产品农药使用限制和电气产品安全标准。只有符合一国国家标准的产品才允许在该国市场流通。提高标准减少了贸易商品消费造成的负外部性，但增加了企业成本。该研究提出使用核心这一概念作为解决方案。如果任意标准体系没有受到国家内部任何联盟的阻碍，则它被认为是核心。研究主要的发现是，只有当外部性是局部的或略微跨界时，有利于最大化世界福利且包含标准的多边协议才构成核心，否则，只有一项关于标准的区域协议才可能成为核心。作为扩展分析，该研究还考虑了公司数量、市场规模的非对称性，不同标准的固定成本以及关于不同标准的多边协议。

有学者基于遵守《巴塞尔协议Ⅲ》，研究合规力量、国内政策流程和国际监管标准③。研究表明，遵守国际银行监管标准的过程可分为三个阶段，即国际层面的政策制定阶段、国际和国内层面之间的解释阶段，最

---

① Sekulic N M, Zivadinovic J, Dimitrijevic L, 2018: "Concerns about hamonization process of Serbian agricultural policy with EU standards", *Ekonomika Poljoprivreda-Economics of Agriculture*, 65（4）, 1627–1639.

② Takarada Y, Kawabata Y, Yanase A, et al, 2020: "Standards policy and international trade: Multilateralism versus regionalism", *Journal of Public Economic Theory*, 22（5）, 1420–1441.

③ Coban M K, 2020: "Compliance forces, domestic policy process, and international regula-tory standards: Compliance with Basel III", *Business and Politics*, 22（1）, 161–195.

后是国内政策制定和实施阶段。该研究有助于理解发展中国家将如何以及为什么遵守国际银行监管标准（如《巴塞尔协议Ⅲ》中的《流动性风险计量标准与监测的国际框架》）。学者论证了公共政策制定的跨国化所构成的机会结构与国内制度环境之间的相互作用，以及合规力量如何在国内合规政治中产生共鸣。实证结果则基于土耳其遵守《巴塞尔协议Ⅲ》的实际情况，相关实地调查包括与高级监管机构和银行家的半结构化定性访谈，并辅之以二手数据分析。研究结果发现，有能力和意愿的监管者可以利用自上而下的决策风格，这种风格会限制被监管者参与国际谈判的机会，并在国内层面设定条款。直接参与国际谈判、有利于监管机构的资源不对称以及卓越的谈判知识有助于监管机构安抚持怀疑态度的关键监管机构，并推动合规过程。

（六）劳工标准与自由贸易协定中劳工条款分析

核心劳工标准最早出现在经合组织1996年发布的报告《贸易、就业和劳工标准》（*Trade、Employment and Labour Standards*）中。经合组织集中从五个领域对核心劳工标准进行解释，包括消除就业歧视、结社自由、组织和集体谈判权、消除剥削童工、废除强迫劳动。这一解释与国际劳工组织（International Labour Organization，ILO）确定的劳工标准基本一致。1996年12月，世界贸易组织首届部长级会议在新加坡召开。核心劳工标准作为新议题之一被明确列入宣言内容之中。有学者针对核心劳工标准进行研究[①]。引入劳工元素的国际规则和相关协定主要包括普惠制、国际贸易协定、社会责任认证体系等三方面内容[②]。

首先，普惠制是发达国家给予发展中国家出口制成品和半制成品

[①] Orbie J，Van Roozendaal G，2017：''Labour Standards and Trade：In search of impact and alternative instruments''，*Politics And Governance*，5（4），1-5.

[②] 国内学者的相关研究包括：王建廷（2011）提出，在应对法律适用、管辖权等实际问题的前提下，人权标准可以作为违反世界贸易组织协定的合理依据。荣四才（2014）认为，基于已建立劳工标准相关立法和实践基础，中国可以接受在贸易协定中融入劳工标准的相关条款。陈志阳（2014）研究发现，中国可以借鉴国际标准和有影响力的国外标准，综合考虑国内改革进程和社会经济发展水平，逐步将劳工标准与国际贸易议题适度联系起来，尝试进行自由贸易协定谈判。此外，刘文和杨馥萍（2017）提出，中国可以探索在贸易协定中纳入劳工标准议题的特色模式，如推动《区域全面经济伙伴关系协定》，同时发展和建立反映发展中国家利益的劳工标准。在"一带一路"视域下，中国可以参考欧盟自由贸易协定中有关劳工条款的引入、设计与规划，构建中国自由贸易协定中的劳工标准。在推进自由贸易区建设的过程中，李西霞（2015、2017、2018）的系列研究认为，中国须对劳工标准的效应做出战略决策。以中加自由贸易协定里有关劳工议题谈判为例，中国可以避免劳工元素与贸易制裁措施相关联，基于附属协议提出本国可接受的劳工标准。

（包括某些初级产品）的一种普遍、非歧视且非互惠的关税优惠制度。但一些发达国家以普惠制要求发展中国家解决劳工标准问题。其次，国际贸易协定。虽然劳工标准未列入世界贸易组织的国际贸易制度中，但在一些双边或多边国际贸易协定中已经有劳工方面的条款。作为《北美自由贸易协定》（*North American Free Trade Agreement，NAFTA*）的辅助协定的《北美劳工合作协定》（*North American Agreement on Labor Cooperation，NAALC*），是首个明确涉及劳工权益的贸易协定。该协定的约束力较强，同时列出美国、加拿大和墨西哥三个签署国将要致力于提高的 11 项劳工原则，主要包括：罢工的权利；最低工资，工作时间和其他劳工标准；集体谈判的权利；废除童工；同工同酬；集会自由和保护组织权；工人的各种补偿；职业安全与卫生；消除歧视；废除强迫劳动；保护流动工人。此外，美国在与柬埔寨、澳大利亚、巴林、哥伦比亚、新加坡、智利、摩洛哥、约旦签订的自由贸易协定中也包含有劳工标准问题的条款。再次，民间层面出现的针对各国劳工标准的社会责任认证体系。该认证为自愿性，但是否通过认证会影响一国出口贸易，尤其是发展中国家对发达国家的出口企业。如果达到相关标准则能通过认证，否则无法通过认证。在具有约束力的包含劳工标准的国际协定或国际规则中，SA 8000 系列国际标准认证的影响力较大。此外，跨国公司内部也会制定行为守则来规范劳工制度。另有一些专业团体、个人以呼吁的方式来宣传劳工标准。如在 1995 年召开的世界社会发展首脑会议上，联合国秘书长科菲·安南提出全球契（Global Compact），号召企业遵守在人权、劳工标准、环境及反贪污等领域的基本原则①。然而，尽管在许多国际协定或国际规则中已经引入关于劳工的内容，但由于各国经济、文化等方面存在差异，劳工标准尚未成为对各国具有普遍约束性的国际标准。

不论是从绝对值还是与全球促进劳工标准的其他文书相比来看，劳工标准都已成为贸易协定的特征之一。这些替代工具包括公私协定、价值链管理和采购政策。已有研究讨论劳工权利与国际贸易之间联系的有效性，同时审视传统贸易协定及其替代方案②。当前有关自由贸易协定中劳工条款的研究主要集中于两个领域：第一，了解文书的背景（即"为何"）；第二，过程方面（即"如何"）。将劳工条款与贸易安排联系起来的案例来自经济、规范、意识形态和战略框架。包含劳工标准规定的

① Orbie J，Van Roozendaal G，"Labour Standards and Trade：In search of impact and alternative instruments"，*Politics And Governance*，5（4），1-5.

② 2019 年 8 月，*World Trade Review* 上发表了有关劳工标准与贸易的一系列专题论文。

自由贸易协定日益增多，产生了这些协定如何进行及如何比较的问题。结合所有这些原因，相关规定受到的争议较少并几乎达成共识。劳工权利在贸易安排中占据重要地位[①]。在自由贸易协定中不包括劳工条款比将其包括在内的做法更为少见。尽管这些条款倾向于使自由贸易协定相关条款的变动似乎更易于解释，但这并非意味着贸易与劳工标准的联系会割裂。针对巴西工会的研究表明，关于劳工标准与贸易联系潜在动机的辩论仍然具有意义[②]，与之密切相关的研究集中在内容和方法领域。尽管包括有关动机不同的文书背景问题，但该项研究将其扩展到分析通过贸易协定促进劳工权利而建立的程序和制度。大量研究对美国和欧盟贸易协定中的劳工标准进行了比较分析，考察其是否受到保护主义或规范性利益（文书背景）的影响，同时表明美国持有硬性或基于制裁而欧盟采用软性或基于激励的方法。但与非欧盟和非美国自由贸易协定进行的比较分析并不多见。同时，日益增多的研究探索了公共行为者如何以替代方式参与以便在全球范围内促进自由贸易协定以外的劳工权利。这些研究着眼于公共行为者如何促进私人计划以推进更负责任的供应链管理，实现企业的社会责任。有学者针对核心劳工标准进行研究[③]，分析了公共干预和私人干预促进劳工权利举措之间相互作用的重要但尚未解决的实证争议。研究发现，公共干预可加强私人劳动政策，而私人干预则不会影响或替代公共劳动政策。

国际上有关促进劳工权利的研究开始关注有效性问题。如何将影响概念化和操作化尚未明确，并且缺乏有关劳工标准的实践数据增加了对其影响进行评估的难度。学者研究了现有自由贸易协定中劳工条款有效性的不同形式以及自由贸易协定以外的替代方案。基于韩国案例的研究显示，尽管韩国面临许多具有劳工标准规定的自由贸易协定[④]，但并未产生最终影响。不论是韩国还是任何签署国，都尚未认真对待这些劳工标准。针对秘鲁劳工条款的研究也显示出类似的政治意愿缺失。协定中的劳工条款以保守和灵活的方式设计，而贸易协定中承诺的执行也有不足

① ILO："ILO Centenary Declaration for the Future of Work 2019"，https：//www.ilo.org/global/about-the-ilo/mission-and-objectives/centenary-declaration/lang-en/index.htm，2021-01-13.

② Riethof M，2017："The International labor standards debate in the Brazilian labor movement：Engagement with mercosur and opposition to the free trade area of the Americas"，*Politics and Governance*，5（4），30-39.

③ Orbie J，Van Roozendaal G，2017："Labour Standards and Trade：In search of impact and alternative instruments"，*Politics And Governance*，5（4），1-5.

④ Orbie J，Van Roozendaal G，"Labour Standards and Trade：In search of impact and alternative instruments"，*Politics And Governance*，5（4），1-5.

之处。秘鲁政府的新自由主义方针和欧盟不愿为遵守劳工权利而加倍努力的原因可解释这一点。研究表明，民主国家不一定对改善劳工权利感兴趣，而这种缺乏动机并非由经济发展不足来解释。如果认为自由贸易协定的最终影响有限，则从中期或长期来看，如何确定影响最终效应的中间效应面临挑战。因此，学者认为自由贸易协定的赋权效应与公民社会的地位有关，通常是制度建设的效应。

有学者研究了南方共同市场如何更为积极地为公民社会创造空间[①]，表明赋予民间社会权力并非贸易协定旨在完成的任务，因为一些反对美洲自由贸易区的做法促进了区域民间社会的合作。最明显的结果来自针对美国、巴西的相关研究，该研究表明，强大的公民社会组织有机会获得标准合规。通过这种方式，自由贸易协定所规定的机构仍然可以支持积极推进劳动标准的活动。巴西的法律环境也得到了改善，巴西的地方法院有效利用了南方共同市场的《社会和劳工权利宣言》。自由贸易协定仍没有达到改善劳工标准的期望，学者们研究了欧盟和美国自由贸易协定的争端解决机制，认为劳工条款可以通过允许更多的第三方承认，来帮助弥补当前投诉和争端解决规定中的空白。有学者也展示了如何通过将供应链方法与自由贸易协定相结合来改善劳工标准，创造出更量身定制的工具。与使用双边贸易协定相比，通用优惠制度会成为更有效的社会条件工具，但前提是采用合法方式并嵌入更广泛的社会和发展政策中。研究指出了欧盟威胁要撤销相关优惠，因为孟加拉国可能会引发本国的劳动法改革，欧盟在多大程度上实施单方面贸易优惠仍需慎重考虑。

学者认为应继续深入推进有关劳工标准有效性的研究。贸易协定中的大部分劳工标准建立的时间并不长，不能期望立即产生结果。劳工标准在提高消费者和企业意识方面的意义依然乐观，如日益增长的国际政策与国家实践之间的联系，举办公共采购和全球劳工权利展览会等。更多有希望的途径可能是摆脱自由贸易协定这一唯一焦点并寻求促进劳工权利的替代途径。相关的解决方案应对自由贸易协定的影响进行衡量，了解对策影响的有限性并改进、创新相关的政策工具。发展中国家经常被指责为社会倾销，即利用工作条件恶劣的廉价劳动力以不公平低价生

---

① Riethof M，2017："The International labor standards debate in the Brazilian labor movement：Engagement with mercosur and opposition to the free trade area of the Americas"，*Politics and Governance*，5（4），30–39.

产和出口商品从而提高竞争力①。此外，美国在2017年1月退出了《跨太平洋伙伴关系协定》。

对社会倾销的担忧导致各方呼吁将劳工标准与贸易协定相联系。根据国际劳工组织的数据，在1990年至1999年生效的所有贸易协定中只有4%与劳工标准有关；2000年至2004年期间，劳工标准的发生率增加了近三分之一。贸易协定中劳工条款的日益普遍也体现出社会各方对相关问题的关注，即如果没有这些条款，劳工标准中会出现向底线竞争（Race to the Bottom，RTB）。对劳工标准中向底线竞争的关注不仅限于发达国家与发展中国家之间的贸易往来，而且发展中国家之间对劳动密集型产品出口市场的激烈竞争也会促使这些国家之间就劳工标准达成协议。如学者们在研究了中国和墨西哥在北美服装市场上的竞争后，认为相关国家需要就劳工标准达成南南协议以防止发展中国家之间的竞争②。

劳工标准包括能够从总体上改善工作条件（如通过更安全的工作环境等）或提高工作报酬（如通过提高工资和福利等）的政策或法律。因此，这些标准为企业雇佣和运营设定了最低要求。从本质上讲，标准对于企业而言可能会增加其成本。在存在贸易的情况下，各国可能由于害怕失去竞争优势而不愿提高劳工标准并可能有动力使用国内政策工具，如通过降低贸易公司的生产成本，一国可影响相对价格并提高国际竞争力。由于各国为了获取国际市场份额或利润而试图互相削减，这会导致削减成本政策的竞赛达到底线。这些削减成本的政策会削弱劳工标准，尤其是在缺乏适当立法或执行机制的发展中国家。因此，令人担忧的问题是，如果没有保持劳工标准的规定，贸易将促使各国政府降低这些标准以降低国内企业生产成本。有学者研究了贸易和劳工标准是否会出现向底线竞争③，调查了发展中国家之间为争夺出口市场份额而进行的战略竞争是否会导致劳工标准向底线竞争。学者考虑最有利于区域贸易壁垒的环境，特别是在一种战略贸易模式中，在这种模式中政府有动机降低国内成本。分析表明，战略贸易考虑不会导致向底线竞争。相反，与没有政府干预的情况相比，均衡劳工标准涉及的劳动报酬水平更高。限制

---

① 中华人民共和国商务部，《美国正式宣布退出跨太平洋伙伴关系协定》，http：//gpj.mofcom.gov.cn/article/zuixindt/201701/20170102507540.shtml，2021-03-17.

② Chan A, 2003："Racing to the bottom：international trade without a social clause", *Third World Quarterly*, 24（6），1011-1028.

③ Chen Z, Dar-Brodeur A, 2020："Trade and labor standards：Will there be a race to the bottom?", *Canadian Journal of Economics/Revue Canadienne Déconomique*, 53（3），916-948.

出口补贴的具有约束力的全球贸易规则将使劳工标准更接近其有效水平。

该研究的基准模型包含两个主要元素。①采用战略贸易模型[①]，其中，来自不同国家的垄断寡头在数量上进行竞争。这些国家的政府有动力补贴国内企业以提高其在国际市场上的竞争力。由于降低劳工标准可降低生产成本，因此布兰德-斯宾塞（Brander-Spencer）模型提供了一种环境，该环境有利于出现向底线竞争的劳工标准。②劳工标准内生确定。基于基本前提即劳工标准存在的原因，研究假设制定劳工标准内生决定以解决在国内劳工市场上的垄断能力问题。更具体地说，研究建立的模型由位于南方两个发展中国家的两家企业组成。这两家企业在北方发达国家市场中在数量上竞争。劳动力是生产的唯一投入，每家企业在其国内劳动力市场上都具有垄断权。每个发展中国家的政府都以劳工的盈余总和来衡量从而使社会福利最大化。为此，每个政府都可使用两种类型的政策工具：国内政策和贸易政策。国内政策涉及劳工标准。相关的贸易政策是出口补贴。研究既分析每个政府可自由设定补贴率的情况，又考察全球贸易规则对补贴率设定上限的情况。

模型预测战略性贸易考虑不会导致劳工标准产生向底线竞争，相反，与没有政府干预的情况相比，均衡劳工标准所涉及的劳动报酬水平更高。在政府可自由选择补贴率的情况下，政府实际上倾向于将劳工标准设置得过低，原因是劳工标准高于消除劳动力市场无谓损失所需的水平。具有约束力的降低补贴率的全球贸易规则将使均衡劳工标准更加接近其有效水平，而禁止补贴将消除劳动力市场上的无谓损失。该分析揭示了劳工标准与战略贸易政策之间的重要联系。当劳动力供给曲线向上倾斜时，由于较低的劳工标准而下降的劳动报酬将减少所提供的劳动量。这与旨在增加国内企业的市场份额和利润的战略贸易政策的目标并不一致。由于国内企业扩大产量需要使用更多的劳动力，因此战略贸易政策要求提高而不是降低劳工标准。出于这一原因，战略性贸易考虑不会导致制定劳工标准向底线竞争。除基准模型外，学者还研究了三种情形证明研究主要结果的稳健性：①用垄断竞争取代寡头垄断的市场结构，这种结构下大量企业生产差异化的商品并在价格上竞争。政府在均衡状态下提供补贴以帮助企业获得更大的出口市场份额。②这种国际市场份额竞争不会导致劳工标准方面向底线竞争。③与基准模型一样，均衡状态下每个

① Brander J A, Spencer B J, 1985: "Export subsidies and international market share rivalry", *Journal of International Economics*, 18 (1), 83-100.

政府将劳工标准设置为高于以下水平：消除由于垄断力量导致的无谓损失所需的条件以及在没有政府干预的情况下进行的劳工补偿水平。

关于战略贸易政策与劳工标准之间相互作用的文献较为有限。研究劳工标准和国际贸易的文献①使用了完全竞争产品市场的传统范例②，因此并不涉及战略贸易考虑。学者们运用策略贸易模型进行研究，考察北方发达国家对南方两个发展中国家的劳动力标准征收关税的影响，分析北方企业与南方企业之间竞争是否影响相关国家的最佳劳工标准，并评价北方国家对从南方国家进口的商品实施的劳工标准。研究考察了一种情形，即在没有北方政策干预的情况下，两个南方国家的政府选择各自的劳工标准。这使研究能够直接解决以下问题：在缺乏劳工标准协议的情况下，南方国家之间对北方市场的竞争可能导致建立向底线竞争的劳工标准。学者们指出贸易自由化可能会促使环境和劳工标准向底线竞争的可能性。研究表明，在完全竞争的简化模型背景下，试图通过谈判降低关税来实现更高的市场准入水平的尝试将导致政府随后扭曲其国内标准选择。该研究发现产品市场和劳动力市场的竞争不完善，而这些市场缺陷为战略贸易政策和劳工标准提供了动力。此外，研究明确考虑企业和工人的优化决策。通过内生贸易政策与劳工标准之间的相互作用，研究发现出口扩大与劳工标准降低之间的冲突。研究模型中针对出口补贴的贸易协定将减少而不是加剧劳工标准的扭曲。

针对贸易协定能否作为改善人们工作条件的工具，学者研究了韩国贸易协定中劳工标准条款对赋权的影响③。针对劳工标准与贸易，学者认为应根据特定国家或地区的劳动惯例直接对自由贸易协定的劳工标准进行调整或改善，即更改、改善劳工条件。劳工标准应以最终导致直接影响劳工条件的方式进行调整，同时开发多样性替代方案。如韩国已签署多项自由贸易协定，其中包括劳工条款甚至是相对严格的条款。该项研究的经验分析表明，虽然在体制建设和国际社会对侵权行为日益重视的过程中，相关努力已经在特定领域产生中间效应，但对韩国本身的做法并没有直接影响。换言之，没有发生任何相对的改善，并导致出现这样一种情况，即从刺激改善的角度而言劳工条款只是出于象征性目的而加

①　Martin W, Maskus K E, 2001: "Core labor standards and competitiveness: Implications for global trade policy", *Review of International Economics*, 9（2）, 317-328.

②　如赫克歇尔-俄林（Heckscher-Ohlin）模型和李嘉图（Ricardian）模型。

③　Van Roozendaal G, 2017: "Where symbolism prospers: An analysis of the impact on enabling rights of labour standards provisions in trade agreements with South Korea", *Politics and Governance*, 5（4）, 19-29.

以考虑。韩国方面缺乏政治意愿可最好地解释贸易协定没有产生最终影响的原因，如韩国政府提到劳工组织的一些公约与国内法不相容。同样，贸易伙伴双方缺乏准备，如列入强有力的措辞和条款来支持和做出承诺，或者以能够带来改进的方式实际使用现有条款。因为自由贸易协定首先是旨在促进贸易和投资的工具。其产生的严重问题之一表现为，在没有政治意愿支持的情况下，加入劳工条款是否有助于改善劳工权利。如果相关方对这些协定持赞成态度，这些协定将促进政府和非政府行为者之间的接触并可能有助于提高采取行动的意愿和能力，即使在与贸易和投资没有联系的领域也是如此。

学者以巴西马瑙斯（Manaus）自由贸易区（Manaus Free Trade Zone，MFTZ）为例，研究了自由贸易区的劳工标准与社会条件[1]。为实现发展目标，巴西于1960—1970年在其政治、经济和社会环境中建立了马瑙斯自由贸易区。当时该地区被视为荒芜地区，流出人口众多，且当地面临外部环境不确定性的威胁，因此设立这一自由贸易区被视为实现预期发展的重要手段。该自由贸易区的建立推动了该地区劳工标准和社会条件的改善，并在过去几十年中成为推动地区就业、提高工资和增长的主要动力。研究利用残差和随机前沿技术估计巴西自由贸易区的劳动和社会绩效。结果表明，与巴西其他重要的工业城市相比，实施经济特区有助于提高该地区的劳动和社会效率，原因在于马瑙斯自由贸易区严格检查并严格遵守自由贸易区中适用的劳工标准。尽管如此，该地区的经济联系仍然薄弱，马瑙斯自由贸易区对周边地区的积极溢出效应并不明显。

另一项针对巴西劳工标准与贸易政策的研究关注利益方对于劳工标准的看法。有学者从巴西期望加入南方共同市场、反对加入美洲自由贸易区的做法出发，研究巴西劳工组织活动中有关国家劳工标准的辩论[2]。经济一体化的社会层面已日益成为贸易协定的重要特点之一，尤其是发展中国家之间的贸易协定。但就巴西而言，与贸易有关的劳工标准尚未成为区域组织（如南方共同市场）的主要特征，针对该种差异产生原因的研究也较为有限。现实中具有矛盾的表现是，这场辩论的主要利益攸

---

[1] Teixeira L C，2020："Labor standards and social conditions in free trade zones：the case of the Manaus free trade zone"，*Economics-The Open Access Open-Assessment E-Journal*，14（2），14-52.

[2] Riethof M，2017："The International labor standards debate in the Brazilian labor movement：Engagement with mercosur and opposition to the free trade area of the Americas"，*Politics and Governance*，5（4），30-39.

关方之一（巴西工会）在区域范围内广泛支持贸易协定中纳入社会和劳工条款，但工会活动反对贸易伙伴之间在谈判中提出的非对称劳工条款。通过对南方共同市场和美洲自由区谈判中的劳工运动进行比较分析，可从巴西对自由贸易谈判的劳工战略的角度解释这种模糊性，并对发展中国家与贸易有关劳工标准的态度及其影响进行评估。劳工运动本身关于劳资关系的相互矛盾的观点可以对这些结果做出关键性的解释，并加强在关于劳工标准的辩论中深入认识工会观点复杂性的必要性。

针对社会标准与企业贸易问题、发展中国家的贸易和社会机构之间的关系问题，已有研究结论并不一致。进口企业可能要求贸易伙伴遵守更高的劳工和环境标准，或者要求遵循那些惩罚性提高成本的严苛标准。学者们利用零售商和制造商的最新数据，分析企业层面的贸易活动对社会标准信息的反应[1]。与向底线竞争假说相反，该研究认为零售进口企业会奖励遵守社会标准的出口企业。根据36个国家2000多家制造业企业的实证分析，学者们研究发现标准合规带来制造业企业年采购平均增长约4%。这一影响主要由服装行业推动。服装行业是工厂社会运动的长期目标，这表明遵守标准的企业能够对塑造全球贸易格局产生积极影响。与此同时，有学者研究了欧盟自由贸易及其民主和社会标准[2]，旨在通过分析性和规范性的理论术语将自由贸易、民主和社会标准以及国家主权之间的紧张关系进行概念化。学者认为，三元对立的概念比简单的权衡概念更适合欧盟。在全球化三位一体的框架下，学者将分析与规范性的理论判断相结合对民主质量进行概念性讨论，认为这一模式为分析和解决现有紧张局势提供了概念路径：①事实上欧盟一直在干预国家民主和国家主权，因为其立法优于国家立法。②欧盟立法和法院的判决降低了国家的社会标准。③行政人员和许多具有间接合法性的新机构已经接管了以前属于国家直接法定立法者的职权范围。④这些负面影响与欧盟优先推进资本、货物和服务自由贸易自由化而不是民主、社会标准和国家主权有关。

贸易自由化为欧盟牵头的企业与摩尔多瓦（Moldova）供应商签订合同开辟了市场空间。但在贸易自由化进程中，为寻求规范劳动条件，现有机制不足以应对工人权利和工作条件造成的后果。学者们以摩尔多瓦

---

① Distelhorst G，Locke R M，2018："Does compliance pay? Social standards and firm-level trade"，*Americal Journal of Political Science*，62（3），695-711.

② Wiesner C，2019："Free Trade versus democracy and social standards in the European Union: Trade-Offs or Trilemma?"，*Politics and Governance*，7（4），291-300.

服装业的劳工标准和出口生产为例，针对劳工制度、全球生产网络和欧盟贸易政策进行研究①。该通过分析当地社会关系的建立和全球公共网络中的领导企业压力所导致的劳动制度的形成方式，考察工作场所与地方劳动制度、全球生产网络以及国家主导的扩大市场之间的关系，这些都是资本主义通过贸易政策进行管制的空间。针对欧盟贸易政策中劳动供给限制的分析，旨在改善贸易自由化和经济一体化对劳动条件的负面影响。学者们以摩尔多瓦主要的出口导向型制造业——服装业为实证对象，当与寻求开放劳动力市场和放松劳工标准的国家政策制定相结合时，就达到了通过劳动条款所能达到的限度。欧盟制定的贸易政策并未充分考虑到恶劣工作条件的结构性原因。因此，欧盟正在努力实现的目标与构成欧盟市场低工资劳动密集型服装出口生产的社会关系和劳动制度的核心劳工问题之间存在不匹配。研究认为，评估贸易协定中劳工条款的范围以规范摩尔多瓦服装业的工作条件，需了解劳工制度和动态生产网络。研究强调了这些制度如何由两个主要进程而形成。其一是关于供应商和主导企业中管理层和所有者之间权力关系的一系列过程。其二涉及苏联时期劳动制度的转变，特别是工作场所工资和规范制定的社会关系、工会组织的不平衡状况、社会再生产的性别化和劳动力市场紧张等。不论是这些过程还是贫困工资和由此产生的非正规薪酬这一主要问题，都未在欧盟劳工条款框架中得到充分体现。

作为欧盟方法的核心，国际劳工组织劳工标准的关注点与就业关系的社会对话模式相结合，并未涉及权力关系的关键作用和工作场所劳工制度的结构性驱动因素。欧盟拟议的改革在克服所有这些结构性贸易上存在的问题时也存在挑战。这一点与国际劳工组织其他核心劳工标准和体面工作激励计划的限制有很强的相似性，如柬埔寨更佳工厂计划（Better Factories Cambodia）。国际劳工组织宣告普遍标准的权利，而非首先挑战造成不良工作条件的结构机制。研究认为，融入出口生产网络和主导企业的作用形成契约压力，如果再加上苏联时期劳动关系的遗留问题，欧盟最近贸易政策中的体面劳动宣言就会遭到破坏。在摩尔多瓦，法律保障结社自由，禁止童工、强迫劳动、歧视和不平等报酬。由于工会成员人数减少和工人覆盖率参差不齐，结社自由难以实现，这意味着工会无法提供抵御不断恶化的劳工标准的壁垒。其结果是，不论是

① Smith A，Barbu M，Campling L，et al，2018："Labor régimes，global production networks，and European Union trade policy：Labor standards and export production in the Moldovan clothing industry"，*Economic Geography*，94（5），1-25.

欧盟普惠制+（Generalized Scheme of Preferences Plus，GSP+）政策框架中的早期条件，还是相对薄弱的民间社会监督机制，都较难为有意义的劳动监管提供足够强大的机制。如果这一框架忽视将供应商工厂纳入欧盟生产网络的不平等权力关系的形式，不明确其与劳工制度的动态联系，那么贸易政策将难以处理贸易和经济一体化造成恶劣工作条件的问题。

　　在提出这一论点时，该研究主要从两个方面推进了欧盟普惠制中关于劳工命运的议题[1]。第一，建立分析框架，对历史上沉淀下来的劳动制度及其与主导企业—供应商—权力关系和国家法规之间的联系进行嵌套分析。随着企业融入欧盟生产网络及当前国家框架寻求劳动力市场自由化以损害工人利益，苏联的劳动制度已经适应了高强度的工作条件。当与工会权力相结合时，欧盟普惠制中的工人代理存在显著的结构性限制。这一框架说明了将劳动过程理论整合到欧盟普惠制动态分析中的分析能力，研究试图通过制定劳动制度监管嵌套量表的概念来扩展这一辩论。第二，研究强调通过自由贸易协定劳工条款部署的国家驱动型全球劳工治理形式，在改善欧盟普惠制中最严重的过度劳动剥削方面会受到限制。全球政策网络不仅是市场整合、企业间协调和增值活动的系统，而且通过其所处的社会政治环境进行构建。政府在国际贸易政策中表现出矛盾性，一方面试图通过构建新的市场交换空间来平衡其积累和合法化功能；另一方面被视为通过国际劳工标准来规范工作，而没有解决恶劣工作条件的结构性基础：这一矛盾也塑造了欧盟普惠制如何在宏观区域内扩张和利用其经济地理条件。

　　欧盟自由贸易协定贸易和可持续发展条款中的劳工标准条款是欧盟致力于基于价值的贸易议程的关键要素。但对《贸易与劳工法》各章的批评导致欧盟委员会致力于改进其实施和执行，进而在欧盟贸易与劳工关系的演变过程中形成一个关键节点。学者对欧盟自由贸易协定中的劳工标准条款进行研究，推进了对欧盟委员会改革议程的思考[2]。该研究考察了欧盟自由贸易协定中劳工标准条款的有效性，对欧盟委员会提出的改革议程进行评价，并提出解决问题的建议。当前欧盟委员会的建议有

① Smith A，Barbu M，Campling L，et al，2018："Labor regimes，global production networks，and European Union trade policy：Labor standards and export production in the Moldovan clothing industry"，*Economic Geography*，94（5），1–25.

② Harrison J，Barbu M，Campling L，et al，2019："Labor standards provisions in EU Free Trade Agreements：Reflections on the European Commission's reform agenda"，*World Trade Review*，18（4），635–657.

多种局限性，应更好地利用贸易协定所产生的法律义务和体制机制，改善世界各地的工作条件和工作权利。进一步的研究包括通过自由贸易协定管理劳工标准，讨论欧盟贸易和可持续发展相关条款内容的限制。在《全民贸易——迈向更负责任的贸易和投资政策》（*Trade for All—Towards A More Responsible Trade and Investment Policy*）战略中，欧盟委员会将自己定位为促进基于价值（Value-Based）的自由贸易模式的领导者，该模式在经济一体化过程中促进劳工标准和可持续发展。为了兑现这一承诺并推进全球化的社会层面，有效的贸易与劳工联系至关重要。可持续发展条款中的劳工标准条款对于欧盟委员会实现这一目标至关重要，欧盟委员会已经对可持续发展条款进行修改并对未来行动提出设想。应抓住契机以最大限度地发挥贸易协定的潜力，支持改善全球工作条件和工作权利，利用更广泛贸易协定内的现有机制来实现这些相关目标。欧盟在其自由贸易协定的贸易和可持续发展条款内建立了一个新的国际劳工标准管理架构。为审查这一框架的运作情况，研究利用与加勒比海、韩国和摩尔多瓦签署的三个自由贸易协定中主要参与者进行的多次访谈。研究就外部治理和欧盟权力的预测展开了更广泛的辩论，说明业务上的失误，包括缺乏可持续发展条款的法律和政治优先次序以及关键条款执行方面的缺陷如何阻碍了自由贸易协定对劳工标准的影响。研究还指出，在适用于不同贸易伙伴背景时，欧盟的共同提法这一做法受到重大限制，并且对贸易—劳工联系的根本目的也存在歧义。因此，需要反思劳工标准条款在欧盟贸易政策中的作用和目的。

（七）私有标准与世界贸易组织多边贸易框架分析

长期以来国际贸易体系中关税的相对重要性下降，技术、卫生和植物卫生标准等非关税和监管要求的相对重要性上升。学者研究了世界贸易组织中的私有标准，关注多边贸易谈判阻力，分析世界贸易组织内部将私人监管纳入国际贸易议程所做的努力①。这些措施基本上涵盖有关产品标签、生产过程及方法的规则，其使用增长的原因来自企业和商业协会等私人代理人的影响日益扩大。尽管这些参与者愿意在更广泛的议题上制定和实施类似这样相互竞争的监管框架，但也可能在地理和实质层面上产生更零散的贸易规则，导致各国政府对将私有标准纳入多边贸易体系产生阻力。因此，世界贸易组织谈判过程中的私有标准议题日益引

---

① Tang Y S, Lima B Y Y A, 2019: "Private standards in the WTO: A multiple streams analysis of resisting forces in multilateral trade negotiations", *Contexto Internacional*, 41（3）, 501–527.

起学者关注。

学者们认为，在政策层面，应强调对主要市场上私有标准贸易效应的重视，而非仅仅关注强制性公共标准。①在世界贸易组织和其他国际贸易场合关于产品标准的讨论中，应进一步拓展至包括私有标准在影响全球食品和农产品市场上全球贸易模式上的重要作用。大部分政策层面的讨论都是限于应对强制性的公共标准，如食品安全法规等。但研究显示，在不断增长的全球供应链中私有标准也不容忽视。②研究结果尤其强调了标准对发展中国家的重要意义。产品标准能有效地使市场准入变得有条件：马拉维根据除武器外的一切产品倡议，可免税和免赔额地进入欧盟市场，但如果马拉维的出口企业选择在欧洲市场销售产品，就必须遵守现行标准。使产品和生产方法适应海外标准，在许多发展中国家产生了技术和财政能力方面的难题。研究结果显示，欧盟标准的贸易影响往往对发展中国家最关注的出口部门尤为不利，特别是易腐产品和相对未加工的商品。增加这一领域的技术援助和能力建设，应作为更广泛的贸易援助议程的一部分。标准是技术变化和供应链升级的催化剂，那些符合标准的生产会获得收益①。

私有标准的数量正在增加。私有标准影响贸易，但其在世界贸易组织中的地位仍然存有争议。通常谈判能力较弱的国家难以影响其贸易条件，即使这些国家拥有国内反托拉斯法，也很难说服标准制定者考虑他们的利益。因此，学者们研究了私有标准与世界贸易组织②，该研究关注如何将更多私有标准纳入世界贸易组织的规范制度框架内。换言之，学者们担心这些私有形式的社会秩序可能与世界贸易组织透明度和非歧视的基本准则相冲突。世界贸易组织成员始终侧重于讨论世俗法律问题，仍未着手解决发展中国家的真正关切。该研究关注的核心问题之一，即世界贸易组织应该如何允许产品标准的封闭性。学者们认为，世界贸易

---

① 国内学者研究包括：梅琳和吕方（2015）认为，由非政府组织（NGO）主导制定的私有标准不断增加，冲击市场表现、重塑市场结构。私有标准已成为影响世界经贸发展的重要规则。郑丽珍（2016）提出，面对世界市场上劳工标准逐步与贸易投资相关的协定的发展趋势，中国应根据自身应对能力和经济贸易协定谈判的具体条件，围绕标准范围等领域对较为有利的劳工条款进行明确。张川方（2018）提出，中国在自由贸易协定谈判中应秉承多边主义原则，采取更为灵活的劳工标准，并坚持以创新驱动经济贸易发展的策略，从而在当前国际劳动分工格局中赢得有利位置。周申和何冰（2018）研究发现，最低工资标准会影响中国非正规就业且表现出门槛效应。郭文杰（2016）提出，中国应积极应对贸易协定纳入劳工标准议题的发展趋势。

② Mavroidis P C，Wolfe R，2017："Private standards and the WTO：reclusive no more"，*World Trade Review*，16（1），1-24.

组织应通过制定参考文件，鼓励其成员将世界贸易组织规则应用于私有标准，以推动采用那些已经在世界贸易组织支持下的具体标准。在没有集中执行的情况下，世界贸易组织法律范式中的理想情形，是对标准制定者施加具有透明度的规范和约束。同时，世界贸易组织可以为那些受到私有标准负面影响的相关方提供支持[①]。

与此同时，私有标准在社会和环境可持续性领域的扩散和传播，引发了一系列复杂的问题，涉及世界贸易组织和《世界贸易组织协定》相对于私有标准应发挥的作用。学者们研究了《WTO 技术性贸易壁垒协定》中良好实践准则的实质性原则及其在追求公共目标的私有标准中的应用[②]。虽然一种常见的做法是要求为此类私有标准提供监管空间，但该研究试图关注《WTO 技术性贸易壁垒协定》中有关标准的规定，尤其是《标准制定、采用和应用良好实践守则》的不完善情况。学者澄清了《标准制定、采用和应用良好实践守则》的适用范围以及世界贸易组织成员为确保私有标准符合其要求而承担的义务的程度。基于对《WTO 技术性贸易壁垒协定》中关于非歧视和必要性等重要规定的解释，该研究结合对国际标准的分析，提出世界贸易组织应在私人自治和确保实现公共政策目标的私有标准的最严重贸易限制效应得到补救之前进行调解。

此外，国际贸易法承认私有标准的兴起和扩散，并提出各种关切。现有文献分析了世界贸易组织，特别是世界贸易组织卫生与植物检疫委员会和世界贸易组织技术性贸易壁垒委员会如何应对（或无法应对）私有标准的扩散。有学者基于区域和国际组织与世界贸易组织的比较，研究私有标准的元监管[③]。该研究特别关注世界贸易组织以外的区域和国际组织所履行的元监管职能。学者阐述了区域和国际组织可以作为与私有标准相关的元监管活动的三种治理策略：①信息治理；②委托治理；③软法治理（Governance by Soft Law）。该研究还分析了这些治理技术的特点，考察了这些治理技术与世界贸易组织多边策略的关系。

作为环境和社会标准的一种核查手段，跨国私人法规（Transnational Private Regulation，TPR）如标准、标签和认证在采购实践中的纳入大幅

---

① 国内学者郭毅和杨晶（2012）研究认为，ISO 26000 国际标准较难反映中国中小企业履行社会责任中面临的问题，因此，这一标准短期内会恶化企业的出口贸易环境。

② Partiti E, 2017："What use is an unloaded gun? The substantive discipline of the WTO TBT Code of Good Practice and its application to private standards pursuing public objectives", *Journal of International Economic Law*, 20（4），829-854.

③ Naiki Y, 2021："Meta-regulation of private standards：The role of regional and international organizations in comparison with the WTO", *World Trade Review*, 20（1），1-24.

增加。然而，这些私人倡议的使用并不能免受批评和关注，特别是在其国际法律影响方面。如果标准和标签在采购过程中提供关于供应商的重要信息和指导，那么将其纳入采购文件也有可能对国际竞争和市场准入动态产生扭曲和歧视性影响，从而造成贸易壁垒。因此，有学者研究随着各国供应链的全球化，在采购实践中有效实现社会和环境目标如何成为至关重要的优先事项①。该研究分析了世界贸易组织监管框架内公共采购中使用私有标准的主要国际法律影响。在世界贸易组织《政府采购协定》（*Government Procurement Agreement，GPA*）所载非歧视性原则的框架下，对纳入这些自愿举措进行考察，并与《WTO技术性贸易壁垒协定》进行比较分析。

信息和通信技术的标准化已成为全球经济活动的关键。信息和通信技术标准规定设备、接口和网络之间的协调；这些标准支持技术基础设施，支持电子商务并实现数字市场治理。信息和通信技术标准也对全球贸易管制产生深远影响，因为它们既是跨界商业交易的促成因素，也是壁垒。由于信息和通信技术标准通常由私营部门制定，因此迄今为止，这些标准的贸易限制效应在很大程度上脱离了世界贸易组织的管辖范围。然而，由于其日益严重的非规范性影响，信息和通信技术标准和相关技术标准机构难以在多边贸易中维持现状。有学者分析信息和通信技术标准机构与国际贸易的关系，考察世界贸易组织在此过程中扮演何种角色②。该研究认为，世界贸易组织拥有强大的工具来解决信息和通信技术标准的贸易限制效应，至少通过规范性说明信息和通信技术标准机构的体制特征。然而，相关成员国并未有效使用这些工具。相反，目前适用的技术性贸易壁垒措施赋予强大的经济行为者特权，扩大了发达国家和发展中国家之间在应对其负面影响上的差距。学者提出，需要建立新的、基于规则的方法来重新确立世界贸易组织在标准制定方面的相关性和必要性，并解决世界范围内由于技术融合带来的权力失衡问题。

四、小结

随着关税、配额等传统贸易措施重要性下降，国外标准经济学学术

---

① Corvaglia M A，2016："Public procurement and private standards：Ensuring sustainability under the WTO agreement on government procurement"，*Journal of International Economic Law*，19（3），607–627.

② Kanevskaia O，2022："ICT standards bodies and international trade：What role for the WTO?"，*Journal of World Trade*，56（3），429–452.

前沿政策实践的内容不断丰富，并逐步关注标准能够发挥的作用。标准在贸易协定中的重要性日益增加，表现为贸易协定中逐步纳入标准领域的政策考虑。标准作为重要议题，与欧盟普惠制、最惠国待遇等贸易政策安排相联系，相关的标准条款也成为贸易协定中的关键议题。政策实践旨在对标准化政策的实施领域、经济依据、实施机构、实施措施进行研究，并对标准化政策的实施效果进行评估。从中长期趋势来看，标准化政策将深度融入包括贸易协定在内的各个政策领域，发挥不可忽视的作用。标准议题的融入，能够促进各国实践者以标准合作为平台促进社会经济领域的进一步对话。从国外标准经济学学术前沿的政策实践来看，主要包括标准化政策领域与经济学依据分析、标准化政策实施效果评估分析，以及标准化政策议题与贸易议程分析。

标准化政策领域及经济学依据主要涵盖利益相关者、流程重组、更新存量标准、标准交易、利用标准为重大问题提供解决方案、与研究和创新相结合、标准的获取和定价、不同政府活动的协调、通过标准加强监管等九大领域。标准化政策与实施效果评估包括标准化政策分析、主要标准化政策实施机构分析、标准化政策实施效果评估等内容。学者们认为自愿性可持续性标准制定组织制定标准，以改善全球化生产网络的社会和环境影响。标准认证产品的生产者（如农民、匠人和工人）应该被纳入标准制定过程，而不是在标准制定中被边缘化。同时，标准化政策的实施效果取决于多种因素。标准利益相关者的互动能够为标准实施和实践建立联系。标准认证的信号机制、道德和伦理因素、绩效导向、文化特征等也均会对标准扩散产生影响。标准化政策需要结合私营和公共策略，并鼓励采用可持续做法以实现标准推广。在实施标准化政策时，应充分考虑市场条件、监管环境等其他因素，对于新兴经济体而言，是单纯作为标准化政策的执行者，还是标准化政策的制定者和实践者，也成为国外标准经济学政策实践领域的热点问题。

标准化政策的实施效果评估研究集中于发达国家和地区，如针对欧盟可再生能源组合标准的研究，以及对包括经济、社会和环境标准在内的综合管理体系对企业经济绩效的影响研究。在能源、化工和石化等工业部门和运输等服务部门中该影响尤为明显。针对美国建筑能源标准、可再生能源投资组合标准、可再生燃料标准的研究均发现，相关标准能减少能源消耗，成本效益明显，且相关政策相辅相成。针对瑞士严格交叉合规标准、澳大利亚水效率标签和标准的研究也发现了标准实施的显著净效益。近年来也出现了针对发展中国家和地区的研究。如针对全球良好农业操作认证标准对肯尼亚等发展中国家进入美国、欧盟等发达国家市场的出口业绩的影响。针对向发展中国家小农户推广可持续发展标准的实践，学者们提供了来自印度尼西亚、科特迪瓦、巴西的证据。针对环境标准，学者们也发现可再生能源组合标准能够促进中国垃圾焚烧发电行业的长期发展，并对国际标准化组织环境标准认证对科威特企业绩效的影响进行研究。学者们认为标准认证过程不完整、服务贸易企业难以遵守技术和运营要求、地方治理不足以及对地方当局和服务机构的普遍不信任感等，破坏了服务标准采用及其实施效果。

标准化政策议题与贸易议程分析包括标准与欧盟普惠制分析、标准与最惠国待遇分析、标准与国际贸易法分析、标准与技术性贸易措施分析、劳工标准与贸易政策分析、贸易协定与标准演化分析、私有标准与多边贸易分析、TBT与SPS措施分析、标准一致化实施方案分析等。学者认为自愿可持续性标准与欧盟普惠制具有互补性，并提出三种将前者整合到欧盟普惠制的方式。第一种是以获得自愿可持续性标准认证作为进入欧盟市场的条件，即普惠制受益产品在进入欧盟市场前需要获得自愿可持续性标准认证。第二种是对获得自愿可持续性标准认证的产品给予关税优惠。第三种是对普惠制国家采用自愿可持续性标准的情况进行评估，作为普惠制定期评估制的一部分。在国际贸易法视域下，国际标准通过世界贸易组织的认可而具有约束力。对世界贸易组织不成文惯例的研究同样认为，需要明确的法律标准。

在标准化政策实践领域，须认识到不同国家和地区的背景、需求和资源差异。发展中国家可能面临更大的挑战，因此需要更加差异化和可持续的政策支持。此外，随着数字化和物联网技术的快速发展，标准化政策也面临着新的挑战和机遇。数字标准和数据隐私问题已经成为标准化领域的热点话题，需要全球共同努力来制定适当的标准和政策。国际合作和知识共享将对解决全球性问题、促进创新和可持续发展产生积极作用。因此，未来的标准化政策实践需要更加开放、包容和合作，以应对日益复杂和跨领域的挑战，为全球社会经济发展做出更大贡献。未来标准化政策实践还需更多关注创新和可持续发展的整合。标准化政策可以成为促进技术创新和环境可持续性的有力工具，如可持续性标准和绿色技术的推广可加速清洁能源和可再生资源的利用，为应对气候变化和资源短缺提供解决方案。标准化政策实践应更积极地整合创新和可持续发展元素，推动社会经济进步，并为未来世代创造更加可持续的生活方式。这将需要全球协作和知识共享，以应对全球性挑战，实现共同的可持续发展目标。

此外，尽管标准化政策实践在促进国际合作和可持续发展方面具有潜力，但实际应用中仍存在挑战。不同国家和地区之间的政治、文化和经济差异可能导致标准的制定和实施出现障碍。标准化过程中的利益相关者之间可能存在权力和利益的不平衡，这可能导致标准的倾向性和不公平性。监管和执法方面的问题也可能影响标准的有效性，特别是在跨国标准实施方面。未来标准化政策实践需要更加关注这些挑战，并积极寻求解决方案，以确保标准化政策的制定和实施能够更好地满足全球社会的需求，实现更加公平和可持续的发展。标准化政策的国际协调面临着协商和合作的复杂性。不同国家和利益相关者之间的利益分歧和标准制定的竞争可能导致难以达成一致的全球标准。同时，标准的更新和跟踪也面临挑战，因为技术和市场的变化速度可能超过标准的制定和实施速度。最后，标准的有效性和执行需要强调监测和评估，以确保其真正实现了可持续发展和公平竞争的目标。全球标准化政策需要更加严密的治理机制，以解决这些复杂性和确保标准达到其预期的社会和经济效果。

第八章　结论

一、研究结论

1.国外标准经济学学术前沿理论正处在快速发展期

标准分类理论、标准供求理论和标准经济效应理论都进入了丰富和成长阶段。国外标准经济学学术前沿理论研究不断深入，为标准经济学的发展、成熟和完善提供理论支撑。主要表现在：① 对标准分类的讨论从标准化领域、经济影响向标准形成过程、标准实施效力深入，标准分类呈现结构化特征。② 标准的供求理论从市场失灵理论向系统失灵理论、制度失灵理论、信号理论拓展，对标准供求的解释逐步向标准制定机构、利益方的动机行为、标准实施的成本收益深入。③ 标准的经济效应理论从黑箱理论向具体作用路径的论证深入，包括竞争力效应、信息效应、遵循成本效应、共同语言效应、制度效应、品种减少效应、福利效应等。其中，对源自标准协调的标准一致化的贸易效应研究，推动了国外标准经济学学术研究的理论前沿。从国外标准经济学学术研究的前沿问题来看，主要包括标准与经济增长问题研究、标准与贸易问题研究，以及标准与创新问题研究等。国外标准经济学学术研究的前沿理论，为解释和应对这些关键问题提供了理论依据。

2.国外标准经济学学术研究的前沿方法不断拓展

不论是在理论实证领域还是在经验实证领域，研究方法都表现出多元化和丰富化的发展趋势。主要表现在：① 理论实证方法主要在宏观经济生产函数模型、南北模型等领域进行拓展。基于抽象化和高度凝练化的语言和数学公式表述，将标准引入主流经济学的理论框架中，分析标准产生经济效应的机理、路径、影响因素和结果。② 经验实证方法主要在多区域能源市场模型、结构引力模型、标准一致化方案模型、底线竞争模型、多案例研究等领域进行拓展。学者们针对可再生能源组合标准、农食标准、劳工标准等取得了系列研究成果。针对标准经济学的经典问题和新前沿问题，以符合经济现实要求为导向，灵活选择最为适宜的经验实证方法以提供经验证据，支持学术研究和政策制定。

3.国外标准经济学学术研究的政策实践进展加快

标准议题不断被纳入国际贸易协定,标准化的政策实施与评估也成为一国政策体系的重要组成部分,标准治理和标准协调成为重要议题。主要表现在:① 欧盟普惠制、最惠国待遇、国际贸易法、多边贸易协定中均开始明确标准议题和标准条款。劳工标准、私有标准、SPS措施等成为贸易协定中的关键议题。标准一致化的实施领域、实施方案等,在国际层面、区域层面和国家层面的推动下进一步明确和可行。② 标准化政策及其经济学依据获得现实证据的回应。主要包括利益相关者参与、流程重组、更新存量标准、标准教育、利用标准为重大问题的解决提供方案、与研究和创新相结合、标准的获取和定价、不同政府活动的协调、通过标准加强监管等。③ 在能源组合标准等领域已经开展针对标准化政策的实施效果评估,标准化政策实践不断推进。完善标准体系以发挥标准对经济的正面影响,是标准经济学学术前沿政策实践的出发点。标准对经济增长、贸易和创新的影响均具有双向性,最终影响取决于正负效应的相对大小。标准化政策以充分考虑消费者、企业、政府等标准利益相关者各方的动机和行为为重点,优化政策的具体措施和实施方案。

二、未来的研究方向

第一,在对标准经济效应的作用机理进行研究时,可结合经济增长理论、国际贸易理论和创新理论等理论框架,适切地引入标准元素,研究不同条件下起主导作用的机理,并对不同机理中的主要影响因素进行分析。

标准对经济影响的作用机理研究成为不断拓展国家标准经济学理论前沿的核心问题。由于标准的类别不同,结合多种分类方法会使得作为标准经济学研究对象的标准呈现出明显的结构化特征。标准对经济影响的机理既是标准与经济增长研究、标准与贸易研究、标准与创新研究等前沿问题的理论框架,也是标准经济学前沿政策实践的依据。

标准分类是标准经济学研究的前提,否则,标准可能由于涉及领域过于宽泛和庞杂,而失去明确界定和缺失理论依据的局面。对"标准"不能一概而论,必须明确标准的分类,再进行标准的相关研究。针对不同类别标准影响经济机理异质性的理论与经验实证研究,能够为优化标准供给、保障标准实施提供参考,是未来有价值的研究方向。

第二,在对中国标准的经济效应进行研究时,应结合中国标准化发展实践和标准经济理论,划分标准类型,拓展中国标准影响经济发展的理论框架，并丰富以中国各级各类标准为研究对象的实证研究。

中国是拥有强制性标准的发展中国家，不同类别标准影响国际国内贸易的作用机理具有异质性。从多维度、多类别研究中国国家标准与经济增长、贸易和创新之间的关系，可以让主要经济领域的国家标准供给类型更精确、国家标准体系的规模和结构更优化、国家标准对经济发展的支撑作用发挥更充分。

标准是标准化活动的产物，标准是生产的基础依据、贸易的共同语言、市场的交易规则和合作的纽带桥梁。中国是标准大国，也是世界标准化的重要贡献者。针对中国不同类别标准的经济影响开展研究，结合中国标准化实践建立具有中国特色的标准经济学学术体系、学科体系和话语体系，是未来有价值的研究方向。

结　语

本研究从前沿理论、前沿方法、前沿问题和前沿政策等四个方面，对近二十年尤其是近十年国外标准经济学学术前沿的文献进行了梳理、归纳和评价。

国外标准经济学学术研究的理论前沿主要集中在标准的分类理论、供求理论、标准经济效应的相关理论等三个方面，尤其是研究标准影响经济作用机理的理论研究。标准与经济增长研究、标准与贸易研究、标准与创新研究是国外标准经济学学术研究关注的主要前沿问题。比较而言，标准与贸易研究的文献最多，居于前沿主体地位。

国外标准经济学学术前沿的研究方法主要为理论实证方法和经验实证方法的拓展。在理论实证领域，重点是基于经济增长理论、技术经济理论和创新经济理论建立标准影响经济增长和创新的理论框架，基于南北模型研究标准对贸易的影响。在经验实证方法上，主要结合经济总量和部门数据以及分类标准数据，对标准经济效应的异质性进行检验。

完善标准体系以发挥标准对经济的正面影响，是标准经济学学术前沿政策实践的出发点。标准对经济增长、贸易和创新的影响均具有双向性，最终影响取决于正负效应的相对大小。标准化政策以充分考虑消费者、企业、政府等标准利益相关者各方的动机和行为为重点，优化政策的具体措施和实施方案。

现阶段，中国特色社会主义进入新时代，经济发展已转向高质量发展阶段，标准发展不充分、不平衡的问题依然存在。标准支撑经济社会发展的效能有待提升，在一些重点领域关键环节中，标准发展仍然有待推进，建设标准强国的任务依然任重而道远。为推进中国标准经济学研究与教学，亟待汲取国外标准经济学学术前沿的优秀研究成果，为中国建设标准强国提供理论支撑。深入推进标准经济学相关研究，动员全社会力量积极参与标准化工作，能够为建设科学合理的国家标准体系、完善与高质量发展要求相适应的国家标准体系、实现标准强国提供理论支撑和实践依据。

参考文献

［1］ABU HATAB A，HESSE S，SURRY Y. EU's trade standards and the export performance of small and medium-sized agri-food export firms in Egypt ［J］. International Food and Agribusiness Management Review，2019，22（5）：689-706.

［2］AKOYI K T，MAERTENS M. Walk the talk：Private sustainability standards in the Ugandan coffee sector ［J］. Journal of Development Studies，2018，54（10）：1792-1818.

［3］AL-KAHLOOT E，AL-YAQOUT A，KHAN P B. The impact of ISO 14001 standards certification on firms' performance in the state of Kuwait ［J］. Journal of Engineering Research，2019，7（3）：286-303.

［4］ANDERSON J E，VAN WINCOOP E. Gravity with gravitas：A solution to the border puzzle ［J］. American Economic Review，2003，93（1）：170-192.

［5］ANDERSSON A. The trade effect of private standards ［J］. European Review of Agricultural Economics，2019，46（2）：267-290.

［6］ANNE-CÉLIA DISDIER R L F P. The impact of regulations on agricultural trade：Evidence from SPS and TBT Agreements ［J］. American Journal of Agricultural Economics Appendices，2008，90（2）：336-350.

［7］ARGUEDAS C，CABO F，MARTIN-HERRAN G. Enforcing regulatory standards in stock pollution problems ［J］. Journal of Environmental Economics and Management，2020，100（3）：1-34.

［8］ASCUI F，FARMERY A K，GALE F. Comparing sustainability claims with assurance in organic agriculture standards ［J］. Australasian Journal of Environmental Management，2020，27（1）：22-41.

［9］AUGUSTIN-JEAN L，XIE L. Food safety standards and market regulations as elements of competition—Case studies from China's international trade ［J］. Asian Journal of WTO & International Health Law and Policy，2016，11（2）：289-324.

［10］AUGUSTIN-JEAN L，XIE L. Food safety，agro-industries，and

China's international trade: A standard-based approach [J]. China Information, 2018, 32 (3SI): 400–422.

[11] BALLER S. Trade effects of regional standards liberalization: A heterogeneous firm's approach [J]. World Bank Policy Working Paper, No. 4124, 2007.

[12] BARON J, POHLMANN T, BLIND K. Essential patents and standard dynamics [J]. Research Policy, 2016, 45 (9): 1762–1773.

[13] BARON J, POHLMANN T. Mapping standards to patents using declarations of standard-essential patents [J]. Journal of Economics and Management Strategy, 2018, 27 (3): 504–534.

[14] BARRETT C B, YANG Y N. Rational incompatibility with international product standards [J]. Journal of International Economics, 2001, 54 (1): 171–191.

[15] BASTIAENS I, POSTNIKOV E. Social standards in trade agreements and free trade preferences: An empirical investigation [J]. Review of International Organizations, 2020, 15 (4): 793–816.

[16] BEGHIN J C, MAERTENS M, SWINNEN J. Nontariff measures and standards in trade and global value chains [J]. Annual Review of Resource Economics, 2015, 7 (1): 425–450.

[17] BENEZECH D, LAMBERT G, LANOUX B, et al. Completion of knowledge codification: An illustration through the ISO 9000 standards implementation process [J]. Research Policy, 2001, 30 (9): 1395–1407.

[18] BENNETT E A. Who governs socially-oriented voluntary sustainability standards? Not the producers of certified products [J]. World Development, 2017, 91 (4): 53–69.

[19] BENNETT H S, ANDRES H, PELLEGRINO J, et al. Priorities for standards and measurements to accelerate innovations in nano-electrotechnologies: Analysis of the NIST-Energetics-IEC TC 113 survey [J]. Journal of Research of the National Institute of Standards and Technology, 2009, 114 (2): 99–135.

[20] BERGER F, BLIND K, THUMM N. Filing behaviour regarding essential patents in industry standards [J]. Research Policy, 2012, 41 (1): 216–225.

[21] BERKOWITZ D, MOENIUS J, PISTOR K. Trade, law, and

product complexity [J]. Review of Economics and Statistics, 2006, 88 (2): 363–373.

[22] BERTI K, FALVEY R. Does trade weaken product standards? [J]. Review of International Economics, 2018, 26 (4): 852–868.

[23] BHATTACHARYA S, GIANNAKAS K, SCHOENGOLD K. Market and welfare effects of renewable portfolio standards in United States electricity markets [J]. Energy Economics, 2017, 64 (3): 384–401.

[24] BITTENCOURT P F, BRITTO J N D P, GIGLIO R. Forms of learning and product innovation degrees in Brazil: An exploratory analysis of sectoral learning standards [J]. Nova Economia, 2016, 26 (1): 263–300.

[25] BLIND K, FENTON A. Standard-relevant publications: evidence, processes and influencing factors [J]. Scientometrics, 2022, 127 (1): 577–602.

[26] BLIND K, LORENZ A, RAUBER J. Drivers for companies' entry into standard-setting organizations [J]. IEEE Transactions on Engineering Management, 2021, 68 (1): 33–44.

[27] BLIND K, MANGELSDORF A, NIEBEL C, et al. Standards in the global value chains of the European Single Market [J]. Review of International Political Economy, 2018, 25 (1): 28–48.

[28] BLIND K, MANGELSDORF, et al. Motives to standardize: Empirical evidence from Germany [J]. Technovation, 2016, 48: 13–24.

[29] BLIND K, MUELLER J. The role of standards in the policy debate on the EU–US trade agreement [J]. Journal of Policy Modeling, 2019, 41 (1): 21–38.

[30] BLIND K, PETERSEN S S, RIILLO C A F. The impact of standards and regulation on innovation in uncertain markets [J]. Research Policy, 2017, 46 (1): 249–264.

[31] BLIND K, RAMEL F, ROCHELL C. The influence of standards and patents on long-term economic growth [J]. Journal of Technology Transfer, 2022, 47 (4): 979–999.

[32] BLIND K. Springer handbook of science and technology indicators [M]. CHAM: Springer International Publishing, 2019.

[33] BLIND K. The economics of standards: Theory, evidence, policy [M]. Cheltenham: Edward Elgar Publishing Limited, 2004.

[34] BLIND K. The impacts of innovations and standards on trade of measurement and testing products: Empirical results of Switzerland's bilateral trade flows with Germany, France and the UK [J]. Information Economics and Policy, 2001, 13 (4): 439-460.

[35] BONNAL M. Export performance, labor standards and institutions: Evidence from a dynamic panel data model [J]. Journal of Labor Research, 2010, 31 (1): 53-66.

[36] BOVAY J. Demand for collective food-safety standards [J]. Agricultural Economics, 2017, 48 (6): 793-803.

[37] BRANDER J A, SPENCER B J. Export subsidies and international market share rivalry [J]. Journal of International Economics, 1985, 18 (1): 83-100.

[38] BRANDI C A. Sustainability standards and sustainable development-synergies and trade-offs of transnational governance [J]. Sustainable Development, 2017, 25 (1): 25-34.

[39] BRANDI C, CABANI T, HOSANG C, et al. Sustainability standards for palm oil: challenges for smallholder certification under the RSPO [J]. Journal of Environment and Development, 2015, 24 (3): 292-314.

[40] BRAUN-MUNZINGER C. Chinese CSR standards and industrial policy in GPNs [J]. Critical Perspectives on International Business, 2019, 16 (2): 165-185.

[41] BROWNING V, SO K K F, SPARKS B. The influence of online reviews on consumers' attributions of service quality and control for service standards in hotels [J]. Journal of Travel & Tourism Marketing, 2013, 30 (1-2): 23-40.

[42] BU Y, ZHANG X. The prospect of new provincial renewable portfolio standard in China based on structural data analysis [J]. Frontiers in Energy Research, 2020, 8 (2): 79-120.

[43] BULLOCK D S, Mittenzwei K, Wangsness P B. Balancing public goods in agriculture through safe minimum standards [J]. European Review of Agricultural Economics, 2016, 43 (4): 561-584.

[44] Jung B, Kim C. WOO K C. The change of South Korean industrial standardization policy based on the trend of standard-setting [J]. Korea and World Politics, 2013, 29 (3): 155-188.

[45] CALZA E, GOEDHUYS M, TRIFKOVIC N. Drivers of productivity in Vietnamese SMEs: The role of management standards and innovation [J]. Economics of Innovation and New Technology, 2019, 28 (1): 23-44.

[46] CARLOS BARCENA-RUIZ J, LUZ CAMPO M. Taxes versus standards under cross-ownership [J]. Resource and Energy Economics, 2017, 50: 36-50.

[47] CARTWRIGHT M. Preferential trade agreements and power asymmetries: The case of technological protection measures in Australia [J]. Pacific Review, 2019, 32 (3): 313-335.

[48] CASTELLARI E, SOREGAROLI C, VENUS T J, et al. Food processor and retailer non-GMO standards in the US and EU and the driving role of regulations [J]. Food Policy, 2018, 78 (SI): 26-37.

[49] CHAKRABORTY D, CHAISSE J, PAHARI S. Global auto industry and product standards: A critical review of India's economic and regulatory experience [J]. Journal of International Trade Law and Policy, 2020, 19 (1): 8-35.

[50] CHAKRABORTY P. Environmental standards, trade and innovation: Evidence from a natural experiment [J]. Environment and Development Economics, 2017, 22 (4): 414-446.

[51] CHAN A T, CRAWFORD B K. The puzzle of public opposition to TTIP in Germany [J]. Business and Politics, 2017, 19 (4): 683-708.

[52] CHAN A. Racing to the bottom: International trade without a social clause [J]. Third World Quarterly, 2003, 24 (6): 1011-1028.

[53] CHANEY T. Distorted gravity: The intensive and extensive margins of international trade [J]. American Economic Review, 2008, 98 (4): 1707-1721.

[54] CHAO C, LAFFARGUE J, SGRO P M. Tariff and environmental policies with product standards [J]. Canadian Journal of Economics/Revue Canadienne Déconomique, 2012, 45 (3): 978-995.

[55] CHEN L, DEBNATH D, ZHONG J, et al. The economic and environmental costs and benefits of the renewable fuel standard [J]. Environmental Research Letters, 2021, 16 (3): 1-16.

[56] CHEN M X, MATTOO A. Regionalism in standards: Good or bad for trade? [J]. Canadian Journal of Economics/Revue Canadienne Déconomique,

2008, 41 (3): 838–863.

[57] CHEN M X, OTSUKI T, WILSON J S. Do standards matter for export success? [J]. World Bank Policy Working Paper, No. 3809, 2006.

[58] CHEN Z, DAR-BRODEUR A. Trade and labor standards: Will there be a race to the bottom? [J]. Canadian Journal of Economics/Revue Canadienne Déconomique, 2020, 53 (3): 916–948.

[59] CHERNIWCHAN J, NAJJAR N. Do Environmental Regulations Affect the Decision to Export [J]. American Economic Journal-Economic Policy, 2022, 14 (2): 125–160.

[60] CHIPUTWA B, SPIELMAN D J, Qaim M. Food standards, certification, and poverty among coffee farmers in Uganda [J]. World Development, 2015, 66 (3): 400–412.

[61] CHOI D G, DE VRIES H J. Standardization as emerging content in technology education at all levels of education [J]. International Journal of Technology and Design Education, 2011, 21 (1): 111–135.

[62] CHOI D G, LEE H, SUNG T K. Research profiling for 'standardization and innovation' [J]. Scientometrics, 2011, 88 (1): 259–278.

[63] CHOI J W, YUE C. Investigating the impact of maximum residue limit standards on the vegetable trade in Japan [J]. International Food and Agribusiness Management Association, 2017, 20 (1): 159–173.

[64] CHOI K, HWANG J, PARK M. Scheduling restaurant workers to minimize labor cost and meet service standards [J]. Cornell Hospitality Quarterly, 2009, 50 (2): 155–167.

[65] CHOIA J W, YUE C. Investigating the impact of maximum residue limit standards on the vegetable trade in Japan [J]. International Food and Agribusiness Management Review, 2017, 20 (1): 159–173.

[66] CIPOLLINA M, DEMARIA F, PIETROVITO F. Determinants of trade: The role of innovation in presence of quality standards [J]. Journal of Industry Competition and Trade, 2016, 16 (4): 455–475.

[67] CLOUGHERTY J A, GRAJEK M. International standards and international trade: Empirical evidence from ISO 9000 diffusion [J]. International Journal of Industrial Organization, 2014, 36 (SI): 70–82.

[68] CLOUGHERTY J A, GRAJEK M. The impact of ISO 9000 diffusion on trade and FDI: A new institutional analysis [J]. Journal of Interna-

tional Business Studies, 2008, 39 (4): 613-633.

[69] COBAN M K. Compliance forces, domestic policy process, and international regulatory standards: Compliance with Basel III [J]. Business and Politics, 2020, 22 (1): 161-195.

[70] COLEN L, MAERTENS M, SWINNEN J. Private standards, trade and poverty: Global GAP and horticultural employment in Senegal [J]. World Economy, 2012, 35 (8): 1073-1088.

[71] CORVAGLIA M A. Public procurement and private standards: Ensuring sustainability under the WTO agreement on government procurement [J]. Journal of International Economic Law, 2016, 19 (3): 607-627.

[72] COWAN R, DAVID P, FORAY D. The explicit economics of knowledge codification and tacitness [J]. Industrial and Corporate Change, 2000, 9 (2): 211-253.

[73] CURZI D, LUARASI M, RAIMONDI V, et al. The (lack of) international harmonization of EU standards: Import and export effects in developed versus developing countries [J]. Applied Economics Letters, 2018, 25 (21): 1552-1556.

[74] CURZI D, SCHUSTER M, MAERTENS M, et al. Standards, trade margins and product quality: Firm-level evidence from Peru [J]. Food Policy, 2020, 91 (1): 17-33.

[75] CZUBALA W, SHEPHERD B, WILSON J S. Help or hindrance? The impact of harmonized standards on African exports [J]. Journal of African Economies, 2009, 18 (5): 711-744.

[76] DALHAMMAR C, VAN ROSSEM C. Life cycle thinking, product standards, and trade: can we achieve a balance between different policy objectives? [M] // International Trade and Environmental Justice: Toward A Global Political Ecology. New York: Nova Science Publishers, 2010: 193-217.

[77] DANG J W, KANG B, DING K. International protection of standard essential patents [J]. Technological Forecasting and Social Change, 2019, 139 (1): 75-86.

[78] DASGUPTA S, AGARWAL N, MUKHERJEE A. Moving up the on-site sanitation ladder in urban India through better systems and standards [J]. Journal of Environmental Management, 2021, 280: 111656.

[79] DAUGBJERG C, BOTTERILL L C. Ethical food standard schemes and global trade: Paralleling the WTO? [J]. Policy and Society, 2012, 31 (4): 307-317.

[80] DAVIES A. Technical regulations and standards under the WTO Agreement on Technical Barriers to Trade [J]. Legal Issues of Economic Integration, 2014, 41 (1): 37-63.

[81] DE LIMA F A, NEUTZLING D M, GOMES M. Do organic standards have a real taste of sustainability? — A critical essay [J]. Journal of Rural Studies, 2021, 81 (1): 89-98.

[82] DE NADAE J, CARVALHO M M, VIEIRA D R. Exploring the influence of environmental and social standards in integrated management systems on economic performance of firms [J]. Journal of Manufacturing Technology Management, 2019, 30 (5): 840-861.

[83] DE VRIES F P, DIJKSTRA B R, MCGINTY M. On emissions trading and market structure: cap-and-trade versus intensity standards [J]. Environmental and Resource Economics, 2014, 58 (4): 665-682.

[84] DE VRIES H J, GO F M. Developing a common standard for authentic restaurants [J]. Service Industries Journal, 2017, 37 (15-16): 1008-1028.

[85] DEN BUTTER F A G, PATTIPEILOHY C. Productivity gains from offshoring: An empirical analysis for the Netherlands [J]. Social Science Electronic Publishing, 2007, 3 (1): 1-21.

[86] DEVADASON E S, CHANDRAN V G R, KALIRAJAN K. Harmonization of food trade standards and regulations in ASEAN: The case of Malaysia's food imports [J]. Agricultural Economics, 2018, 49 (1): 97-109.

[87] DEWATRIPONT M, LEGROS P. "Essential" patents, FRAND royalties and technological standards [J]. Journal of Industrial Economics, 2013, 61 (4): 913-937.

[88] DICKENS R, RILEY R, WILKINSON D. A re-examination of the impact of the UK national minimum wage on employment [J]. Economica, 2015, 82 (328): 841-864.

[89] DISDIER A C, MIMOUNI L F. The impact of regulations on agricultural trade: Evidence from the SPS and TBT agreements [J]. American

Journal of Agricultural Economics, 2008, 90 (2): 336-350.

[90] DISDIER A, FONTAGNE L, CADOT O. North-South standards harmonization and international trade [J]. World Bank Economic Review, 2015, 29 (2): 327-352.

[91] DISTELHORST G, LOCKE R M. Does compliance pay? Social standards and firm-level trade [J]. Americal Journal of Political Science, 2018, 62 (3): 695-711.

[92] DONG X, YANG Y, ZHUANG Q, et al. Does environmental regulation help mitigate factor misallocation? — Theoretical simulations based on a dynamic general equilibrium model and the perspective of TFP [J]. International Journal of Environmental Research and Public Health, 2022, 19 (6): 3642-3687.

[93] DROGUE S, DEMARIA F. Pesticide residues and trade, the apple of discord? [J]. Food Policy, 2012, 37 (6): 641-649.

[94] DUMAN F, OZER O, KOSEOGLU M A, et al. Does quality standards certification truly matter on operational and business performances of firms? Evidence from resort hotels [J]. European Journal of Tourism Research, 2019, 23: 142-155.

[95] EHRICH M, MANGELSDORF A. The role of private standards for manufactured food exports from developing countries [J]. World Development, 2018, 101: 16-27.

[96] ELMGHAAMEZ I K, GERGED A M, NTIM C G. Financial market consequences of early adoption of international standards on auditing: international evidence [J]. Managerial Auditing Journal, 2020, 35 (6): 819-858.

[97] ERASMUS L J, STEYN B, FOURIE H, et al. The adequacy, use and compliance with internal auditing standards — South African perceptions in comparison with other specific regions [J]. Southern African Journal of Accountability and Auditing Research-Sajaar, 2013, 15 (1): 43-52.

[98] ERNAH, PARVATHI P, WAIBEL H. Will teaching sustainability standards to oil palm smallholders in Indonesia pay off? [J]. International Journal of Agricultural Sustainability, 2020, 18 (2): 196-211.

[99] ERNST D, LEE H, KWAK J. Standards, innovation, and latecomer economic development: Conceptual issues and policy challenges [J].

Telecommunications Policy, 2014, 38 (10): 853–862.

[100] EUM J. Effects of Technical Barriers to Trade (TBT) and Sanitary and Phytosanitary Standards (SPS) on Korean exports: Focusing on global value chain [J]. Korea Trade Review, 2021, 46 (6): 1–19.

[101] EZENWOKE O, TION W. International financial reporting standards (IFRSs) adoption in Africa: Abibliometric analysis [J]. Cogent Social Sciences, 2020, 6 (1): 1–21.

[102] FANE S, GROSSMAN C, SCHLUNKE A. Australia's water efficiency labelling and standards scheme: summary of an environmental and economic evaluation [J]. Water Supply, 2020, 20 (1): 1–12.

[103] FANG Z, CHEN J, LIU G, et al. Framework of basin eco-compensation standard valuation for cross-regional water supply — A case study in northern China [J]. Journal of Cleaner Production, 2021, 279: 123630.

[104] FEENSTRA R, KEE H L. Export variety and country productivity: Estimating the monopolistic competition model with endogenous productivity [J]. Journal of International Economics, 2008, 74 (2): 500–518.

[105] FELL H, KAFFINE D, STEINBERG D. Energy efficiency and emissions intensity standards [J]. Journal of The Association of Environmental and Resource Economists, 2017, 4 (S1): S201–S226.

[106] FERNANDES A M, FERRO E, WILSON J S. Product standards and firms' export decisions [J]. World Bank Economic Review, 2019, 33 (2): 353–374.

[107] FERREIRA M D C, MATOS A, LEAL R P. Evaluation of the role of metrological traceability in health care: a comparison study by statistical approach [J]. Accreditation and Quality Assurance, 2015, 20 (6): 457–464.

[108] FERRO E, OTSUKI T, WILSON J S. The effect of product standards on agricultural exports [J]. Food Policy, 2015, 50 (1): 68–79.

[109] FIANKOR D D, HAASE O, BRUEMMER B. The heterogeneous effects of standards on agricultural trade flows [J]. Journal of Agricultural Economics, 2021, 72 (1): 25–46.

[110] FIANKOR D D, MARTINEZ–ZARZOSO I, BRUEMMER B. Exports and governance: The role of private voluntary agrifood standards [J]. Agricultural Economics, 2019, 50 (3): 341–352.

[111] FISCHER C, GREAKER M, ROSENDAHL K E. Strategic technology policy as a supplement to renewable energy standards [J]. Resource and Energy Economics, 2018, 51 (2): 84–98.

[112] FISCHER K, HESS S. The Swedish media debate on GMO between 1994 and 2018: What attention was given to farmers' perspectives? [J]. Environmental Communication — A Journal of Nature and Culture, 2022, 16 (1): 43–62.

[113] FONTAGNÉ L, MIMOUNI M, PASTEELS J M. Estimating the impact of environmental SPS and TBT on international trade [J]. Intergration and Trade Journal, 2005, 22 (3): 1–47.

[114] FONTAGNE L, OREFICE G, PIERMARTINI R, ROCHA N. Product standards and margins of trade: Firm-level evidence [J]. Journal of International Economics, 2015, 97 (1): 29–44.

[115] FONTANELLI F. ISO and codex standards and international trade law: What gets said is not what's heard [J]. International and Comparative Law Quarterly, 2011, 60 (4): 895–932.

[116] FOUCART R, LI Q C. The role of technology standards in product innovation: Theory and evidence from UK manufacturing firms [J]. Research Policy, 2021, 50 (2): 104157.

[117] FOUILLEUX E, LOCONTO A. Voluntary standards, certification, and accreditation in the global organic agriculture field: A tripartite model of techno-politics [J]. Agriculture and Human Values, 2017, 34 (1): 1–14.

[118] FRANSEN L, KOLK A, RIVERA-SANTOS M. The multiplicity of international corporate social responsibility standards Implications for global value chain governance [J]. Multinational Business Review, 2019, 27 (4): 397–426.

[119] FREUND C L, WEINHOLD D. The effect of the Internet on international trade [J]. Journal of International Economics, 2004, 62 (1): 171–189.

[120] GAETANO SANTERAMO F, GUERRIERI V, LAMONACA E. On the evolution of trade and Sanitary and Phytosanitary Standards: The role of trade agreements [J]. Agriculture-Basel, 2019, 9 (1): 44–60.

[121] GAIGNE C, LARUE B. Quality standards, industry structure,

and welfare in a global economy [J]. American Journal of Agricultural Economics, 2016, 98 (5): 1432–1449.

[122] GALATI A, GIANGUZZI G, TINERVIA S, et al. Motivations, adoption and impact of voluntary environmental certification in the Italian forest based industry: The case of the FSC standard [J]. Forest Policy and Economics, 2017, 83 (10): 169–176.

[123] GALLOWAY E, JOHNSON E P. Teaching an old dog new tricks: Firm learning from environmental regulation [J]. Energy Economics, 2016, 59 (7): 1–10.

[124] GAMBER T, FRIEDRICH-NISHIO M, GRUPP H. Science and technology in standardization: A statistical analysis of merging knowledge structures [J]. Scientometrics, 2008, 74 (1): 89–108.

[125] GANSLANDT M, MARKUSEN J R. National standards and international trade [J]. The Research Institute of Industrial Economics working paper, NO. 547, 2001: 1–25.

[126] GARCIA-GONZALEZ D L, TENA N, ROMERO I, et al. A study of the differences between trade standards inside and outside Europe [J]. Grasas Y Aceites, 2017, 68 (3): 1–22.

[127] GARDNER B. U.S. Food quality standards: Fix for market failure or costly Anachronism? [J]. American Journal of Agricultural Economics, 2003, 85 (3): 725–730.

[128] GARNERO A, LUCIFORA C. Turning a 'Blind Eye'? Compliance with minimum wage standards and employment [J]. Economica, 2022, 89 (356): 884–907.

[129] GAUGHAN P H, JAVALGI R R G. A framework for analyzing international business and legal ethical standards [J]. Business Horizons, 2018, 61 (6): 813–822.

[130] GEOFF M, G M P SWANN. Accounting standards and the economics of standards [J]. Accounting and Business Research, 2009, 39 (3): 191–210.

[131] GHOZZI H, SOREGAROLI C, BOCCALETTI S, et al. Impacts of non-GMO standards on poultry supply chain governance: Transaction cost approach vs resource-based view [J]. Supply Chain Management—An International Journal, 2016, 21 (6): 743–758.

[132] GICHUKI C N, HAN J, NJAGI T. The impact of household wealth on adoption and compliance to GLOBAL GAP production standards: Evidence from smallholder farmers in Kenya [J]. Agriculture-Basel, 2020, 10 (2): 1-15.

[133] GKOUMAS A. Evaluating a standard for sustainable tourism through the lenses of local industry [J]. Heliyon, 2019, 5 (11): 1-12.

[134] GOULDEN S, NEGEV M, REICHER S, et al. Implications of standards in setting environmental policy [J]. Environmental Science & Policy, 2019, 98 (8): 39-46.

[135] GRAJEK M. Diffusion of ISO 9000 Standards and international trade [J]. SSRN Electronic Journal, 2004, 191 (SP II 2004-16): 1-37.

[136] GROOT-KORMELINCK A, TRIENEKENS J, BIJMAN J. Coordinating food quality: How do quality standards influence contract arrangements? A study on Uruguayan food supply chains [J]. Supply Chain Management-An International Journal, 2021, 26 (4): 449-466.

[137] GRUNI G. Labor standards in the Eu-South Korea Free Trade Agreement pushing labor standards into global trade law? [J]. Korean Journal of International and Comparative Law, 2017, 5 (1): 100-121.

[138] GUO L, DUAN X, LI H, et al. Does a higher minimum wage accelerate labour division in agricultural production? Evidence from the main rice-planting area in China [J]. Economic Research-Ekonomska Istraživanja, 2022, 35 (1): 2984-3010.

[139] HAMMOUDI A, HAMZA O, MIGLIORE S. Food security in developing countries: What is the contribution of export sectors? [J]. Revue D Economie Politique, 2015, 125 (4): 601-631.

[140] HANNINEN M, LUOMA J, MITRONEN L. Information standards in retailing? A review and future outlook [J]. International Review of Retail Distribution and Consumer Research, 2021, 31 (2): 131-149.

[141] HANNUS V, VENUS T J, SAUER J. Acceptance of sustainability standards by farmers-empirical evidence from Germany [J]. Journal of Environmental Management, 2020, 267 (2): 110617.

[142] HANSEN H, TRIFKOVIC N. Food standards are good-For middle-class farmers [J]. World Development, 2014, 56 (7): 226-242.

[143] HARRISON J, BARBU M, CAMPLING L, et al. Governing la-

bor standards through free trade agreements: Limits of the European Union's trade and sustainable development chapters: Governing labor standards through FTAs [J]. Journal of Common Market Studies, 2019, 57 (2): 260-277.

[144] HARRISON J, BARBU M, CAMPLING L, et al. Labor standards provisions in EU Free Trade Agreements: Reflections on the European Commission's reform agenda [J]. World Trade Review, 2019, 18 (4): 635-657.

[145] HATAB A A, HESS S, SURRY Y. EU's trade standards and the export performance of small and medium-sized agri-food export firms in Egypt [J]. International Food and Agribusiness Management Review, 2018, 22 (5): 689-706.

[146] HECKELEI T, SWINNEN J. Introduction to the special issue of the World Trade Review on standards and non-tariff barriers in trade [J]. World Trade Review, 2012, 11 (3): 353-355.

[147] HEINRICH T. Standard wars, tied standards, and network externality induced path dependence in the ICT sector [J]. Technological Forecasting and Social Change, 2014, 81 (1): 309-320.

[148] HELPMAN E, MELITZ M, RUBINSTEIN Y. Estimating trade flows: Trading partners and trading volumes [J]. Quarterly Journal of Economics, 2008, 123 (2): 441-487.

[149] HOU M A, GRAZIA C, MALORGIO G. Food safety standards and international supply chain organization: A case study of the Moroccan fruit and vegetable exports [J]. Food Control, 2015, 55 (1): 190-199.

[150] HU C, LIN F Q. Product standards and export quality: Micro evidence from China [J]. Economics Letters, 2016, 145 (4): 274-277.

[151] HUANG C, SANTIBANEZ-GONZALEZ E D R, SONG M. Interstate pollution spillover and setting environmental standards [J]. Journal of Cleaner Production, 2018, 170 (2): 1544-1553.

[152] HUDSON J, JONES P. International trade in 'quality goods': signaling problems for developing countries [J]. Journal of International Development, 2003, 15 (8): 999-1013.

[153] HUMMELS D, KLENOW P J. The variety and quality of a nation's exports [J]. American Economic Review, 2005, 95 (3): 704-723.

[154] HUSEYNOV S, PALMA M A. Does California's low carbon fuel standards reduce carbon dioxide emissions? [J]. Plos One, 2018, 13 (9): e0203167.

[155] HUSSAIN T, ESKILDSEN J K, EDGEMAN R. The intellectual structure of research in ISO 9000 standard series (1987—2015): A bibliometric analysis [J]. Total Quality Management and Business Excellence, 2020, 31 (11–12): 1195–1224.

[156] ISHIKAWA J, OKUBO T. Environmental product standards in North-South trade [J]. Review of Development Economics, 2011, 15 (3): 458–473.

[157] ISLAM R, RESHEF A. Trade and harmonization: If your institutions are good, does it matter if they are different? [J]. Policy Research Working Paper Series, 2006, No. 3907.

[158] ITO K, SALLEE J M. The economics of attribute-based regulation: Theory and evidence from fuel economy standards [J]. Review of Economics and Statistics, 2018, 100 (2): 319–336.

[159] JAVIER BALLINA F, VALDES L, DEL VALLE E. The signaling theory: The key role of quality standards in the hotel's performance [J]. Journal of Quality Assurance in Hospitality and Tourism, 2020, 21 (2): 190–208.

[160] JENSEN J, TARR D. Deep trade policy options for Armenia: The importance of trade facilitation, services and standards liberalization [J]. Economics–The Open Access Open–Assessment E–Journal, 2012, 6 (1): 20120001.

[161] JIANG H, ZHAO S K, ZHANG Y, et al. The cooperative effect between technology standardization and industrial technology innovation based on Newtonian mechanics [J]. Information Technology & Management, 2012, 13 (4): 251–262.

[162] JIAO R, ZHAO G, WANG F. Logistics service standardization, enterprise operation efficiency, and economic effects [J]. Transformations in Business and Economics, 2019, 18 (3): 168–190.

[163] JOSE TARI J, PEREIRA-MOLINER J, MOLINA-AZORIN J F, et al. Quality standards and competitive advantage: The role of human issues in tourism organizations [J]. Current Issues in Tourism, 2020, 23 (20):

2515–2532.

[164] JOSHI J. Do renewable portfolio standards increase renewable energy capacity? Evidence from the United States [J]. Journal of Environmental Management, 2021, 287 (4): 112261.

[165] JOUNG J. A study on securing standards with trade parties in the WTO TBT system [J]. The Journal of Korea Research Society for Customs, 2020, 21 (4): 179–202.

[166] JUNGMITTAG A, BLIND K. The impacts of innovations and standards on German-French trade flows [R]. Fraunhofer Research Paper, No. 417, 2010.

[167] KANEVSKAIA O. ICT standards bodies and international trade: What role for the WTO? [J]. Journal of World Trade, 2022, 56 (3): 429–452.

[168] KAREMERA D, XIONG B, WHITESIDES L. A state-level analysis of the impact of a US-EU harmonization of food safety standards on US exports of fruits and vegetables [J]. Applied Economic Perspectives and Policy, 2020, 42 (4): 856–869.

[169] KAWABATA Y, TAKARADA Y. Deep trade agreements and harmonization of standards [J]. Southern Economic Journal, 2021, 88 (1): 118–143.

[170] KELLENBERG D, LEVINSON A. Misreporting trade: Tariff evasion, corruption, and auditing standards [J]. Review of International Economics, 2019, 27 (1): 106–129.

[171] KERBER W, VAN DEN BERGH R. Unmasking mutual recognition: Current inconsistencies and future chances [R]. Marburg: 2007.

[172] KIM H, EUNGDO K. Evaluating government-led standardization policy: A case of broadband convergence network standard model [J]. Global Business Administration Review, 2015, 12 (3): 49–67.

[173] KIM M. The "standard" in the GATT/WTO TBT agreements: Origin, evolution and application [J]. Journal of World Trade, 2018, 52 (5): 765–788.

[174] KIM Y, KIM H S, JEON H, et al. Economic evaluation model for international standardization of technology [J]. IEEE Transactions on Instrumentation and Measurement, 2008, 58 (3): 657–665.

[175] KIM Y. The recognition of SMEs to standard as technical barriers to trade and the standardization policy direction [J]. Korea Trade Review, 2008, 33 (5): 1-23.

[176] KLUETER T, MONTEIRO L F, DUNLAP D R. Standard vs. partnership-embedded licensing: Attention and the relationship between licensing and product innovations [J]. Research Policy, 2017, 46 (9): 1629-1643.

[177] KOCH C, BEEMSTERBOER S. Making an engine: Performativities of building information standards [J]. Building Research and Information, 2017, 45 (6): 596-609.

[178] KOTSANOPOULOS K V, ARVANITOYANNIS I S. The role of auditing, food safety, and food quality standards in the food industry: A review [J]. Comprehensive Reviews in Food Science and Food Safety, 2017, 16 (5): 760-775.

[179] KRICKX G A. Standards migration and peripheral competition [J]. Technology Analysis and Strategic Management, 2001, 13 (2): 207-225.

[180] KUCERA D. Core labor standards and economic development [J]. Labor History, 2004, 45 (4): 516-522.

[181] KUERBIS B, MUELLER M. The hidden standards war: Economic factors affecting IPv6 deployment [J]. Digital Policy Regulation and Governance, 2020, 22 (4): 333-361.

[182] LADE G E, LAWELL C Y C L, SMITH A. Policy shocks and market-based regulations: Evidence from the renewable fuel standard [J]. American Journal of Agricultural Economics, 2018, 100 (3): 707-731.

[183] LADE G E, LAWELL C Y C L. The design and economics of low carbon fuel standards [J]. Research in Transportation Economics, 2015, 52 (SI): 91-99.

[184] LEE P. Investigating the knowledge spillover and externality of technology standards based on patent data [J]. IEEE Transactions on Engineering Management, 2019, 68 (4): 1027-1041.

[185] LEMEILLEUR S, SUBERVIE J, PRESOTO A E, et al. Coffee farmers' incentives to comply with sustainability standards [J]. Journal of Agribusiness in Developing and Emerging Economies, 2020, 10 (4): 365-383.

[186] LEMOINE D. Escape from third-best: Rating emissions for intensity standards [J]. Environmental and Resource Economics, 2017, 67 (4): 789-821.

[187] LERNER J, TIROLE J. Standard-essential patents [J]. Journal of Political Economy, 2015, 123 (3): 547-586.

[188] LEVY T, DINOPOULOS E. Global environmental standards with heterogeneous polluters [J]. International Review of Economics & Finance, 2016, 43 (5): 482-498.

[189] LIAN K P, ADELINE H, PATEL C. Competitive advantages of audit firms in the era of international financial reporting standards: An analysis using the resource-based view of the firm [M]. Hong Kong: IACSTT Press, 2011.

[190] LIM T, ODILE J. African organic product standards for the African continent? Prospects and limitations [J]. Potchefstroom Electronic Law Journal, 2018, 21 (1): 1-38.

[191] LIN C, WU C. Case study of knowledge creation contributed by ISO 9001: 2000 [J]. International Journal of Technology Management, 2007, 37 (1-2): 193-213.

[192] LIN T C, HUANG S L. Understanding the determinants of consumers' switching intentions in a standards war [J]. International Journal of Electronic Commerce, 2014, 19 (1): 163-189.

[193] LIPPE R S, GROTE U. Determinants affecting adoption of GLOBALGAP standards: A choice experiment in Thai horticulture [J]. Agribusiness, 2017, 33 (2): 242-256.

[194] LIU J H, FUJITA T. Trade, cluster and environmental product standard [J]. Environmental Economics and Policy Studies, 2018, 20 (3): 655-679.

[195] LIU M, GUO J. Comparisons and improvements of eco-compensation standards for water resource protection in the Middle Route of the South-to-North Water Diversion Project [J]. Water Supply, 2020, 20 (8): 2988-2999.

[196] LUBINGA M H, OGUNDEJI A A, JORDAAN H, et al. Impact of European Union Generalized System of Preferences scheme on fruit and vegetable exports from East Africa: A preference margin approach [J]. Outlook

on Agriculture, 2017, 46 (3): 213–222.

[197] LUTZ S, PEZZINO M. International strategic choice of minimum quality standards and welfare [J]. Journal of Common Market Studies, 2012, 50 (4): 594–613.

[198] MACDONALD D H, BARNES M, BENNETT J, et al. Using a choice modelling approach for customer service standards in urban water [J]. Journal of the American Water Resources Association, 2005, 41 (3): 719–728.

[199] MACDONALD K. Private sustainability standards as tools for empowering southern pro-regulatory coalitions? Collaboration, conflict and the pursuit of sustainable palm oil [J] . Ecological Economics, 2020, 167 (4): 106439.

[200] MACNEILL S, JEANNERAT H. Beyond production and standards: Toward a status market approach to territorial innovation and knowledge policy [J]. Review of Regional Studies, 2020, 50 (2): 245–259.

[201] MAERTENS M, SWINNEN J F M. Trade, standards, and poverty: Evidence from Senegal [J]. World Development, 2009, 37 (1): 161–178.

[202] MAGGETTI M, GILARDI F. The policy-making structure of European regulatory networks and the domestic adoption of standards [J]. Journal of European Public Policy, 2011, 18 (6): 830–847.

[203] MAGUIRE-RAJPAUL V A, RAJPAUL V M, MCDERMOTT C L, et al. Coffee certification in Brazil: compliance with social standards and its implications for social equity [J]. Environment Development and Sustainability, 2020, 22 (3): 2015–2044.

[204] MANGELSDORF A, PORTUGAL-PEREZ A, WILSON J S. Food standards and exports: Evidence for China [J]. World Trade Review, 2012, 11 (3): 507–526.

[205] MARETTE S. Minimum safety standard, consumers' information and competition [J]. Journal of Regulatory Economics, 2007, 32 (3): 259–285.

[206] MARTIN W, MASKUS K E. Core labor standards and competitiveness: Implications for global trade policy [J]. Review of International Economics, 2001, 9 (2): 317–328.

[207] MARX A. Integrating voluntary sustainability standards in trade policy: The case of the European Union's GSP scheme [J]. Sustainability, 2018, 10 (12): 4364.

[208] MASKUS K E, OTSUKI T, WILSON J S. The cost of compliance with product standards for firms in developing countries: An econometric study [J]. World Bank Publications, 2005.

[209] MASON G, O'MAHONY M, RILEY R. What is holding back UK productivity? Lessons from decades of measurement [J]. National Institute Economic Review, 2018, 246 (1): R24-R35.

[210] MATAIJA M. Leveraging trade law for governance reform: The impact of the WTO Agreement on Technical Barriers to Trade on private standard-setting [J]. European Review of Private Law, 2019, 27 (2): 293-317.

[211] MAVROIDIS P C, WOLFE R. Private standards and the WTO: Reclusive no more [J]. World Trade Review, 2017, 16 (1): 1-24.

[212] MAZE A. Standard-setting activities and new institutional economics [J]. Journal of Institutional Economics, 2017, 13 (3): 599-621.

[213] MCKANE A, DAYA T, RICHARDS G. Improving the relevance and impact of international standards for global climate change mitigation and increased energy access [J]. Energy Policy, 2017, 109 (2): 389-399.

[214] MEDIN H. Trade barriers or trade facilitators? The heterogeneous impact of food standards in international trade [J]. World Economy, 2019, 54 (7): 1057-1076.

[215] MEEMKEN E M, SPIELMAN D J, QAIM M. Trading off nutrition and education? A panel data analysis of the dissimilar welfare effects of Organic and Fairtrade standards [J]. Food Policy, 2017, 71 (2): 74-85.

[216] MEEMKEN E, QAIM M. Can private food standards promote gender equality in the small farm sector? [J]. Journal of Rural Studies, 2018, 58 (4): 39-51.

[217] MEEMKEN E. Do smallholder farmers benefit from sustainability standards? A systematic review and meta-analysis [J]. Global Food Security-Agriculture Policy Economics and Environment, 2020, 26 (5): 44-80.

[218] MELITZ M J. The impact of trade on intra-industry reallocations and aggregate industry productivity [J]. Econometrica, 2003, 71 (6):

1695-1725.

[219] KELLENBERG D, LEVINSON A. Misreporting trade: Tariff evasion, corruption, and auditing standards [J]. NBER Working Papers No. 452, 2016.

[220] MITIKU F, DE MEY Y, NYSSEN J, et al. Do private sustainability standards contribute to income growth and poverty alleviation? A comparison of different coffee certification schemes in Ethiopia [J]. Sustainability, 2017, 9 (2): 14-78.

[221] MOENIUS J, TRINDADE V. Networks, standards and intellectual property rights [M]. Amsterdam: Elsevier-North Holland, 2008.

[222] MOENIUS J. Information versus product adaptation: the role of standards in trade [J]. SSRN Electronic Journal, 2004, 54 (4): 1-41.

[223] MOHAMMADI H, SAGHAIAN S, AMINIZADEH M, et al. Food safety standards and their effects on Iran's fish exports [J]. Iranian Journal of Fisheries Sciences, 2020, 19 (6): 3075-3085.

[224] MOHAMMED R, ZHENG Y. International diffusion of food safety standards: The role of domestic certifiers and international trade [J]. Journal of Agricultural and Applied Economics, 2017, 49 (2): 296-322.

[225] MORA A. The role of politics and economics in the international financial reporting standards (IFRS) adoption [J]. Estudios De Economia Aplicada, 2018, 36 (2): 407-427.

[226] MOSCHINI G, LAPAN H, KIM H. The renewable fuel standard in competitive equilibrium: Market and welfare effects [J]. American Journal of Agricultural Economics, 2017, 99 (5): 1117-1142.

[227] NADVI K. Global standards, global governance and the organization of global value chains [J]. Journal of Economic Geography, 2008, 8 (3): 323-343.

[228] NAIKI Y. Meta-regulation of private standards: The role of regional and international organizations in comparison with the WTO [J]. World Trade Review, 2021, 20 (1): 1-24.

[229] NAVEH E, MARCUS A. Achieving competitive advantage through implementing a replicable management standard: Installing and using ISO 9000 [J]. Journal of Operations Management, 2005, 24 (1): 1-26.

[230] NAZAROVA K, HORDOPOLOV V, ZAREMBA O, et al. Ana-

lytical procedures of auditing within the framework of raising standards for its quality control [J]. Financial And Credit Activity — Problems of Theory and Practice, 2019, 3 (30): 128-135.

[231] NEMATI M, ZHENG Y, HU W. The ISO 14001 standard and firms' environmental performance: Evidence from the US transportation equipment manufacturers [J]. Journal of Agricultural and Resource Economics, 2019, 44 (2): 422-438.

[232] NESADURAI H E S. Transnational private governance as a developmental driver in Southeast Asia: The case of sustainable palm oil standards in Indonesia and Malaysia [J]. Journal of Development Studies, 2019, 55 (9): 1892-1908.

[233] NEUROHR B. Dynamically efficient royalties for standard-essential patents [J]. Journal of Competition Law and Economics, 2020, 16 (3): 289-305.

[234] NICOLAIDIS K, EGAN M. Transnational market governance and regional policy externality: Why recognize foreign standards? [J]. Journal of European Public Policy, 2001, 8 (3): 454-473.

[235] NIE P, WANG C, WEN H. Technology standard under Cournot competition [J]. Technology Analysis and Strategic Management, 2023: 35 (2): 123-136.

[236] NISHITANI K, ITOH M. Product innovation in response to environmental standards and competitive advantage: A hedonic analysis of refrigerators in the Japanese retail market [J]. Journal of Cleaner Production, 2016, 113: 873-883.

[237] NOVELLI M, KLATTE N, DOLEZAL C. The ASEAN Community-based tourism standards: Looking beyond certification [J]. Tourism Planning and Development, 2017, 14 (2): 260-281.

[238] O'BRIEN J, BERKOWITZ J. Estimating bank trading risk — A factor model approach [M] // The Risk of Financial Institutions. Chicago: University of Chicago Press, 2007.

[239] ORBIE J, ALCAZAR A S M I, SIOEN T. A post-development perspective on the EU's Generalized Scheme of Preferences [J]. Politics and Governance, 2022, 10 (1): 68-78.

[240] ORBIE J, VAN ROOZENDAAL G. Labour standards and trade:

In search of impact and alternative instruments [J]. Politics And Governance, 2017, 5 (4): 1-5.

[241] ORCOS R, PALOMAS S. The impact of national culture on the adoption of environmental management standards the worldwide diffusion of ISO 14001 [J]. Cross Cultural and Strategic Management, 2019, 26 (4): 546-566.

[242] PAPINEAU M. Setting the standard? A framework for evaluating the cost-effectiveness of building energy standards [J]. Energy Economics, 2017, 64 (5): 63-76.

[243] PARK J, BAHNG G W, CHOI J, et al. The role of metrology communities under the WTO system: measurement science and conformity assessment procedures [J]. Accreditation And Quality Assurance, 2010, 15 (8): 445-450.

[244] PARTITI E. What use is an unloaded gun? The substantive discipline of the WTO TBT Code of Good Practice and its application to private standards pursuing public objectives [J]. Journal of International Economic Law, 2017, 20 (4): 829-854.

[245] PECI J, SANJUAN A I. Regulatory patterns in international pork trade and similarity with the EU SPS/TBT standards [J]. Spanish Journal of Agricultural Research, 2020, 18 (1): 17-39.

[246] PEKDEMIR C. On the regulatory potential of regional organic standards: Towards harmonization, equivalence, and trade? [J]. Global Environmental Change—Human and Policy Dimensions, 2018, 50 (7) : 289-302.

[247] PELKMANS, J. Mutual recognition: economic and regulatory logic in goods and services [J]. Bruges European Economic Research Papers (AEI), No. 595, 2012: 1-46.

[248] PERALTA M E, LUNA P, SOLTERO V M. Towards standards-based of circular economy: knowledge available and sufficient for transition? [J]. International Journal of Sustainable Development and World Ecology, 2020, 27 (4): 369-386.

[249] PESCE M, SHI C, CRITTO A, et al. SWOT analysis of the application of international standard ISO 14001 in the Chinese context. A case study of Guangdong province [J]. Sustainability, 2018, 10 (9): 29-51.

[250] PIAO R S, FONSECA L, CARVALHO E, et al. The adoption of Voluntary Sustainability Standards (VSS) and value chain upgrading in the Brazilian coffee production context [J]. Journal of Rural Studies, 2019, 71 (6): 13-22.

[251] PORTER M E. Clusters and new economics of competition [J]. Harvard business review, 1998, 76 (4): 77 - 90.

[252] POSTHUMA A, EBERT F C. Labor provisions in trade arrangements: current trends and perspectives [J]. International Institute for Labour Studies Discussion Paper, No. 205, 2011.

[253] PRAKASH A, POTOSKI M. Racing to the bottom? Trade, environmental governance, and ISO 14001 [J]. American Journal of Political Science, 2006, 50 (2): 350-364.

[254] PROCHAZKA D, PELAK J. Economic theories of accounting: The review of modern approaches and their relevance for standard-setting [J]. Politicka Ekonomie, 2016, 64 (4): 451-467.

[255] PULPANOVA L. Tourism service quality: Implementing the standards for achieving the competitive advantage [M]. Kocourek A. Liberec: Technical Univ Liberec, Faculty Economics, 2009.

[256] QIN L W, AHMAD M, ALI I, et al. Precision measurement for Industry 4.0 standards towards solid waste classification through enhanced imaging sensors and deep learning model [J]. Wireless Communications and Mobile Computing, 2021, 67 (3): 1-10.

[257] QU X H, ZHANG G H. Measuring the convergence of national accounting standards with international financial reporting standards: The application of fuzzy clustering analysis [J]. International Journal of Accounting, 2010, 45 (3): 334-355.

[258] RABALLAND G, ALDAZ-CARROLL E. How do differing standards increase trade costs? The case of pallets [J]. The World Economy, 2007, 30 (4): 685-702.

[259] RAKIĆ A, MILOŠEVIĆ I, FILIPOVIĆ J. Standards and standardization practices: Does organization size matter? [J]. Engineering Management Journal, 2022, 34 (2): 291-301.

[260] RAMEL, et al. The effects of standards on value chains and trade in Europe [J]. ETSG Working Paper, No. 22, 2014.

[261] RANI U, BELSER P, OELZ M, et al. Minimum wage coverage and compliance in developing countries [J]. International Labour Review, 2013, 152 (3-4): 381-410.

[262] RAUCH J E, TRINDADE V. Ethnic Chinese networks in international trade [J]. Review of Economics and Statistics, 2002, 84 (1): 116-130.

[263] RAVN S H. Endogenous credit standards and aggregate fluctuations [J]. Journal of Economic Dynamics and Control, 2016, 69 (8): 89-111.

[264] RIETHOF M. The International labor standards debate in the Brazilian labor movement: Engagement with mercosur and opposition to the free trade area of the Americas [J]. Politics and Governance, 2017, 5 (4): 30-39.

[265] RILEY R, BONDIBENE C R. Raising the standard: Minimum wages and firm productivity [J]. Labor Economics, 2017, 44: 27-50.

[266] RUCKES M. Bank competition and credit standards [J]. Review of Financial Studies, 2004, 17 (4): 1073-1102.

[267] RUSSELL A L, PELKEY J L, ROBBINS L. The business of internetworking: standards, start-ups, and network effects [J]. Business History Review, 2022, 96 (1): 109-144.

[268] SÁNCHEZ G, ALZUA M L, BUTLER I. The impact of technical barriers to trade on Argentine exports and labor markets [M]. Cheltenham: Edward Elgar Publishing Limited, 2010.

[269] SANKAR A, COGGINS J S, GOODKIND A L. Effectiveness of air pollution standards in reducing mortality in India [J]. Resource and Energy Economics, 2020, 62 (8): 101188.

[270] SARAITHONG W. Trade restriction rationale for food safety implementation: Evidence from Southeast Asian Countries [J]. Cogent Economics and Finance, 2018, 6 (1): 1553278.

[271] SAREA A M, AL DALAL Z A. The level of compliance with International Financial Reporting Standards (IFRS 7): Evidence from Bahrain Bourse [J]. World Journal of Entrepreneurship Management and Sustainable Development, 2015, 11 (3): 231-244.

[272] SARTOR M, ORZES G, DI MAURO C, et al. The SA8000 so-

cial certification standard: Literature review and theory-based research agenda [J]. International Journal of Production Economics, 2016, 175 (4): 164–181.

[273] SCHEBESTA H. The potential of private standards for valorizing compliance with access and benefit sharing obligations of genetic resources and traditional knowledge [J]. Agronomy-Basel, 2021, 11 (9): 1–13.

[274] SCHEKOLDIN V A, BOGATYREVA I V, ILYUKHINA L A, et al. Development of IT-Technologies in labor standardization and quality assessment of standards: Challenges and ways of solution in Russia [J]. Helix, 2018, 8 (5): 3615–3628.

[275] SCHELLENBERG T, SUBRAMANIAN V, GANESHAN G, et al. Wastewater discharge standards in the evolving context of urban sustainability—The case of India [J]. Frontiers In Environmental Science, 2020, 8 (4): 150–173.

[276] SCHIFF A, AOKI R. Differentiated standards and patent pools [J]. Journal of Industrial Economics, 2014, 62 (2): 376.

[277] SCHMALENSEE R. Standard-setting, innovation specialists and competition policy [J]. Journal of Industrial Economics, 2009, 57 (3): 526–552.

[278] SCHMIDT A, MACK G, MOEHRING A, et al. Stricter cross-compliance standards in Switzerland: Economic and environmental impacts at farm-and sector-level [J]. Agricultural Systems, 2019, 176 (4): 44–70.

[279] SCHOUTEN G, BITZER V. The emergence of Southern standards in agricultural value chains: A new trend in sustainability governance? [J]. Ecological Economics, 2015, 120 (9): 175–184.

[280] SCHRODER H Z. Harmonization, equivalence and mutual recognition of standards in WTO law [M]. Alphen aan den Rijn: Kluwer Law International, 2011.

[281] SCHUMACHER K. Green investments need global standards and independent scientific review [J]. Nature, 2020, 584 (7822): 524–525.

[282] SCHUSTER M, MAERTENS M. The impact of private food standards on developing countries' export performance: An analysis of Asparagus firms in Peru [J]. World Development, 2015, 66 (1): 208–221.

[283] SCHUSTER M, MAERTENS M. Worker empowerment through

private standards. Evidence from the Peruvian horticultural export sector [J]. Journal of Development Studies, 2017, 53 (4): 618-637.

[284] SEKULIC N M, ZIVADINOVIC J, DIMITRIJEVIC L. Concerns about hamonization process of Serbian agricultural policy with EU standards [J]. Ekonomika Poljoprivreda-Economics of Agriculture, 2018, 65 (4): 1627-1639.

[285] SELLARE J, MEEMKEN E, KOUAME C, et al. Do sustainability standards benefit smallholder farmers also when accounting for cooperative effects? Evidence from Cote d'Ivoire [J]. American Journal of Agricultural Economics, 2020, 102 (2): 681-695.

[286] SEMERJIAN H G, WATTERS R L. Impact of measurement and standards infrastructure on the national economy and international trade [J]. Measurement, 2000, 27 (3): 179-196.

[287] SHEPHERD B, WILSON N L W. Product standards and developing country agricultural exports: The case of the European Union [J]. Food Policy, 2013, 42 (2): 1-10.

[288] SHEPHERD B. Product standards and export diversification [J]. Journal of Economic Integration, 2015, 30 (2): 300-333.

[289] SHESTAK V, KONSTANTINOV V, GOVOROV V, et al. Harmonization of Russian supply chain management standards with EU requirements [J]. Regional Science Policy and Practice, 2022, 14 (4): 759-778.

[290] SHINGAL A, EHRICH M, FOLETTI L. Re-estimating the effect of heterogeneous standards on trade: Endogeneity matters [J]. World Economy, 2021, 44 (3): 756-787.

[291] SILVA G M P, FARIA A C O, NOGUEIRA R. The lead assessor role in the ISO/IEC 17025: 2005 accreditation of Brazilian calibration and testing laboratories by the General Coordination of Accreditation (Cgcre) [J]. Accreditation and Quality Assurance, 2014, 19 (2): 127-132.

[292] SIMCOE T. Standard setting committees: Consensus governance for shared technology platforms [J]. American Economic Review, 2012, 102 (1): 305-336.

[293] SIRKEMAA S. Standards and information systems management— The key to success: Information Technology Science [M]. Lucerne: Springer International Publishing, 2018.

[294] SKOLRUD T D, GALINATO G I. Welfare implications of the renewable fuel standard with an integrated tax-subsidy policy [J]. Energy Economics, 2017, 62 (4): 291-301.

[295] SMITH A, BARBU M, CAMPLING L, et al. Labor regimes, global production networks, and European Union trade policy: Labor standards and export production in the Moldovan clothing industry [J]. Economic Geography, 2018, 94 (5): 550-574.

[296] SONG Z T, WANG X B. Study on the internationalization of standards bodies: Based on the strategy evolution of BSI [C]. International Conference on Information Technology in Medicine and Education. New York: IEEE, 2018: 1037-1043.

[297] SONNTAG W I, PURWINS N, RISIUS A, et al. Consumers require higher animal welfare standards — Are they willing to pay for them? Key for the marketing of higher animal welfare meat products [J]. Fleischwirtschaft, 2017, 97 (10): 102-105.

[298] SPATH D, MORSCHEL I C, ZAHRINGER D. Manufactured goods distribution investigation of the role of standards in international service management [J]. ZWF Zeitschrift fur Wirtschaftlichen Fabrikbetrieb, 2007, 102 (4): 206-210.

[299] SPULBER D F. Standard setting organisations and standard essential patents: Voting and markets [J]. Economic Journal, 2019, 129 (619): 1477-1509.

[300] SPULBER, D. Innovation economics: The interplay among technology standards, competitive conduct, and economic performance [J]. Journal of Competition Law and Economics, 2013, 9 (4), 777-825.

[301] SQUATRITO S, ARENA E, PALMERI R, et al. Public and private standards in crop production: Their role in ensuring safety and sustainability [J]. Sustainability, 2020, 12 (2): 1-30.

[302] STEINMUELLER W E. The role of technical standards in coordinating the division of labor in complex system industries [J]. Business of Systems Integration, 2005, 76 (4): 77-102.

[303] STEMSHORN B, ZUSSMAN D. Financing for public veterinary services to ensure that they meet international standards [J]. Revue Scientifique Et Technique-Office International Des Epizooties, 2012, 31 (2):

681-688.

[304] SU H, DHANORKAR S, LINDERMAN K. A competitive advantage from the implementation timing of ISO management standards [J]. Journal of Operations Management, 2015, 37 (4): 31-44.

[305] SUH N N, NJIMANTED G F, THALUT N. Effect of farmers' management practices on safety and quality standards of cocoa production: A structural equation modeling approach. [J]. Cogent Food and Agriculture, 2020, 6 (1): 1844848.

[306] SUN X, LIU X, ZHAO S, et al. An evolutionary systematic framework to quantify short-term and long-term watershed ecological compensation standard and amount for promoting sustainability of livestock industry based on cost-benefit analysis, linear programming, WTA and WTP method [J]. Environmental Science and Pollution Research, 2021, 28 (14): 18004-18020.

[307] SUNG J, KIM, REINERT K A. Standards and institutional capacity: An examination of trade in food and agricultural products [J]. The International Trade Journal, 2008, 23 (1): 27-50.

[308] SURMEIER A. Dynamic capability building and social upgrading in tourism—Potentials and limits of sustainability standards [J]. Journal of Sustainable Tourism, 2020, 28 (10): 1498-1518.

[309] SWANN. The economics of standardization: An update report for the UK department of business, innovation and skills [R]. ISO Research Library, 2010.

[310] SWANN. The economics of standardization: Final report for standards and technical regulations directorate department of trade and industry [R]. 2000.

[311] SWINNEN J. Economics and politics of food standards, trade, and development [J]. Agricultural Economics, 2016, 471 (6): 7-19.

[312] SWINNEN J. Some dynamic aspects of food standards [J]. American Journal of Agricultural Economics, 2017, 99 (2): 321-338.

[313] TAKARADA Y, DONG W, OGAWA T. Shared renewable resources and gains from trade under technology standards [J]. Review of Development Economics, 2020a, 24 (2): 546-568.

[314] TAKARADA Y, KAWABATA Y, YANASE A, et al. Standards

policy and international trade: Multilateralism versus regionalism [J]. Journal of Public Economic Theory, 2020b, 22 (5): 1420-1441.

[315] TAN Q, DING Y, ZHENG J, et al. The effects of carbon emissions trading and renewable portfolio standards on the integrated wind-photovoltaic-thermal power-dispatching system: Real case studies in China [J]. Energy, 2021, 222 (7): 441-452.

[316] TANG Y S, LIMA B Y Y A. Private standards in the WTO: A multiple streams analysis of resisting forces in multilateral trade negotiations [J]. Contexto Internacional, 2019, 41 (3): 501-527.

[317] TEIXEIRA L C. Labor standards and social conditions in free trade zones: the case of the Manaus free trade zone [J]. Economics-The Open Access Open-Assessment E-Journal, 2020, 14 (2): 14-52.

[318] TERESA GARCIA-ALVAREZ M, CABEZA-GARCIA L, SOARES I. Analysis of the promotion of onshore wind energy in the EU: Feed-in tariff or renewable portfolio standard? [J]. Renewable Energy, 2017, 111 (3): 256-264.

[319] TERLAAK A, KING A A. The effect of certification with the ISO 9000 quality management standard: A signaling approach [J]. Journal of Economic Behavior and Organization, 2006, 60 (11): 12-31.

[320] TERZIOVSKI M, GUERRERO J. ISO 9000 quality system certification and its impact on product and process innovation performance [J]. International Journal of Production Economics, 2014, 158 (3): 197-207.

[321] THORLAKSON T, HAINMUELLER J, LAMBIN E F. Improving environmental practices in agricultural supply chains: The role of company-led standards [J]. Global Environmental Change—Human and Policy Dimensions, 2018, 48 (6): 32-42.

[322] THOW A M, ANNAN R, MENSAH L, et al. Development, implementation and outcome of standards to restrict fatty meat in the food supply and prevent NCDs: Learning from an innovative trade/food policy in Ghana [J]. BMC public Health, 2014, 14 (3): 78-110.

[323] TOMBE T, WINTER J. Environmental policy and misallocation: The productivity effect of intensity standards [J]. Journal of Environmental Economics and Management, 2015, 72 (5): 137-163.

[324] TORRISI S, GRIMALDI R. Codified-tacit and general-specific

knowledge in the division of labour among firms: A study of the software industry [J]. Research Policy, 2001, 30 (9): 1425-1442.

[325] TRA C I, TOWE C A. The implications of the US renewable fuel standard programme for farm structure [J]. Applied Economics, 2016, 48 (8): 712-722.

[326] TUDELA-MARCO L, MARIA GARCIA-ALVAREZ-COQUE J, MARTI-SELVA L. Do EU member states apply food standards uniformly? A look at fruit and vegetable safety notifications [J]. Journal of Common Market Studies, 2017, 55 (2): 387-405.

[327] TURKI M, MEDHIOUB E, KALLEL M. Effectiveness of EMS in Tunisian companies: Framework and implementation process based on ISO 14001 standard [J]. Environment Development and Sustainability, 2017, 19 (2): 479-495.

[328] UOTILA J, KEIL T, MAULA M. Supply-side network effects and the development of information technology standards [J]. Mis Quarterly, 2017, 41 (4): 1207-1226.

[329] UPTON G B, SNYDER B F. Funding renewable energy: An analysis of renewable portfolio standards [J]. Energy Economics, 2017, 66 (3): 205-216.

[330] VALLES C, POGORETSKYY V, YANGUAS T. Challenging unwritten measures in the World Trade Organization: The need for clear legal standards [J]. Journal of International Economic Law, 2019, 22 (3): 459-482.

[331] VAN DEN ENDE J, VAN DE KAA G, DEN UIJL S, et al. The paradox of standard flexibility: The effects of co-evolution between standard and interorganizational network [J]. Organization Studies, 2012, 33 (5-6): 705-736.

[332] VAN DER HEIJDEN M, SCHALK J. Network relationships and standard adoption: Diffusion effects in transnational regulatory networks [J]. Public Administration, 2020, 98 (3): 768-784.

[333] VAN ROOZENDAAL G. Where symbolism prospers: An analysis of the impact on enabling rights of labour standards provisions in trade agreements with South Korea [J]. Politics and Governance, 2017, 5 (4): 19-29.

[334] VANCAUTEREN M, WEISERBS D. Intra-European trade of manufacturing goods: An extension of the gravity model [J]. International Econometric Review, 2011, 3 (1): 1–24.

[335] VANDERHAEGEN K, AKOYI K T, DEKONINCK W, et al. Do private coffee standards 'walk the talk' in improving socio-economic and environmental sustainability? [J]. Global Environmental Change—Human and Policy Dimensions, 2018, 51 (4): 1–9.

[336] VASTAG G. Revisiting ISO 14000 diffusion: A new 'look' at the drivers of certification [J]. Production and Operations Management, 2004, 13 (3): 260–267.

[337] VIEIRA L M. The role of food standards in international trade: Assessing the Brazilian beef chain [J]. Brazilian Administration Review, 2006, 3 (1): 17–30.

[338] VIGANI M, RAIMONDI V, OLPER A. International trade and endogenous standards: The case of GMO regulations [J]. World Trade Review, 2012, 11 (3): 415–437.

[339] VITAS B. Community-driven information quality standards: How IBM developed and implemented standards for information quality [J]. Technical Communication, 2013, 60 (4): 307–315.

[340] KERBER W, BERGH R. Unmasking mutual recognition: Current inconsistencies and future chances [R]. Marburg, 2007.

[341] WANG X J, ZHANG X Q, MENG D, et al. The effects of product standards on trade: Quasi-experimental evidence from China [J]. Australian Economic Review, 2022, 55 (2): 232–249.

[342] WEN H, YANG D. The missing link between technological standards and value-chain governance: The case of patent-distribution strategies in the mobile-communication industry [J]. Environment And Planning, 2010, 42 (9): 2109–2130.

[343] WHISTANCE J, THOMPSON W, MEYER S. Interactions between California's low carbon fuel standard and the national renewable fuel standard [J]. Energy Policy, 2017, 101 (2): 447–455.

[344] WIESNER C. Free Trade versus democracy and social standards in the European Union: Trade-Offs or Trilemma? [J]. Politics And Governance, 2019, 7 (4): 291–300.

[345] WIJKSTROEM E, MCDANIELS D. Improving regulatory governance: International standards and the WTO TBT Agreement [J]. Journal of World Trade, 2013, 47 (5): 1013-1046.

[346] WILSON J P, CAMPBELL L. ISO 9001: 2015: The evolution and convergence of quality management and knowledge management for competitive advantage [J]. Total Quality Management and Business Excellence, 2020, 31 (7-8): 761-776.

[347] WILSON J S, OTSUKI T, SEWADEH M. Dirty exports and environmental regulation: Do standards matter to trade? [R]. Social Science Electronic Publishing, 2002.

[348] WISER R, MAI T, MILLSTEIN D, et al. Assessing the costs and benefits of US renewable portfolio standards [J]. Environmental Research Letters, 2017, 12 (9): 094023.

[349] WOLF S A, GHOSH R. A practice-centered analysis of environmental accounting standards: integrating agriculture into carbon governance [J]. Land Use Policy, 2020, 96 (5): 103552.

[350] GANG Z, YU Z, LING Z, et al. The policy effects of feed-in tariff and renewable portfolio standard: A case study of China's waste incineration power industry [J]. Waste Management, 2017, 68 (7): 711-723.

[351] XUE H, ZHANG S J. Relationships between engineering construction standards and economic growth in the construction industry: The case of China's construction industry [J]. Ksce Journal of Civil Engineering, 2018, 22 (5): 1606-1613.

[352] YAACOB H, ABDULLAH A. Standards issuance for Islamic finance in international trade: Current issues and challenges ahead [M]. Gaol F L. Procedia social and behavioral sciences. 2012: 492-497.

[353] YAACOB H, MARKOM R, HAKIMAH A. Coping with the international standards of Basel committee on core principles on effective banking supervision (Bcbs): Analysis and reform for Islamic banking [J]. International Journal of Business and Society, 2018, 19 (5): 385-399.

[354] YAN Y, JIAO W, WANG K, et al. Coal-to-gas heating compensation standard and willingness to make clean energy choices in typical rural areas of northern China [J]. Energy Policy, 2020, 145 (4): 111698.

[355] YANASE A, KURATA H. Domestic product standards, harmoni-

zation, and free trade agreements [J]. Review of World Economics [J]. Review of World Economics, 2022, 158 (3): 855–885.

[356] YANG L. Do national standards impact foreign trade? Evidence from China's foreign trade and Sino–U.S. bilateral trade [J]. Frontiers of Economics in China, 2013; 8 (1): 114–146.

[357] YANG L. Ecologically oriented standards, internationally harmonized standards and green trade development: Evidence from China [C]. Altai Forum, Society, Human and Nature Co–Development within the Framework of the Dialogue of Civilizations, Altai, 2014.

[358] YANG L. Harmonized standards, heterogeneous firms and dual margins of China's export growth [C]. Proceedings of 2014 International Conference on Management Science and Engineering (IEEE) (21th), Helsinki, 2014 (1): 833–844.

[359] YANG L. Lead or Follow: Cases of Internationalization of Chinese Technical Standards [J]. Fudan Journal of the Humanities and Social Sciences, 2023, 17 (1): 23–49.

[360] YANG L. Recommendations for metaverse governance based on technical standards [J]. Humanities and Social Sciences Communications, 2023, 10 (1): 1–10.

[361] YANG L. Standards, trade facilitation and ecologically oriented development along the Silk Road [C]. Proceedings of 2015 International Conference on Management Science and Engineering (IEEE) (22th), Dubai, 2015, 1 (1): 944–957.

[362] YANG L. Technical standards and electronics export: Evidence from China [C]. Proceedings of 2014 International Conference on Management Science and Engineering (IEEE) (21th), Helsinki, Harbin, 2014 (1): 800–814.

[363] YANG L. The economics of standards: A literature review [J]. Journal of Economic Surveys, 2024, 38 (3): 1–42.

[364] YANG L. Thriving trade along the Silk Road: Inheritance and innovation of civilizations [C]. World Public Forum "Dialogue of Civilizations", Rhodes Forum, Preventing World War Through Global Solidarity: 100 Years on, Rhodes, 2014.

[365] YANG L. Trade effects of Chinese standards: Empirical research

based on standard category in 33 ICS sectors [C]. Proceedings of 2013 International Conference on Management Science and Engineering (IEEE) (20th), 2013, 1 (1): 1096-1113.

[366] YANG L. Trade standards and China's value-added exports in global value chains [J]. Economic Research-Ekonomska Istraživanja, 2023, 26 (2): 1-18.

[367] YANG L., DU W. Heterogenous effects of standards on agricultural trade between China and the Belt and Road countries. International Studies of Economics. 2023, 18 (1), 53-79.

[368] YANG M, YANG L, SUN M, et al. Economic impact of more stringent environmental standard in China: Evidence from a regional policy experimentation in pulp and paper industry [J]. Resources Conservation and Recycling, 2020, 158: 104831.

[369] YANG M, YUAN Y, YANG F, et al. Effects of environmental regulation on firm entry and exit and China's industrial productivity: A new perspective on the Porter Hypothesis [J]. Environmental Economics and Policy Studies, 2021, 23 (4): 915-944.

[370] YENIPAZARLI A. The economics of eco-labeling: Standards, costs and prices [J]. International Journal of Production Economics, 2015, 170 (A): 275-286.

[371] YU J Y, BOUAMRA-MECHEMACHE Z. Production standards, competition and vertical relationship [J]. European Review of Agricultural Economics, 2016, 43 (1): 79-111.

[372] ZHANG Q, WANG G, LI Y, et al. Substitution effect of renewable portfolio standards and renewable energy certificate trading for feed-in tariff [J]. Applied Energy, 2018 (1), 227 (SI): 426-435.

[373] ZHANG Y, CUI J B, LU C H. Does environmental regulation affect firm exports? Evidence from wastewater discharge standard in China [J]. China Economic Review, 2020, 61 (4): 101451.

[374] ZHANG YF. To enter or not to enter? A comparative analysis with minimum quality standards [J]. Mathematics and Computers in Simulation, 2019, 166 (2): 508-527.

[375] ZHAO Y, WU F, LI F, et al. Ecological compensation standard of trans-boundary river basin based on ecological spillover value: A case study

for the Lancang-Mekong River basin [J]. International Journal of Environmental Research and Public Health, 2021, 18 (3): 14-31.

[376] ZHENG Q, WANG H H. Do consumers view the genetically modified food labeling systems differently? "Contains GMO" versus "Non-GMO" labels [J]. Chinese Economy, 2021, 54 (6): 376-388.

[377] ZHONG S, GENG Y, HUANG B, et al. Quantitative assessment of eco-compensation standard from the perspective of ecosystem services: A case study of Erhai in China [J]. Journal of Cleaner Production, 2020, 263: 144-161.

[378] ZHOU J, YANG Z, LI K, et al. Direct intervention or indirect support? The effects of cooperative control measures on farmers' implementation of quality and safety standards [J]. Food Policy, 2019, 86 (3): 150-167.

[379] ZHOU W F, CUYVERS L. Linking international trade and labour standards: the effectiveness of sanctions under the European Union's GSP [J]. Journal of World Trade, 2011, 45 (1): 63-85.

[380] ZHOU Y, ZHAO X, JIA X, et al. Can the renewable portfolio standards improve social welfare in China's electricity market? [J]. Energy Policy, 2021, 152 (2): 18-34.

[381] ZHU C, FAN R, LIN J. The impact of renewable portfolio standard on retail electricity market: A system dynamics model of tripartite evolutionary game [J]. Energy Policy, 2020, 136 (7): 44-61.

[382] ZIMON D, MADZIK P, DOMINGUES P. Development of key processes along the supply chain by implementing the ISO 22000 standard [J]. Sustainability, 2020, 12 (15): 161-172.

[383] ZOO H, LEE H. Standards cooperation and aid for trade: Cases of EU and Unites States and their implications to Korean standards policies [J]. Public Policy Review, 2014, 28 (3): 27-52.

[384] 鲍晓华. 食品安全标准促进还是抑制了我国谷物出口贸易?——基于重力模型修正贸易零值的实证研究 [J]. 财经研究, 2011, 37 (3): 60-70.

[385] 陈淑梅. 标准化与我国经济发展:中国特色的标准经济学学科从"潜"至"显"[J]. 中国标准化, 2021 (2): 6-10.

[386] 陈志阳. 多双边贸易协定中的国际核心劳工标准分析 [J]. 国

际贸易问题，2014（2）：56-64.

[387] 戴家武，王秀清.非对称价格传递——标准经济学的"漏网之鱼"[J]. 经济问题探索，2014（10）：11-17.

[388] 董银果，严京.食品国际贸易的官方标准与私有标准——兼论与SPS协议的关系[J]. 国际经贸探索，2011，27（5）：76-80.

[389] 董银果.SPS措施影响中国水产品贸易的实证分析——以孔雀石绿标准对鳗鱼出口影响为例[J]. 中国农村经济，2011（2）：43-51.

[390] 傅伟.国际贸易货物品质标准演进效果分析——基于广义比较优势公式的解析[J]. 企业经济，2017，36（2）：103-108.

[391] 高振，张悦，段珺，等."一带一路"背景下基于标准协同的农业产能合作——以中俄尿素贸易为例[J]. 中国科技论坛，2019（12）：180-188.

[392] 高振，赵顺，倪卫红，等."一带一路"沿线国家农业标准协同研究——以中国与东盟国家农机贸易为例[J]. 科技管理研究，2020，40（1）：144-149.

[393] 葛京，宋宏磊.创新在标准对国际贸易影响中的调节效应研究[J]. 科技管理研究，2012，32（8）：1-5.

[394] 郭文杰.自由贸易协定中的劳工标准：基本模式与发展趋势[J]. 山东社会科学，2016（6）：157-162.

[395] 郭毅，杨晶.社会责任标准及推行方式国际化对我国出口贸易的影响[J]. 学术论坛，2012，35（3）：117-120.

[396] 韩克庆，王燊成.中美贸易摩擦对我国城乡低保标准的影响研究[J]. 广东社会科学，2018（5）：21-30.

[397] 洪俊杰，孙乾坤，石丽静.新一代贸易投资规则的环境标准对我国的挑战及对策[J]. 国际贸易，2015（1）：36-40.

[398] 侯俊军，张莉.标准化治理：推进社会治理能力现代化的制度供给研究[J]. 湖南大学学报（社会科学版），2020，34（6）：49-57.

[399] 胡黎明，肖国安.技术标准经济学30年：兴起、发展及新动态[J]. 湖南科技大学学报（社会科学版），2016，19（5）：97-103.

[400] 李伯轩.国际贸易中的产品标准趋同现象——基于经济学与WTO规则的审视[J]. 国际商务（对外经济贸易大学学报），2020（1）：84-98.

[401] 李佳，高胜华.美国国际贸易委员会对专利权主张实体的管

制——以美国国内产业标准为研究重点［J］. 知识产权，2014（5）：94-98.

［402］李西霞. 加拿大自由贸易协定劳工标准及其启示［J］. 河北法学，2018，36（4）：114-126.

［403］李西霞. 欧盟自由贸易协定中的劳工标准及其启示［J］. 法学，2017（1）：105-114.

［404］李西霞. 自由贸易协定中劳工标准的发展态势［J］. 环球法律评论，2015，37（1）：165-175.

［405］凌艳平，辛晓丹，侯俊军. 企业参与制定国家标准对其出口贸易规模的影响——基于上市公司数据的实证研究［J］. 财经理论与实践，2017，38（1）：134-138.

［406］刘明亮. 区域贸易协定框架下的标准一致化合作研究［J］. 国际商务研究，2011，32（1）：32-40.

［407］刘文，杨馥萍. 国际贸易协定中劳工标准的演进历程及中国对策研究［J］. 山东社会科学，2017（7）：116-122.

［408］马一德. 多边贸易、市场规则与技术标准定价［J］. 中国社会科学，2019（6）：106-123.

［409］麦绿波. 标准化学——标准化的科学理论［M］. 北京：科学出版社，2017.

［410］麦绿波. 标准学——标准的科学理论［M］. 北京：科学出版社，2019.

［411］梅琳，吕方. "新社会经济运动"：非政府组织与"私有标准"——基于公平贸易标签组织（FLO）案例的讨论［J］. 福建论坛（人文社会科学版），2015（10）：141-146.

［412］佘群芝，王瑾. 基于南北贸易与环境观的南方环境标准最优选择［J］. 统计与决策，2011（3）：142-144.

［413］宋明顺，许书琴，郑素丽，等. 标准化对企业出口"一带一路"国家的影响——基于京津冀企业的分析［J］. 科技管理研究，2020，40（6）：216-222.

［414］宋海英. 质量安全标准的贸易效应分析：以浙江食品出口日本为例［J］. 华东经济管理，2013，27（5）：6-9.

［415］孙莹，张旭昆. ISO 9000标准贸易效应的实证研究［J］. 经济问题，2011（10）：71-76.

［416］唐锋，谭晶荣，孙林. 中国农食产品标准"国际化"的贸易

效应分析——基于不同标准分类的 Heckman 模型 [J]. 现代经济探讨，
2018（4）：116-124.

[417] 唐锋，谭晶荣. 核心劳工标准对国际贸易的影响——基于包含"多边阻力项"的引力模型 [J]. 中南财经政法大学学报，2014（6）：102-108.

[418] 陶爱萍，李丽霞. 促进抑或阻碍——技术标准影响国际贸易的理论机制及实证分析 [J]. 经济理论与经济管理，2013（12）：91-100.

[419] 陶忠元. 国际贸易领域中的标准竞争及其对策 [J]. 学术交流，2010（11）：115-118.

[420] 田为兴，何建敏，申其辉. 标准经济学理论研究前沿 [J]. 经济学动态，2015（10）：104-115.

[421] 王铂. 国际贸易对福建省劳工标准的影响研究 [J]. 东南学术，2013（6）：152-161.

[422] 王铂. 国际贸易影响中国劳工标准的实证研究 [J]. 财经问题研究，2010（9）：121-124.

[423] 王建廷. 多边贸易体制的新发展——人权标准与背离 WTO 协定的正当根据 [J]. 经济纵横，2011（1）：87-91.

[424] 王婉如. 技术标准、贸易壁垒与国际经济效应研究——基于"一带一路"沿线国家的实证分析 [J]. 国际贸易问题，2018（9）：80-94.

[425] 王彦芳，陈淑梅. 国际标准对于中间品贸易的影响研究——来自 ISO 9001 的经验证据 [J]. 国际经贸探索，2017，33（7）：45-59.

[426] 魏圣香. 新贸易壁垒：欧盟生质燃料可持续标准研究 [J]. 科技管理研究，2016，36（23）：43-48.

[427] 谢兰兰，陈东升，程都. 标准对农产品贸易影响的量化分析进展：研究评述 [J]. 经济问题探索，2017（12）：171-180.

[428] 杨健. 中美贸易战视阈下知识产权保护"超 TRIPS 标准"发展趋势探究 [J]. 北方法学，2019，13（6）：94-106.

[429] 杨丽娟，杜为公. 粮食标准与粮食进口：来自中国的经验证据 [J]. 农业技术经济，2023（11）：128-144.

[430] 杨丽娟，薛伟敏，杜为公. 国家标准对中国与"一带一路"沿线国家农产品贸易的影响研究 [J]. 世界农业，2021（11）：23-34+118.

[431] 杨丽娟，薛伟敏. 国家标准对我国服务贸易出口的影响研究

［J］. 中国标准化，2021（19）：58-66.

［432］杨丽娟. 标准对中国出口增长影响的实证研究［J］. 广东商学院学报，2012（6）：20-21.

［433］杨丽娟. 标准与国际贸易：理论与中国的经验证据［M］. 北京：经济日报出版社，2019.

［434］杨丽娟. 国家标准、国际标准与中国对外贸易发展［J］. 亚太经济，2012（3）：48-52.

［435］杨丽娟. 国家标准对全球价值链中我国出口的影响研究［C］. 第十八届中国标准化论坛论文集. 北京：《中国学术期刊（光盘版）》电子杂志社有限公司，2021：254-267.

［436］杨丽娟. 技术标准对中美双边贸易的影响——基于ICS分类的实证研究［J］. 国际经贸探索，2013（2）：4-11.

［437］杨丽娟. 丝绸之路上的贸易便利化和生态导向发展：技术标准视角［J］. 兰州大学学报（社会科学版），2015（2）：8-18.

［438］杨丽娟. 网络视角的标准竞争与标准化策略［J］. 标准科学，2012（11）：16-19.

［439］杨丽娟. 基于标准的数字贸易网络治理对策研究［J］. 标准科学，2021（S1）：146-156.

［440］杨丽娟. 技术标准对数字化转型的影响与对策研究［J］. 标准科学，2022（S2）：6-9.

［441］杨丽娟. 完善国家标准体系促进国内国际贸易双循环［J］. 标准科学，2022（1）：32-38.

［442］杨丽娟. 我国服务贸易国家标准规模研究［J］. 标准科学，2021（7）：20-25.

［443］张川方. 论21世纪的高标准贸易规则及中国的因应之策——以古典自由主义为视角［J］. 现代经济探讨，2018（6）：43-50.

［444］张大伟，杨丽娟. 电子书标准化中的政府角色与"后发国策略"［J］. 新闻大学，2011（4）：141-144.

［445］张华，宋明顺. 农产品国际贸易中的"标准元素"：体现、特性与应对［J］. 农业经济问题，2015，36（7）：52-59.

［446］赵海军. 标准经济学研究综述与理论建设问题［J］. 生产力研究，2011（2）：200-202.

［447］郑丽珍. 劳动标准与贸易和投资协定挂钩的历史演进、当代特点与未来趋势［J］. 现代法学，2016，38（6）：155-164.

［448］周申，何冰.贸易开放、最低工资标准与中国非正规就业——基于面板门槛模型的实证研究［J］.经济问题探索，2018（3）：118-126.

附表 本研究主要缩略语

英文缩写	外文全称	中文释义
AAIOFI	Accounting and Auditing Organization for Islamic Financial Institutions	伊斯兰金融机构会计和审计组织
AES	Agri-Environmental Schemes	农业环境计划
AFNOR	Association Francaise de Normalisation	法国标准化协会
AIRA	International Islamic Rating Agency	国际伊斯兰评级机构
ANSI	American National Standards Institute	美国国家标准学会
AOCS	American Oil Chemists' Society	美国油脂化学家协会
ASEAN	Association of Southeast Asian Nations	东南亚国家联盟
BcN	Broadband Convergence Network	宽带融合网络
BEC	Basin Eco-Compensation	流域生态补偿
BRC	British Retail Consortium	英国零售商协会
BSI	British Standards Institution	英国标准协会
BTIA	Broad-Based Trade and Investment Agreement	双边贸易和投资协定
C2G	Coal-to-Gas	煤改气
CAP	Common Agricultural Policy	共同农业政策
CBTS	Community-Based Tourism Standard	社区旅游标准
CEN/CENEL-EC	European Committee for Standardization	欧洲标准化委员会
CETA	Comprehensive Economic and Trade Agreement	全面经贸协定
CIS	Community Innovation Survey	社区创新调查
COO	Cost of Ownership	所有权成本
CSR	Corporate Social Responsibility	企业社会责任
DCFTA	Deep and Comprehensive Free Trade Agreement	深入全面的自由贸易协定
DIN	Deutsches Institut für Normung	德国标准化学会
DIUS	Department for Innovation, Universities and Skills	英国创新、高校及技能部
DTI	Department of Trade and Industry	英国贸易和工业部
DWI	Drinking Water Initiative	饮用水倡议
ECOWAS	Economic Community of West African States	西非国家经济共同体
EIAs	Economic Integration Agreements	经济一体化协定

英文缩写	外文全称	中文释义
EMS	Environmental Management System	环境管理体系
EnMS	Management System for Energy	能源管理体系
EP Act	Energy Policy Act	能源政策法案
ETSI	European Telecommunications Standards Institute	欧洲电信标准协会
EU	European Union	欧盟
FDA	Food and Drug Administration	食品和药品管理局
FMD	Foot and Mouth Disease	口蹄疫
FOSFA	Association for International Trading in Oils, Fats, And Oilseeds	国际油、油籽和油脂协会
FRAND	Fair, Reasonable, and Non-Discriminatory	公平、合理和不带歧视性
FSC	Forests For All Forever	森林认证
FSMS	Food Safety Management System	食品安全管理体系
FTA	Free Trade Agreement	自由贸易协定
FT-Org	Fairtrade-Organic	公平贸易有机双认证
GAMS	General Algebraic Modeling System	通用代数建模系统
GLOBAL GAP	Global Good Agriculture Practice	全球良好农业操作认证
GLOBE	Global Leadership and Organizational Behavior Effectiveness	全球领导与组织行为有效性
GMO	Genetically Modified Organisms	转基因生物
GSM	Global System for Mobile Communications	全球移动通信
GVC	Global Value Chain	全球价值链
HACCP	Hazard Analysis and Critical Control Point	危害分析与关键点控制
HLM	Hierarchical Liner Modeling	分层线性模型
HS	International Convention for Harmonized Commodity Description and Coding System	商品名称及编码协调制度的国际公约
HS2	Harmonized System 2-Digit Level	协调制度-2位数
HS6	Harmonized System 6-Digit Level	协调制度-6位数
ICS	International Classification for Standards	国际标准分类法
IEC	International Electro technical Commission	国际电工委员会
IEEE	Institute of Electrical and Electronics Engineers	美国电气与电子工程师协会
IETF	The Internet Engineering Task Force	国际互联网工程任务组

英文缩写	外文全称	中文释义
IFOAM	International Federal of Organic Agriculture Movement	国际有机农业联盟
IFRS	International Financial Reporting Standards	国际财务报告标准
IFS	International Featured Standard	国际特色标准
IFSB	Islamic Financial Services Board	伊斯兰金融服务委员会
ILO	International Labor Organization	国际劳工组织
IMS	Integrated Management System	整合管理系统
IOSCO	International Organization of Securities Commissions	国际证券委员会
IP	Integer Programming	整数规划
ISMS	Information Security Management Systems	信息安全管理系统
ISO	International Organization for Standardization	国际标准化委员会
ISPO	Indonesia Sustainable Palm Oil	印度尼西亚可持续棕榈油计划
ITU	International Telecommunication Union	国际电信联盟
IUPAC	International Union of Pure and Applied Chemistry	国际纯粹与应用化学联合会
KKT	Karush-Kuhn-Tucker	卡鲁什–库恩–塔克条件
LCFS	Low Carbon Fuel Standard	低碳燃料标准
LMC	Liquidity Management Centre	流动性管理中心
LPS	Local Power Sector	当地电力部门
MCP	Mixed Complementarity Problems	混合互补问题
MESST	Mediterranean Standard for Sustainable Tourism	地中海可持续旅游标准
MQS	Minimum Quality Standards	最低质量标准
MRL	Maximum Residue Limit	最大残留限量
NAFTA	North American Free Trade Agreement	北美自由贸易协议
NCITRAL	United Nations Commission on International Trade Law	联合国国际贸易法委员会
NEG	New Economic Geography	新经济地理
NIE	New Institutional Economics	新制度经济学
NMW	National Minimum Wage	国家最低工资
NSS	National Standardization Strategies	国家标准化策略
NTM	Non-Tariff Measures	非关税贸易措施

英文缩写	外文全称	中文释义
OECD	Organization for Economic Co-operation and Development	经济合作与发展组织
OLS	Ordinary Least Squares	普通最小二乘法
OSS	On-Site Sanitation	现场卫生
PTA	Preferential Trade Agreement	特惠贸易协定
RA	Rainforest Alliance	热带雨林联盟认证
RASFF	Rapid Alert System for Food and Feed	食品和饲料快速警报系统
RCEP	Regional Comprehensive Economic Partnership	区域全面经济伙伴关系协定
RFS	Renewable Fuel Standard	可再生燃料标准
RI	Regulatory Intensity	监管强度
RIG	Regulatory Intensity Gap	监管强度差距
RO	Regulatory Overlap	监管重叠
RPS	Renewable Portfolio Standards	可再生能源组合标准
RRI	Relative Regulatory Intensity	相对监管强度
RS	Regulatory Scope	监管范围
RTA	Regional Trade Agreement	区域贸易协定
RTB	Race to the Bottom	向底线竞争
SAC	Standardization Administration of the P.R.C.	中国国家标准化管理委员会
SAOM	Stochastic Actor-Oriented Models	随机行为导向模型
SD	System Dynamics	系统动力学
SI	Similarity Index	相似性指数
SSO	Standard-Setting Organizations	标准制定组织
SPS	Agreement on the Application of Sanitary and Phytosanitary Measures	实施卫生与植物卫生措施协定
STC	Specific Trade Concerns	特定贸易关注
TBL	Triple Bottom Line	三重底线
TBT	Technical Barriers to Trade	技术性贸易壁垒
TBT Agreement	WTO Agreement on Technical Barriers to Trade	WTO技术性贸易壁垒协定
TPC	Third Party Certificate	第三方认证
TRAINS	Trade Analysis Information System	贸易分析信息系统
TSR	Tripartite Standards Regime	三元标准治理体系

英文缩写	外文全称	中文释义
TTIP	Transatlantic Trade and Investment Partnership	跨大西洋贸易与投资伙伴关系协定
UTZ	Universal Trade Zone	国际互世认证
VSSSO	Voluntary Sustainability Standards-Setting Organizations	自愿性可持续性标准制定组织
WELS	Australia's Water Efficiency Labelling and Standards	澳大利亚水效率标签和标准
WTO	World Trade Organization	世界贸易组织